"十四五"职业教育国家规划教材

高等职业教育计算机类专业系列教材：项目/任务驱动模式

C语言程序设计
项目化教程(第3版)

周雅静　邢小英　徐济惠　钱冬云　编著

电子工业出版社·

Publishing House of Electronics Industry

北京·BEIJING

内 容 简 介

本书采用工学结合、任务驱动的模式编写，在编写过程中，明确知识、技能、思政目标，以完成"学生成绩管理系统"为主线，设立顺序渐进的 8 个项目。通过项目分析，又将其分成若干个具体的任务，每个任务包含着 C 语言的若干个知识点和技能点；副线以"小学生加减运算训练"递进题的编程来巩固复习前面所学的各个知识点；子线以解决来自于生活中又带有趣味性的实际问题来引导学生对任务中的知识点进行深入思考及对 C 语言知识的扩展认识。即通过主线、副线、子线"三线"融合的方式使学生进一步加深对 C 语言知识点的理解，再配合课后的实践训练及综合训练提高学生的应用技能。

本书采用"技能需求、问题引导、任务驱动"的方式编写，强调"任务"的目标性和教学情境的创建，使学生带着真实的任务在探索中学习，以注重培养学生的实践能力为前提。

本书既可以作为高职学生的教学用书，还可作为计算机爱好者的自学参考书和计算机培训班的教材。

图书在版编目（CIP）数据

C语言程序设计项目化教程 / 周雅静等编著. —3版. —北京：电子工业出版社，2023.7

ISBN 978-7-121-44953-6

Ⅰ.①C… Ⅱ.①周… Ⅲ.①C语言－程序设计－高等职业教育－教材 Ⅳ.①TP312.8

中国国家版本馆CIP数据核字（2023）第015968号

责任编辑：桑　昀

印　　刷：三河市良远印务有限公司

装　　订：三河市良远印务有限公司

出版发行：电子工业出版社

　　　　　北京市海淀区万寿路173信箱　　邮编：100036

开　　本：787×1092　　1/16　　印张：22　　字数：563.20千字

版　　次：2014年8月第1版

　　　　　2023年7月第3版

印　　次：2025年6月第7次印刷

定　　价：52.00元

凡所购买电子工业出版社图书有缺损问题，请向购买书店调换。若书店售缺，请与本社发行部联系，联系及邮购电话：（010）88254888，88258888。

质量投诉请发邮件至zlts@phei.com.cn，盗版侵权举报请发邮件至dbqq@phei.com.cn。

本书咨询联系方式：（010）88254609或hzh@phei.com.cn。

前言

Preface

本书是《C语言程序设计项目化教程》的第3版。第1版、第2版分别于2014年、2018年出版。自出版以来，先后印刷了多次，受到广大教师和学生的欢迎，并被评选为"十三五"职业教育国家规划教材。

第3版坚持校企合作、产教融合的编写理念，综合考虑IT行业岗位群的技能及素质要求，结合1+X证书及其他职业资格证书中的相关要求，采用工学结合、任务驱动的模式编写，同时结合IT行业的职业要求，认真挖掘并梳理与教材内容相关的思政元素，将社会主义的核心价值观融入教学内容组织的各环节，实现知识传授与价值引领相结合的育人目标。全书的编写遵循教育教学规律和人才培养规律，符合扩招下不同生源的多元化的高职学生的认知特点，即采用"三线"融合的方式。主线采用学生非常熟悉的且可以包含C语言全部知识点的"学生成绩管理系统"展开，通过8个环环相扣项目的完成来阐述C语言程序的数据类型、输入/输出函数、运算符、表达式、条件语句、循环语句、数组、函数、指针、结构体、文件管理等知识。每一个项目的开始，明确知识目标、能力目标及课程思政，然后在对项目进行深入分析后叙述C语言的知识点。副线采用一个学生耳熟能详的、小学阶段都经历过的应用："小学生加减运算训练"递进题的编程来巩固复习前面所学的各个知识点，训练学生编写程序、检查程序的实操能力。子线通过解决来自于生活中又带有趣味性的实际问题来引导学生对任务中的知识点进行深入思考及对C语言知识的扩展认识，训练学生的编程思维能力及灵活应用C语言解决问题的能力。即通过主线、副线、子线"三线"融合的方式使学生进一步加深对C语言知识点的理解，再配合课后的实践训练及综合训练提高学生的相应技能。

本书注重培养学生的实践能力，以工作任务为中心组织课程内容，让学生在完成具体项目的过程中学会完成相应工作任务，并构建相关理论知识，突出对学生职业能力的训练。

本书既可以作为高职学生的教学用书，还可作为计算机爱好者的自学参考书和计算机培训班的教材。

本书由宁波城市职业技术学院的周雅静、邢小英、徐济惠及浙江工贸职业技术学院的钱冬云老师等组织编写，由周雅静负责全书的统稿。在本书的编写过程中，编者参考了大量有关C语言的书籍和资料，在此对这些参考文献的作者表示感谢。由于作者水平有限，书中难免存在缺点和不足之处，恳请读者批评指正。

编　者
2022年9月

目录

Contents

学生成绩的总分与平均分的计算

知识目标

1. 掌握C语言程序的结构。
2. 理解C语言数据类型的分类。
3. 掌握三种数据类型常量的表示方法及变量的声明方法。
4. 掌握输入/输出语句的格式要求。
5. 掌握算术运算、赋值运算、自增自减运算和逗号运算符的规则。

技能目标

1. 了解完整C程序的组成。
2. 会对数据进行正确的输入/输出。
3. 会对数据进行简单的汇总。

课程思政

1. 从C语言概论引出国内外软件行业发展现状和对比、软件发展对国力的重要性；从中美贸易战中的"中国芯"出发，教育同学们认真学习计算机程序设计，为祖国的腾飞，为中国梦而努力。

2. 从C程序必须有一个名为 main() 的函数，且只能有一个 main() 函数及 main() 函数在程序中具有"核心"的决定性作用，提出思政的"核心意识"，使学生树立"四个意识"、"四个自信"。

3. 通过学习标识符的命名规则，引导学生做人做事需要遵守的规则，教育学生遵守学校各项规章制度，遵守国家法律法规，做一个守法的好公民。

4. 通过整型数据的溢出，培养学生做任何事都要有个度，即情感、情绪、理智处在平衡状态，不要过犹不及。

5. 通过输入/输出语句中严格的格式要求，培养同学们认真务实的态度。

6. 通过C语言编程环境中编程题的练习，让同学们养成一丝不苟的好习惯，培养工匠精神。

项目要求

输入三个学生的成绩，求他们的总分及平均分。

程序的运行要求

      输入三个学生的成绩：79 89 90

      三个学生的总分为：258.0

      三个学生的平均分为：86.0

说　明：分数可以任意输入。

项目分析

要完成学生成绩的平均分与总分的计算，首先，必须要学会输入成绩及输出结果；其次，必须学会对输入的成绩进行总分及平均分的计算。所以，该项目分解成两个任务：任务 1-1 是学生成绩的输入／输出；任务 1-2 是总分及平均分的计算。

任务1-1　学生成绩的输入/输出

任务提出及实现

1. 任务提出

某班级进行了一次考试，现需将该班几个学生成绩输入计算机，并按要求输出。

2. 具体实现

【例 1-1】(从简单入手，假设只输入三个学生的成绩)

```
#include "stdio.h"            // 文件预处理
main()                       //  函数名
{                            // 函数体开始
    int x,y,z;               // 定义三个变量 x,y,z
    printf(" 请输入三个学生的成绩 ");
    scanf("%d%d%d",&x,&y,&z);   // 输入三个学生的成绩
    printf(" 输出三个学生的成绩 ");
    printf("x=%d,y=%d,z=%d\n",x,y,z);  // 输出三个变量 x,y,z 的值
}                            // 函数体结束
```

例 1-1 程序运行结果如图 1-1 所示。

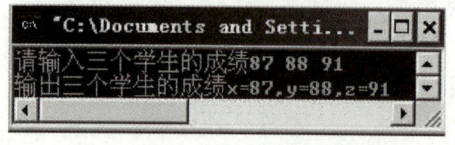

图1-1　例1-1程序运行结果

从上面这段程序可分析出：

① 要了解 C 语言的结构。

② 要了解 C 语言的运行环境。

③ 要懂得如何定义变量及输入／输出语句的表

示方法。

 **相关知识**

1. C语言程序的结构

C语言程序由一个或多个文件组成，而一个文件可由一个或多个函数组成。C语言程序必须有一个函数名为main的函数，且只能有一个main函数。程序运行时从main函数开始，最后回到main函数。

从例1-1中，可以看出：C语言函数由语句构成，语句结束符用"；"表示，但main()、#include不是语句，后面不能加"；"。语句由关键字、标识符、运算符和表达式构成。其中"{"和"}"分别表示函数执行的起点与终点或程序块的起点与终点。

"//"后面的语句为注释语句，也可以写在"/*"和"*/"内。

C语言程序中书写格式自由，一行内可以写几个语句；但区分大小写字母（这个很重要）。用C语言程序写成的主函数结构如图1-2所示。

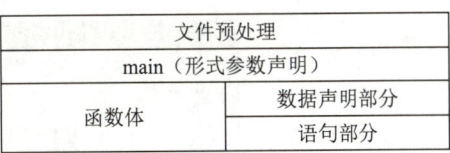

文件预处理	
main（形式参数声明）	
函数体	数据声明部分
	语句部分

图1-2 C语言程序的主函数结构图

2. C语言程序运行环境及运行方法

一个C语言程序必须经过编辑、编译、连接的过程才能生成一个可执行程序。运行C语言程序的环境很多，这里主要介绍创天中文VC++环境。

打开VC++，界面如图1-3所示。

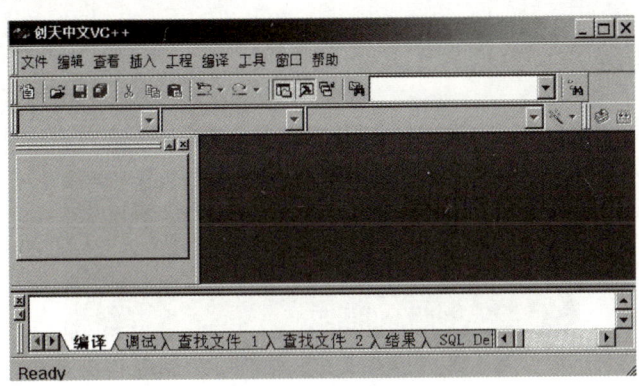

图1-3 VC++界面

单击【文件】→【新建】命令，打开的【新建】对话框如图1-4所示。选择【文件】选项卡中的C++Source File选项，然后更改文件所保存的目录（若需要更改），并输入文件名，然后单击【确定】按钮。返回VC++界面，如图1-5所示。现在就可以输入程序了。当程序输入完毕后，单击█按钮，或按F7键进行编译和连接。如果没有错误，则单击!按钮，或按Ctrl+F5组合键，运行程序，即可得出程序运行的结果，如图1-6所示。

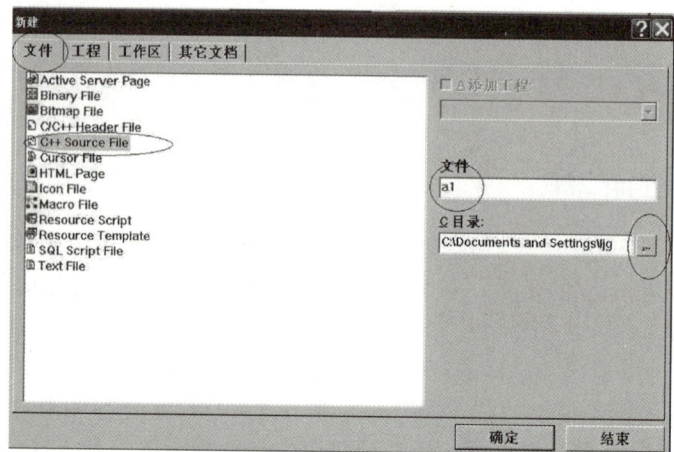

图1-4　【新建】对话框

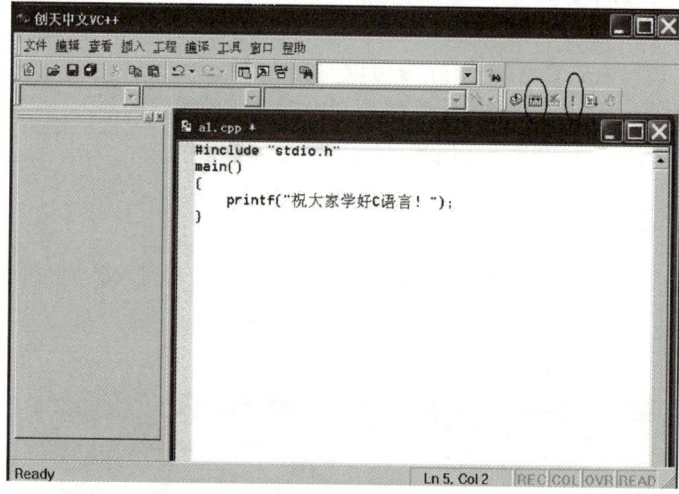

图1-5　创天中文VC++界面

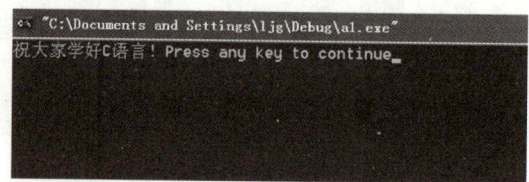

图1-6　创天中文VC++程序运行结果

3. 数据类型

　　由例1-1可知，"int x,y,z;"意思为定义了三个整型变量。那么在C语言中还有哪些常用的数据类型？

　　C语言的数据类型可分为：

　　① 基本类型，又分为整型、实型、字符型和枚举型四种。其中枚举型暂不介绍。

　　② 构造类型，又分为数组类型、结构类型和共用类型三种。

　　③ 指针类型。

④ 空类型。

C 语言程序中的数据，有常量和变量之分。

（1）常量

在程序运行中，其值不能被改变的量称为常量。

常量可分为：

① 整型常量，例如 1，23，-8。

② 实型常量，例如 1.23，-9.8，.123，23.，0.0，2.23e-4（表示 $2.23×10^{-4}$），0.23e3（表示 $0.23×10^{3}$），0.23E-3（表示 $0.23×10^{-3}$），1.23E3（表示 $1.23×10^{3}$）。

③ 字符常量，例如 'A'，'+'，'8'。

④ 符号常量，例如 #define PI 3.14，则 PI 是一个符号常量，其值为 3.14，不能在程序中被改变（例如任务 1-2 中的例 1-23）。

（2）变量

在程序运行过程中，其值可以被改变的量称为变量。一个变量由两个要素组成，即变量名和变量值。

每一个变量都必须有一个名字，即变量名。变量名的命名规则为：由字母或下画线开头，后面跟字母、数字和下画线。其有效长度，随系统而异，但至少前 8 个字符有效。如果超长，则超长部分被舍弃。

注意

　　C语言的关键字不能用作变量名。

说明：

　　（1）C 语言的变量名区分大小写。即同一字母的大小写，被认为是两个不同的变量。例如 Total、total、toTal 是不同的变量名。

　　（2）给变量名命名时，最好遵循"见名知意"这一基本原则。例如，name/xm(姓名)、sex/xb（性别）、age/nl（年龄）、salary/gz（工资）等。

（3）变量定义与初始化

在 C 语言中要求对所有用到的变量，必须先定义后使用。

变量定义的一般格式为：

数据类型 变量名 1[，变量名 2……];

例如：

```
int x,y,z;                    // 定义了整型变量 x,y,z
float a,b,c;                  // 定义了实型变量 a,b,c
char c1,c2;                   // 定义了字符型变量 ch1,ch2
```

变量初始化的一般格式为：

数据类型 变量名 [= 初值，变量名 2= 初值 2……];

例如：

```
int x=1,y=2,z=3;
float a=1.1,b=1.2,c=-0.1;
char ch1='A',ch2='*';
```

4. 格式输出函数——printf()函数

printf() 函数的作用是向显示器输出若干个任意类型的数据。

printf() 函数的一般格式：

printf(" 格式字符串 "[, 输出项表]);

（1）常用的格式字符串

常用的格式字符串有以下几种格式：

① 格式指示符。%d 表示带符号十进制整数，%f 表示带符号十进制小数（默认 6 位小数），%c 表示一个字符。

② 转义字符。例 1-1 中的 printf() 函数中的"\n"就是转义字符，输出时产生一个"换行"。

③ 普通字符。除格式指示符和转义字符之外的其他字符。如例 1-1 中的"printf("x=%d,y=%d,z=%d\n",x,y,z);"的"x=""y=""z="，格式字符串中的普通字符按原样输出。在汉字系统环境下，允许使用汉字。

（2）输出项表

输出项表是可选的。在输出项中，列出要输出的任意类型的数据。如果要输出的数据不止一个，则相邻项用逗号隔开。例如：

```
printf(" 我是一个学生 \n");              // 没有输出项
printf("%d",1+2);                       // 输出 1+2 的值
printf("a=%d  b=%d\n",1,1+3);            // 输出 1 的值和 1+3 的值
```

必须强调，格式指示符一定要同输出项的数据类型一致，否则会出现错误。例如，"printf("%d %f\n",1.212,5);"是错误的。因为"%d"是整型数格式，但 1.212 却是实数，同理 "%f" 是实数格式，但 5 却是整型数。下面用一个例子来说明。

【例 1-2】格式指示符与输出项数据类型不一致引起的错误。

```
#include "stdio.h"              // 文件预处理，因为要用到 printf() 函数
main()                          // 主函数
{                               // 函数体开始
   printf("%d%f\n",1.234,6);
}
```

例 1-2 程序运行结果如图 1-7 所示。

【例 1-3】格式化输出。

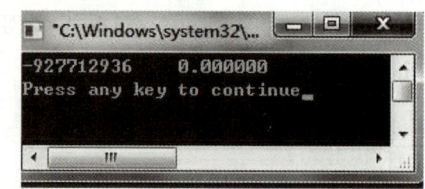

图1-7　例1-2程序运行结果

```
#include "stdio.h"
main()
{
   int x=1,y=2,z=3;            /*定义 x,y,z 三个整型变量，并将它们的初值赋为1,2,3*/
   float a=1.1,b=2.3;
   char c1='A',c2='B';        /*定义 c1,c2 两个字符型变量，并将它们的初值赋为 'A' 和 'B'*/
```

```
    printf(" 输出 x,y,z 的值 \n");              // 原样 "输出 x,y,z 的值" 后换行
    printf("x=%d,y=%d,z=%d\n",x,y,z);          // 输出 "x=1,y=2,z=3" 后换行
    printf(" 输出 a,b 的值 \n");                // 输出 "输出 a,b 的值" 后换行
    printf("a=%f,b=%f\n",a,b);
    printf(" 输出 c1,c2 的值 \n");
    printf("c1=%c,c2=%c\n",c1,c2);             // 输出 c1='A', c2='B' 后换行
}
```

例1-3程序运行结果如图1-8所示。

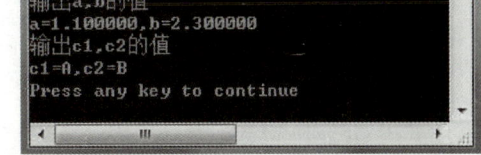

图1-8 例1-3程序运行结果

5. 格式输入函数——scanf()函数

（1）scanf() 函数的功能

从键盘上输入若干个任意类型的数据。

（2）scanf() 函数的一般格式

scanf(" 格式字符串 ", 输入项首地址表)

①格式字符串。格式字符串包含 3 种类型：

格式字符、空白字符（空格、Tab 键和回车键）和非空白字符（又称普通字符）。

格式指示符与 printf() 函数的格式指示符相似：%d 表示十进制带符号的整型数，%f 表示十进制带符号的实型数，%c 表示一个字符。

空白字符作为相邻 2 个输入数据的默认分隔符。

非空白字符在输入数据时，必须原样输入。

②输入项首地址表。由若干个输入项首地址组成，相邻输入项地址用逗号隔开。变量首地址的表示方法为：

& 变量名

其中 "&" 是地址运算符。例如，在例1-1中scanf("%d%d%d",&x,&y,&z)中的 "&x" 是指变量x在内存中的首地址。其功能是从键盘上输入3个整型数，分别存入&x，&y，&z起始的存储单元中，即输入三个整数分别赋给x，y，z。

在介绍了数据类型和输入 / 输出函数后，现在是否理解了例 1-1？

"scanf("%d,%d",&a,&b);" 意思是在键盘上输入两个数 a，b，若 a=1，b=2，则程序运行时在键盘中输入 "1，2"。

注意

1与2之间用逗号隔开，因为scanf()函数中的两个%d之间是用逗号隔开的，如图1-9所示。

"scanf("%d%d",&a,&b);" 意思是在键盘上输入两个数 a，b，若 a=1，b=2，则程序运行时在键盘中输入 "1□2"，如图 1-10 所示；或者 "1↵2" 如图 1-11 所示。

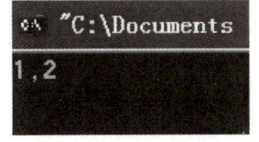

图1-9 用逗号分隔

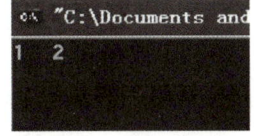

图1-10 用空格分隔

图1-11 用回车分隔

注意

1与2之间可用空格分开，也可用回车键分开。

【例1-4】有两个人A和B，数学考试成绩分别为87和76，请输入A和B两人的代号及成绩，输出成绩。

分析：本题考查输入/输出语句，注意整数输入/输出的格式用%d，字符变量的输入/输出格式用%c，同时注意输入语句中的两个数据之间的隔开符号，在程序运行输入数据时也要用同样的隔开符号隔开。

```c
#include "stdio.h"
main()
{
    char c1,c2;
    int x,y;
    printf(" 请输入 A 的成绩及代号：");
    scanf("%d:%c",&x,&c1);
    printf(" 请输入 B 的成绩及代号：");
    scanf("%d:%c",&y,&c2);
    printf(" 输出 A 的代号及成绩：");
    printf("%c:%d\n",c1,x);
    printf(" 输出 B 的代号及成绩：");
    printf("%c:%d\n",c2,y);
}
```

例1-4程序运行结果如图1-12所示。

看到这个输入格式，有人会提出，为什么不按正常习惯，即先输入代号，再输入成绩呢？大家可以尝试改一下，将其修改为：请输入代号及成绩，看看其运行结果是什么？从而进一步体验字符型数据的输入所需要的注意点。

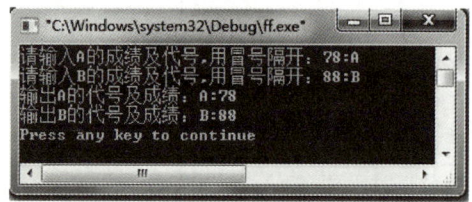

图1-12　例1-4程序运行结果

 知识扩展

1. 转义字符

前面，已经提到"\n"的转义字符，即是换行。常用的转义字符还有"\t"，即横向跳出下一个输出区。

【例1-5】用转义字符控制输出效果。

```c
#include "stdio.h"
main()
{
    printf("%d\t%d\t%d\n",1,2,3);
}
```

例1-5程序运行结果如图1-13所示。

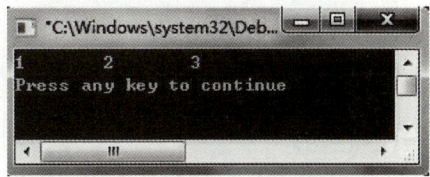

图1-13 例1-5程序运行结果

2. 格式化输出

前面，已经学过输出语句的一般格式为：

printf(" 格式字符串 "[, 输出项表]);

格式字符串的内涵非常丰富，除了前面提到的转义字符和普通字符外，还有格式指示符。常用的格式字符串表示法如下：

"%5d"表示输出十进制带符号的整数，其输出域的宽度为5位，若数超长，则按实际宽度输出；若不足，则输出数的左端补空格。"%ld"只是表示输出的是长整型。

"%-5d"表示输出十进制带符号的整数，其输出域的宽度为5位，若数超长，则按实际宽度输出；若不足，则输出数的右端补空格。

"%6.1f"表示输出十进制带符号的单、双精度实数，其输出域的宽度为6位，其中小数一位，若数超长，则按实际宽度输出；若不足，则输出数的左端补空格。

"%-7.2f"表示输出十进制带符号的单、双精度实数，其输出域的宽度为7位，其中小数2位，若数超长，则按实际宽度输出；若不足，则输出数的右端补空格。

【例1-6】类型转换字符 d 的使用。

```c
#include <stdio.h>
main()
{
  int a=123;
  long b=123456;
/* 用四种不同格式，输出 int 型数据 a 的值 */
  printf("a=%d,a=%5d,a=%-5d,a=%2d\n",a,a,a,a);
/* 用四种不同格式，输出 long 型数据 b 的值 */
  printf("b=%ld,b=%8ld,b=%-8ld,b=%2ld\n",b,b,b,b);
  printf("a=%ld\n",a);           // 用 %ld 输出 int 型数据 a
  printf("b=%d\n",b);            // 用 %d 输出 long 型数据 b
}
```

例1-6程序运行结果如图1-14所示。

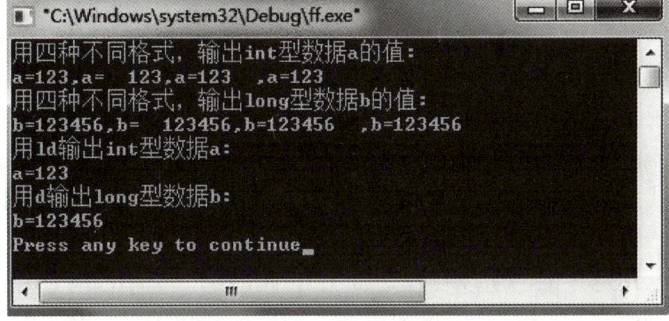

图1-14 例1-6程序运行结果

分析：

a=%d，按实际长度输出 123。

a=%5d，由于 123 只占 3 列，所以左侧空两个空格，输出 a=□□123。

a=%-5d，由于 123 只占 3 列，同时有一个"-"号，所以右侧空两个空格，输出 a=123□□。

a=%2d，由于 123 占 3 列，所以按实际宽度输出，即输出 a=123。

b=%ld，按实际长度输出 123456，即输出 b=123456。

b=%8ld，由于 123456 只占 6 列，所以左侧空两个空格，输出 b=□□123456。

b=%-8ld，由于 123456 只占 6 列，同时有一个"-"号，所以右侧空两个空格，输出 b=123456□□。

b=%2ld，由于 123456 占 6 列，所以按实际宽度输出，即输出 b=123456。

b=%d，输出 b=123456。

【例 1-7】类型转换字符 f 的使用。

```c
#include <stdio.h>
main()
{
    float f=123.456;
    double d1,d2;
    d1=111111.11111111;
    d2=222222.22222222;
    printf("f=%f,f=%12f,f=%12.2f,f=%-12.2f,f=%.0f,f=%.2f\n",f,f,f,f,f,f);
    printf("d1+d2=%f\n",d1+d2);
}
```

例 1-7 程序运行结果如图 1-15 所示。

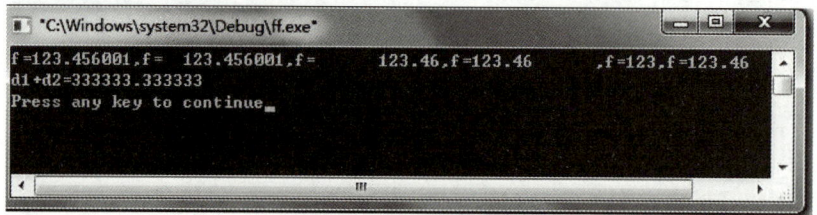

图1-15　例1-7程序运行结果

分析：

f=%f 表示将小数保留 6 位，所以输出 f=123.456001（因为 f 是 float 型，由于精度的关系，最后的小数位出现了 1，后面同理）。

f=%12f 表示共输出 12 列，小数位还是默认为 6 位，即 6 位小数，加上小数点，再加上整数位是 3 位，一共是 10 位，所以在左边加上两个空格，即输出 f=□□123.456001。

f=%12.2f 表示一共输出 12 位，其中小数位是 2 位（4 舍 5 入），加上一个小数点，再加上整数位是 3 位，一共是 6 位，所以在左边加上 6 个空格，即输出 f=□□□□□□123.46。

f=%-12.2f 与前面一样，只是将空格放置在右边，即输出 f=123.46□□□□□□。

f=%.0f 表示整数位原样输出，小数位是 0 位，即输出 f=123。

f=%.2f 表示整数位原样输出，小数位是 2 位（4 舍 5 入），即输出 f=123.46。

3. 单个字符的输入/输出

用 scanf() 和 printf() 可以完成字符数据的输入 / 输出，但是为了方便，C 语言专门提供了单个字符的输入 / 输出。

（1）单个字符的输出——putchar() 函数

【例 1-8】putchar() 函数的格式和使用方法。

```
#include "stdio.h"
main()
{
   char ch1,ch2,ch3;
   ch1='S';
   ch2='u';ch3='n';
   putchar(ch1); putchar(ch2);        // 输出 ch1,ch2 的值
   putchar(ch3); putchar('\n');       // 输出 ch3 的值并换行
   putchar(ch1); putchar('\n');       // 输出 ch1 的值并换行
   putchar('u'); putchar('\n');       // 输出字符 'u' 并换行
   putchar(ch3); putchar('\n');       // 输出 ch3 的值并换行
}
```

例 1-8 程序运行结果如图 1-16 所示。

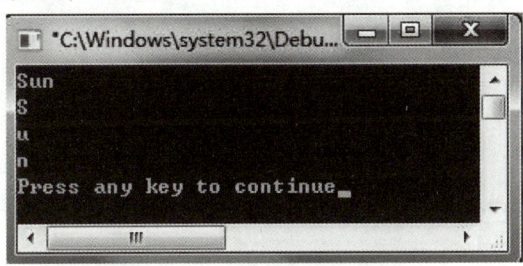

图1-16 例1-8程序运行结果

putchar() 函数的格式为：

putchar(ch);

ch 可以是一个字符变量或常量，也可以是一个转义字符。

putchar() 函数的作用是向终端输出一个字符。

注意

putchar()函数只能用于单个字符的输出，且一次只能输出一个字符。从功能角度而言，printf()函数完全可以替代putchar()函数；同样使用putchar()函数也需要在程序的开头加上编译预处理命令，即#include"stdio.h"。

（2）单个字符的输入——getchar() 函数

【例 1-9】getchar() 函数的格式和使用方法。

```
#include "stdio.h"
main()
{
   char ch;
```

```
    printf(" 请输入一个字符 ");
    ch=getchar();                           // 从键盘输入一个字符并赋予变量 ch
    putchar(ch);putchar('\n');              // 输出 ch 的值并换行
    putchar(getchar());                     // 从键盘输入一个字符并输出
    putchar('\n');
}
```

getchar() 函数的格式为：

getchar();

getchar() 函数的作用是从键盘输入一个字符。从功能的角度看，scanf() 函数完全可以替代 getchar() 函数。

注意

getchar()函数只能用于单个字符的输入，且一次只能输入一个字符。同样使用 getchar()函数要在程序的开头加上编译预处理命令，即#include"stdio.h"。

【例 1-10】将例 1-4 改为输入代号及成绩。

```
#include "stdio.h"
main()
{
char c1,c2;
int x,y;
printf(" 请输入 A 的代号及成绩：");
scanf("%c",&c1);
getchar();              // 为了吸收空格
scanf("%d",&x);
getchar();              // 为了吸收回车符
printf(" 请输入 B 的代号及成绩：");
scanf("%c",&c2);
getchar();
scanf("%d",&y);
printf(" 输出 A 的代号及成绩：");
printf("%c:%d\n",c1,x);
printf(" 输出 B 的代号及成绩：");
printf("%c:%d\n",c2,y);
}
```

例 1-10 程序运行结果如图 1-17 所示。

4. 字符串常量

字符串常量是由双引号括起来的一串字符。如 "How do you do." 就是字符串常量，在 C 语言中，系统在每个字符串的最后自动加入一个字符 '\0' 作为字符串结束的标志。请注意字符常量和字符串的区

图1-17　例1-10程序运行结果

别。例如，'a' 是一个字符常量，在内存中占 1 字节；而 "a" 是字符串常量，占 2 字节的存储空间，其中的 1 字节用来存放 '\0'。两个连续的双引号 " " 也是一个字符常量，称作 "空串"。

但要占 1 字节的存储空间来存放 '\0'。

注意

（1）字符串的结束符'\0'占内存空间，但在测试字符串长度时不计在内，也不输出。

（2）'\0'为字符串的结束符，但遇到'\0'不一定是字符串的结束，可能是八进制数组成的转义字符常量，如字符串"abc\067de"表示6个字符，并非为3个。

【例 1-11】下列数据中，为字符串常量的是（　　　）。

（A）'A'　　　　　（B）"house"　　　　　（C）How do you do　　　　　（D）$asd

分析：字符串常量是用一对双引号括起来的字符序列。答案为 B。

 举一反三

在本任务中，介绍了数据类型及输入 / 输出语句，下面通过实例来进一步体会前面所介绍的知识。

【例 1-12】为强化小明刚上小学一年级的小侄子的运算能力，小明要给小侄子出 3 道 100 以内加减运算题。

```c
#include "stdio.h"              // 文件预处理
main()                         // 函数名
{                              // 函数体开始
    int x,y,z;                 // 定义三个变量 x,y,z
    printf(" 第一题 \n");
    printf("3+5=");
    scanf("%d ",&x);           /* 输入第一题运算的结果 */
    printf(" 第二题 \n");
    printf("3+9=");
    scanf("%d ",&x);           /* 输入运算的结果 */
    printf(" 第三题 \n");
    printf("12-5=");
    scanf("%d ",&x);           /* 输入运算的结果 */
}                              // 函数体结束
```

例 1-12 程序运行结果如图 1-18 所示。

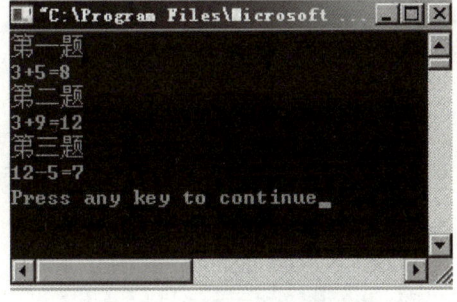

图1-18　例1-12程序运行结果

【例 1-13】例 1-12 中的题的数字是固定的，为了让小侄子多多练习，小明决定让练习题的数字由小侄子自己定，每次出 3 题。

```c
#include"stdio.h"
main()
{   int x,y;                          /* 存放输入的2个数 */
    int z;                            /* 存放运算结果 */
    printf(" 第1题 \n");
    printf(" 请输入第一个数:");
    scanf("%d",&x);
    printf(" 请输入第二个数:");
    scanf("%d",&y);
    printf("%d+%d=",x,y);             //  输出计算机出的练习题
    scanf("%d",&z);                   // 输入答案
    printf(" 第2题 \n");
    printf(" 请输入第一个数:");
    scanf("%d",&x);
    printf(" 请输入第二个数:");
    scanf("%d",&y);
    printf("%d+%d=",x,y);             //  输出计算机出的练习题
    scanf("%d",&z);                   // 输入答案
    printf(" 第3题 \n");
    printf(" 请输入第一个数:");
    scanf("%d",&x);
    printf(" 请输入第二个数:");
    scanf("%d",&y);
    printf("%d+%d=",x,y);             //  输出计算机出的练习题
    scanf("%d",&z);                   // 输入答案
}
```

例1-13 程序运行结果如图1-19所示。

图1-19   例1-13程序运行结果

本例子用到的知识点就是变量的定义、输入/输出语句。

【例1-14】例1-12中题的数字是小侄子自己出的，有些"自测"的味道，为了考查小侄子的真实水平，小明决定让练习题的数字由计算机随机出，每次出3题。

```
#include<stdio.h>
#include<stdlib.h>        /* 用到了产生随机数的库函数 rand()，所以要包含 stdlib.h*/
#include <time.h>         /* 用到了产生随机种子 time()，所以要包含 time.h*/
main()
{   int x,y;              /* 存放产生的随机数，认为是计算机出的数 */
    int z;                /* 存放从键盘输入的数，即运算结果 */
    srand((unsigned)time( NULL ) );    /* 产生随机种子 */
    printf(" 第 1 题 \n");
    x=rand();                          /* 产生随机数 */
    y=rand();
    x=x%10;                            /* 让产生的随机数变成 10 以内的数 */
    y=y%10;                            /* 让产生的随机数变成 10 以内的数 */
    printf("%d+%d=",x,y);             // 输出计算机出的练习题
    scanf("%d",&z);                   // 输入答案
    printf(" 第 2 题 \n");
    x=rand();                          /* 产生随机数 */
    y=rand();
    x=x%10;                            /* 让产生的随机数变成 10 以内的数 */
    y=y%10;                            /* 让产生的随机数变成 10 以内的数 */
    printf("%d+%d=",x,y);             // 输出计算机出的练习题
    scanf("%d",&z);                   // 输入答案
    printf(" 第 3 题 \n");
    x=rand();                          /* 产生随机数 */
    y=rand();
    x=x%10;                            /* 让产生的随机数变成 10 以内的数 */
    y=y%10;                            /* 让产生的随机数变成 10 以内的数 */
    printf("%d+%d=",x,y);             // 输出计算机出的练习题
    scanf("%d",&z);                   // 输入答案
}
```

例1-14程序运行结果如图1-20所示。

注意

程序运行生成的是随机数，所以每一次运行中的数字会不一样。这里，我们要学习的知识点就是随机函数。

解析：rand()是随机库函数，因这里要用到rand()，所以要包含stdlib.h。

但rand()并非真正"随机"，当随机数"种子值"固定时，它生成的随机数序列是固定的。

例如：

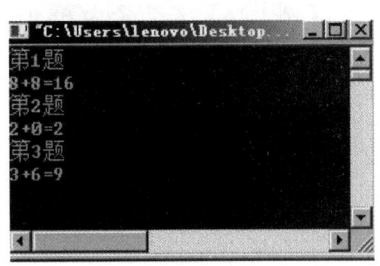

图1-20　例1-14程序运行结果

```
#include<stdio.h>
#include<stdlib.h>        /*用到了产生随机数的库函数rand()，所以要包含stdlib.h*/
main()
{ int x;                  /*存放产生的随机数，即计算机出数*/
  printf(" 输出随机数 \n");
  x=rand();               /*产生随机数*/
  printf("%d\n",x);       // 将产生的随机数输出
}
```

不管运行多次，其结果都如图 1-21 所示。

为了真的让计算机产生随机数，则需要有 srand() 库函数的随机种子，如果采用 srand(1)，由于种子固定，则产生的随机数就是固定的，同样 srand(2) 也会产生另一个固定的随机数，为了产生真的随机数，则随机种子就得变化，所以这里用到了 time()，"srand((unsigned)time(NULL))；" 就是用当前时间秒数（从 1970 年到现在的时间间隔，单位为秒）为种子，时间变，种子就变，产生的随机数序列也发生变化，这样就增进了"随机性"。

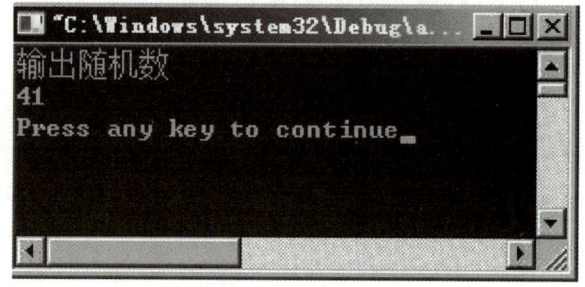

图1-21　程序运行结果

```
#include<stdio.h>
#include<stdlib.h>        /*用到了产生随机数的库函数rand()，所以要包含stdlib.h*/
#include <time.h>         /*用到了产生随机种子库函数time()，所以要包含time.h*/
main()
{ int x;                  /*存放产生的随机数，认为是计算机出数*/
  srand((unsigned)time( NULL ) );    /*产生随机种子*/
  printf(" 输出随机数 \n");
  x=rand()%10;                        /*产生随机数*/
  printf("%d\n",x);                   // 将产生的随机数输出
}
```

为了让产生的随机数在 10 以内，采用 x=rand()%10，即除 10 的余数。

【例 1-15】若变量为 float 类型，要通过语句 "scanf("%f%f%f", &a, &b, &c);" 给 a 赋予 10.0，b 赋予 22.0，c 赋予 33.0，则下列 A、B、C、D 四个答案中不正确的为哪个？（   ）请大家将它写成一个完整的 C 语言，使得程序的运行结果是：a=10.0,b=10.0,c=10.0。

A.　10< 回车 >　　　　　　　　B.　10.0,22.0,33.0< 回车 >

　　22< 回车 >

　　33

C.　10.0< 回车 >　　　　　　　D.　10　22< 回车 >

　　22.0　33.0< 回车 >　　　　　　33< 回车 >

分析：

（1）因为语句 scanf("%f%f%f ", &a, &b, &c) 是要求我们在输入时，数与数之间要么用空格分隔开，要么用回车隔开，所以答案 A、C、D 均可，只有 B 错。若是以 10.0,22.0,33.0<

回车 > 的形式输入数据，则输入语句应写成 "scanf("%f,%f,%f", &a, &b, &c);"。

（2）因为 a，b，c 的值为实型，所以定义的变量要求是实型 float，输出的语句要注意保留一位小数。

答案：B。

完整的程序如下：

```c
#include"stdio.h"
main()
{
    float a,b,c;
    scanf("%f%f%f", &a, &b, &c);
    printf("a=%.1f,b= %.1fc=%.1f", a, b, c);
}
```

【例 1-16】有一输入函数 scanf("%d",k)，则不能使 float 类型变量 k 得到正确数值的原因是什么？

分析：因为 k 是实型变量，所以格式字符串应该是 "%f"，同时变量前边未加取地址符 &。

答案：scanf("%f",&k)。

【例 1-17】阅读以下程序，当输入数据的形式为：12,34，正确的输出结果为（　　　）。

```c
#include "stdio.h"
main()
{
    int a,b;
    scanf("%d%d", &a,&b);
    printf("a+b=%d\n",a+b);
}
```

A．a+b=46　　　　　　　　　　　B．有语法错误
C．a+b=12　　　　　　　　　　　D．不确定值

分析：因为输入语句 scanf("%d%d", &a,&b) 要求输入的两个数之间以空格或回车分隔，而题意中给出的两个数是以逗号分隔的，导致 b 的值为一个不确定数，所以其值为不确定。

答案：D

【例 1-18】有如下程序，若要求 x1、x2、y1、y2 的值分别为 10、20、A、B，正确的数据输入应该如何？请将这段程序后面补充 printf() 使之完整。

```c
int  x1, x2;
char  y1, y2;
scanf（"%d%d", &x1,&x2）;
scanf（"%c%c", &y1,&y2）;
```

A．1020AB　　　　　　　　　　　B．10—20—AB
C．10—20↵　　　　　　　　　　　D．10—20AB
　　AB

分析：因为 x1,x2 是整型变量，所以两个数之间可以以空格分隔，也可以以回车分隔；而 y1,y2 是字符型变量，则在输入完 x2 值后的任何字符（包括空格及回车），程序都认为是

在为 y1,y2 输入值，所以选项 A 错误的原因是没将 10、20 分隔；选项 B 错误的原因是输入完 20 后的空格，程序认为是给 y1 赋值，后面的 'A' 是给 y2 的值，即 y1 的值为空格，y2 的值为字符 'A'；选项 C 所示的输入方法程序会认为 x1=10，x2=20，y1 的值为回车，y2 的值为字符 'A'；只有选项 D 是正确的。

答案：D。

参考程序如下：

```c
#include "stdio.h"
main()
{
    int x1,x2;
    char y1,y2;
    scanf("%d%d",&x1,&x2);
    scanf("%c%c",&y1,&y2);
    printf("x1=%d,x2=%d\n",x1,x2);
    printf("y1=%c,y2=%c\n",y1,y2);}
```

实践训练

经过前面的学习，大家已了解了数据类型及 scanf() 和 printf () 的主要用法，下面让学习者自己动手解决一些实际问题。

☆ 初级训练

1. 补充完整程序，请在下列画线处填上正确的答案，使其符合图 1-22 所示的结果。

图1-22　初级训练-1程序运行结果

```c
#include "stdio.h"
main()
{
    printf("_____\n");        //输出一行星号
    printf("_____");          //输出 I  Love  You！后，按<回车>键
    printf("_____");          //输出一行星号
}
```

2. 下列程序画线处有错误，请改正并运行。

```c
#include "stdio.h"
main();
{
    int a,b;
    scanf( "%f%f ",a,b);
    printf( "a=%f,b=%f",&a,&b);
}
```

提示：第一，请注意 C 语言程序的结构；第二，请注意输入语句的格式；第三，请注意输出语句的格式。

3．用星号（＊）输出字母 C 的图案。

提示：可先用＊号在纸上写出字母 C，再分行输出。

4．小张、小王、小周是今年刚刚进入单位的员工，请输出他们的月收入。已知小张的月总收入是 2500 元，小王的月总收入是 2610.75 元，小周的月总收入是 2497 元。要求输出形式如下。

小张的月总收入为：2500 元

小王的月总收入为：2610.75 元

小周的月总收入为：2497 元

提示：用三行输出语句输出。

☆ 深入训练

1．请用前面所学的输出语句，输出以下内容：

****

　　我喜欢 C 语言程序设计！

　　我会花很多时间去学习，我会投入满腔的热情。

　　请看我的实际行动。

****

提示：注意回车，注意用空格输出间距。

2．有如下程序段，对应正确的数据输入是（　　　），并将其补充成完整的 C 语言程序。

```
float x,y;
scanf("%f%f", &x,&y);
printf("a=%f,b=%f", x,y);
```

A．2.04< 回车 >　　　　　　　　　　B．2.04,5.67< 回车 >
　　5.67< 回车 >

C．A=2.04,B=5.67< 回车 >　　　　　D．2.045.67< 回车 >

3．根据下面的程序及数据的输入和输出形式,程序中输入语句的正确形式应该为(　　　)。请上机验证之。

```
#include"stdio.h"
main()
{
    char s1,s2,s3;
    输入语句;
    printf("%c%c%c",s1,s2,s3);
}
```

输入形式：A⎵B⎵C↵　　　　　（注：⎵代表空格，↵代表回车）

输出形式：A⎵B

A．scanf("%c%c%c",&s1,&s2,&s3);

B．scanf("%c␣%c␣%c",&s1, &s2,&s3);

C．scanf("%c,%c,%c",&s1,&s2,&s3);

D．scanf("%c%c", &s1, &s2,&s3);

提示：注意输出形式为 A␣B，所以 s1 的值为 'A'，s2 的值为 '␣'，s3 的值为 'B'。

4．根据题目中给出的数据输入和输出形式，下列程序中输入/输出语句正确的是(　　)。

```
#include "stdio.h"
main()
{
   int a;
   float b;
   输入语句
   输出语句
}
```

输入形式：1␣2.3↵

输出形式：a+b=3.300

A．scanf("%d%f",&a,&b);
printf("\na+b=%5.3f",a+b);

B．scanf("%d%3.1f",&a,&b);
printf("\na+b=%f",a+b);

C．scanf("%d,%f",&a,&b);
printf("\na+b=%5.3f",a+b)

D．scanf("%d%f",&a,&b);
printf("\na+b=%f",a+b);

5．阅读如下程序，请写出它的运行结果，然后上机验证，分析并体会格式输出的使用。

```
#include"stdio.h"
main( )
{
    printf("%d\n",42);
    printf("%5d\n",42);
    printf("%f\n",123.45);
    printf("%12f\n",123.45);
    printf("%8.3f\n",123.45);
    printf("%8.1f\n",123.55);
    printf("%8.0f\n",123.55);
}
```

6．编辑如下程序，并上机运行 3 次，在每次运行提供输入数据时，分别采用数据之间插入空格、每输入一个数据就按回车键、数据之间用 Tab 键分隔，看结果有什么不同？

```
#include "stdio.h"
main( )
{
   int x,y,t;
   printf("Enter x & y:\n");
   scanf("%d%d",&x,&y);
```

```
printf("x=%d y=%d\n",x,y);
t=x;
x=y;
y=t;
printf("x=%d y=%d\n",x,y);
}
```

7. 为了让小侄子多多练习九九表中的乘法题，小明决定让练习题的数字由计算机随机出题，每次出 3 题。请编程实现之（可参考例 1-14）。

任务1-2   总分及平均分的计算

 任务提出及实现

1. 任务提出

某班级进行了一次考试，请编写 C 语言程序用于统计若干位学生的总分及平均分。

2. 具体实现

【例 1-19】本程序的学生数设为 3 人。

```
#include "stdio.h"
main()
{
    int x,y,z;
    float sum,avg;                              // 定义两个实型变量 sum,avg
    printf(" 请输入三位学生的成绩 ");
    scanf("%d%d%d",&x,&y,&z);                    // 输入三位学生的成绩
    sum=x+y+z;                                   // 将 x+y+z 的值赋给 sum
    avg=sum/3;                                   // 将 sum/3 的值赋给 avg
    printf(" 三位学生的总成绩及平均分为 ");        // 输出提示
    printf("sum=%.2f,avg=%.2f\n",sum,avg);       // 输出二个变量 sum 及 avg 的值
}
```

例 1-19 程序运行结果如图 1-23 所示。

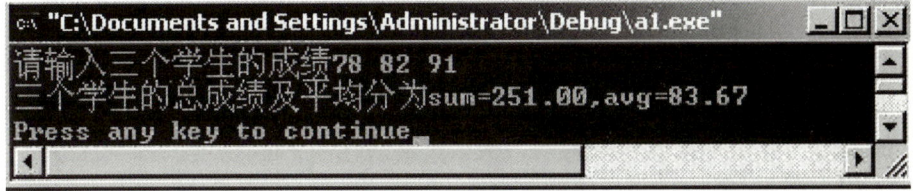

图1-23   例1-19程序运行结果

从上面这段程序可分析出：它比例 1-1 多定义了两个实型变量 sum 和 avg，因为要将三位学生的总分放在 sum 中，而将三位学生的平均分放在 avg 中。同时编写 sum=x+y+z 和

avg=sum/3 语句，即运算符和表达式。所以，在本任务中要掌握的知识点是：

①　算术运算和算术表达式；

②　赋值运算和赋值表达式；

③　介绍 C 语言特有的运算和运算符。

相关知识

1. 算术运算符和算术表达式

（1）5 种基本的算术运算符

＋（加法）、－（减法）、＊（乘法）、／（除法）、％（求余数）。

需要特别指出的是：

①　关于除法（/）运算。C 语言规定，两个整数相除，其商为整数，小数部分被舍弃（如 5/2=2）。如果商为负数，则取整的方向随系统而异。但大多数的系统采取"向零取整"原则，即，取其整数部分如（−5/3=−1）。

②　关于求余数（％）运算。要求两侧的操作数均为整型数据，否则出错。如 5%3=2，3%5=3，−5%3=−2，−5%(−3)=−2。但是，5.2%3 是错的，因为 5.2 是实型数。

（2）表达式和算术表达式

①　表达式的概念。用运算符和括号将运算对象（常量、变量和函数）连接起来的、符合 C 语言语法规则的式子，称为表达式。

单个常量、变量，可以看作表达式的一种特例。将单个常量、变量构成的表达式称为简单表达式，其他表达式称为复杂表达式。

②　算术表达式的概念。表达式中的运算符都是算术运算符。如 3+2*5、(x+y)/2+3、5%2+3 都是算术表达式。

（3）运算符的优先级与结合性

①　算术运算符的优先级是：先算 *、/、%；再算 +、−。

②　有括号的先算括号里的。

C 语言中，运算符的优先级共分为 15 级，1 级最高，15 级最低（参见附录 A）。在表达式中，优先级较高的运算符先于优先级较低的运算符。而在一个运算量两侧的运算符优先级相同时，则按运算符的结合性所规定的结合方向处理。在 C 语言中，各运算符的结合性分为左结合性和右结合性（参见附录 A）。

（4）数据类型转换

在 C 语言中，整型、实型和字符型数据间可以混合运算（字符型数据与整型数据是可以通用的）。如果一个运算符两侧的操作数的数据类型不同，则系统按"先转换，后运算"的原则，首先将数据转换为同一类型，然后在同一类型数据间进行运算。

数据类型的转换规则，如图 1-24 所示。

①　横向向左的箭头，表示转换是必须要做的。float 型必须转换成 double 型，char 和 short 型必须转换成 int 型。

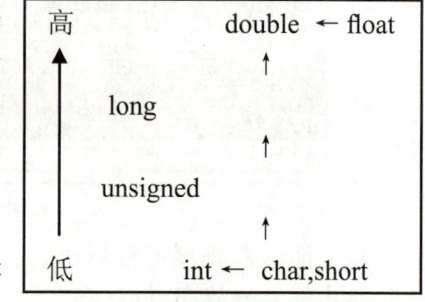

图1-24　数据类型的转换规则

② 纵向向上的箭头，表示不同类型的转换方向。

如 int 型和 float 型进行混合运算，先将 int 型数据转换成 double 型，float 型数据转换成 double 型，然后在两个同类型的数据间进行运算，结果为 double 型数据。

注意

箭头方向表示数据类型由低向高转换，不要理解为int型数据先转换成unsigned型，再转换成long型，最后转换成double型。

除自动转换外，C 语言也允许强制转换。数据类型强制转换的一般格式为：

（要转换成的数据类型）（被转换的表达式）

当被转换的表达式是一个简单表达式时，外面的一对圆括号可以省略。

例如：

```
(double)x        等价于 (double)(x)      // 将变量 x 的值转换成 double 型
(int)(x+y)                               // 将 x+y 的结果转换成 int 型
(float)7/2       等价于 (float)(7)/2     // 将 7 转换成实型，再除以 2 (=3.5)
(float)(7/2)                             // 将 7 整除 2 的结果 (3) 转换成实型 (3.0)
```

注意

强制转换类型得到的是一个所需类型的中间量，原表达式类型并不发生变化。

例如，(double)x只是将x的值转换成一个double型的中间量，其数据类型并未转换成double型。

2. 赋值运算和赋值表达式

（1）赋值运算

赋值符号"="就是赋值运算符，它的作用是将一个表达式的值赋给一个变量。

赋值运算符的一般形式为：

变量 = 赋值表达式

例如：

```
x=5             // 将 5 赋给变量 x
x=6+7           // 将 6+7 的值赋给变量 x
```

但是，5=x 是错误的，因为赋值号"="的左边一定是单个变量，而不能是一个表达式。同理，x+y=z 也是错误的。而 z=x+y 是正确的，意思是将表达式 x+y 的值赋给变量 z。

（2）复合赋值运算

复合赋值运算是 C 语言特有的一种运算。

复合赋值运算的一般格式为：

变量 复合运算符 表达式

复合算术运算符有 5 种，分别是：+=，-=，*=，/=，%=。

例如：

```
x+=3         // 等价于  x=x+3
x+=5+8       // 等价于  x=x+(5+8)
x*=y+2       // 等价于  x=x*(y+2)
x/=x+y       // 等价于  x=x/(x+y)
```

```
x/=8            // 等价于 x=x/8
x%=7            // 等价于 x=x%7
```

【例1-20】请阅读以下程序。

```
#include "stdio.h"
main()
{
    int x,y,z;
    float a,b,c;                  // 定义三个单精度型变量a,b,c
    x=1;                          // 将1赋给变量x，即x的值为1
    y=2;
    z=3;
    a=1.1;                        // 将1.1赋给变量a，即a的值为1.1
    b=2.1;
    c=3.5;
    x=x+y+z;                      // 将x+y+z的值赋给变量x，x的值为(1+2+3)，即x=6
    printf("x=%d\n",x);
    y*=y+1;                       // 将y*(y+1)赋给y，y=2*(2+1)，即y=6
    printf("y=%d\n",y);
    z=(int)a%(int)b;              //z=1%2，即z=1
    printf("z=%d\n",z);
    a+=a+b+c;                     //a=a+(a+b+c)，a=1.1+(1.1+2.1+3.5)，即a=7.8
    printf("a=%f\n",a);
}
```

例1-20程序运行结果如图1-25所示。

3. 自增、自减及逗号运算符

（1）自增 (++)、自减 (--) 运算

① 作用。自增运算使单个变量的值增1，自减运算使单个变量的值减1。

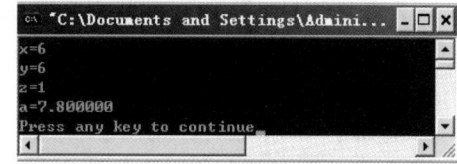

图1-25 例1-20程序运行结果

② 用法与运算规则。自增、自减运算符都有两种用法：前置运算和后置运算。

前置运算——运算符放在变量之前：

++ 变量、-- 变量

先使变量的值增（减）1，然后再以变化后的值参与其他运算，即先增减，后运算。

【例1-21】请阅读前置运算程序。

```
#include "stdio.h"
main()
{
    int x=2,y,z;
    printf("x=%d\n",x);
    y=++x;                        //x先增1（=3），然后再赋给y（=3）
    printf("x=%d    y=%d\n",x,y);
    ++x;                          //x=x+1，即x=4
```

```
    printf("x=%d\n",x);
    y=++x+2;                          //x 先增 1（=5），然后与 2 的和再赋给 y（=7）
    printf("x=%d     y=%d\n",x,y);
    z=--x;                            //x 先减 1（=4），然后再赋给 z（=4）
    printf("x=%d     z=%d\n",x,z);
    --x;                              //x=x-1，即 x=3
    printf("x=%d\n",x);               // 输出 x=3 后换行
}
```

例 1-21 程序运行结果如图 1-26 所示。

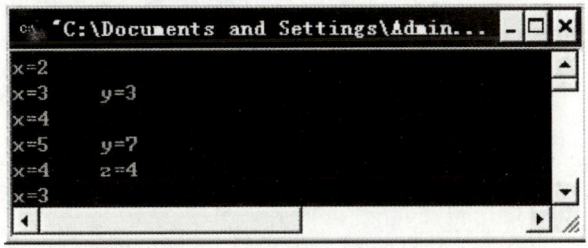

图1-26　例1-21程序运行结果

后置运算——运算符放在变量之后：

变量 ++、变量 --

变量先参与其他运算，然后再使变量的值增（或减 1），即先运算，后增减。

【例 1-22】请阅读后置运算程序。

```
#include "stdio.h"
main()
{
    int x=2,y,z;
    printf("x=%d\n",x);
    y=x++;                            // 先将 x 的值（=2）赋给 y（=2），然后 x 再自增（=3）
    printf("x=%d     y=%d\n",x,y);
    x++;                              //x=x+1，即 x=4
    printf("x=%d\n",x);
    y=(x++)+2;                        // 先将 x+2 赋给 y（=6），然后 x 再自增，（=5）
    printf("x=%d     y=%d\n",x,y);
    z=x--;                            // 先将 x 的值（=5）赋给 z（=5），然后 x 再自减，（=4）
    printf("x=%d     z=%d\n",x,z);
    x--;                              //x=x-1，即 x=3
    printf("x=%d\n",x);
}
```

例 1-22 程序运行结果如图 1-27 所示。

③ 说明。自增、自减运算符不能用于常量和表达式。例如，5++、--8、++(a+b)都是错误的。

（2）逗号（,）运算及其表达式

C 语言提供一种用逗号（,）运算符连接起来的式子，称为逗号表达式。逗号运算符又称顺序求值运算符。

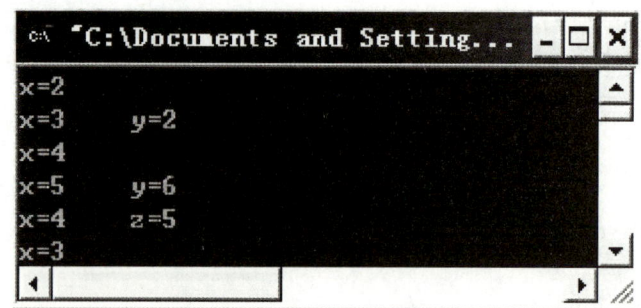

图1-27　例1-22程序运行结果

① 一般形式：**表达式 1，表达式 2，……，表达式 n。**

② 求解过程：自左至右，依次计算各表达式的值，"表达式 n"的值即为整个逗号表达式的值。

例如，逗号表达式"a=3*5,a*4"：先求解 a=3*5，得 a=15；再求 a*4=60，所以逗号表达式的值为 60。

又如，逗号表达式"(a=2+1,a*5),a+8"：先求解 a=2+1，得 a=3，再求 a*5=15；最后求解 a+8=11，所以逗号表达式的值 =11。

 举一反三

在本任务中,我们介绍了C语言的算术运算符、赋值运算符、复合运算符、自增自减运算符及逗号表达式,下面通过例子来巩固前面所介绍的知识。

【例1-23】输入圆半径,求圆的面积和周长。π 的值取 3.14。

分析：因为根据圆半径，求圆的面积和周长，所以要定义三个变量：半径 r，面积 s 和周长 c；考虑到输入的圆半径可能会有小数，所以这三个变量不妨都定义为单精度型 float。

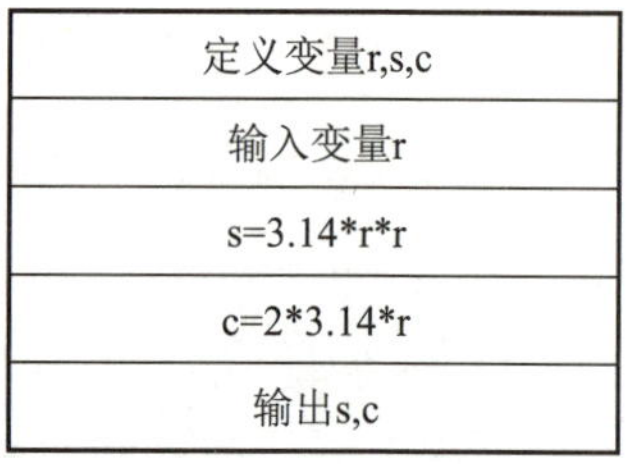

定义变量r,s,c
输入变量r
s=3.14*r*r
c=2*3.14*r
输出s,c

图1-28 例1-23程序流程图

例 1-23 程序流程图如图 1-28 所示。

程序如下：

```c
#include "stdio.h"
main()
{
    float r,s,c;
    printf("请输入圆的半径 r:");
    scanf("%f",&r);
    s=3.14*r*r;
    c=2*3.14*r;
    printf("圆的面积 s 为：%f\n 圆的周长 c 为 %f\n",s,c);
}
```

例 1-23 程序运行结果如图 1-29 所示。

若圆周率 π 的值取 3.14159，则在本程序中需要改动的地方有两处。如果此程序中有好

几处用到圆周率 π，则就要改动好几处。而下面要介绍的符号常量就能很好地解决这类问题。#define PI 3.14 意思是定义一个符号常量 PI，其值为 3.14。符号常量的命名规则与变量名一样，但习惯上，符号常量常用大写字母表示。

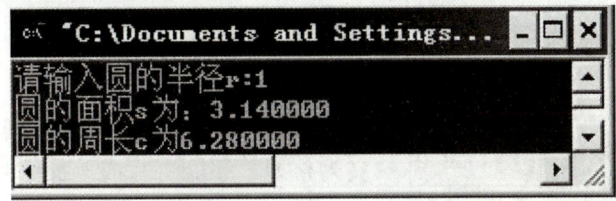

图1-29　例1-23程序运行结果

可以将【例1-23】改为：

```
#include "stdio.h"
#define PI 3.14                 // 定义一个符号常量 PI，其值为 3.14
main()
{
    float r,s,c;
    printf(" 请输入圆的半径 r:");
    scanf("%f",&r);
    s=PI*r*r;
    c=2*PI*r;
    printf(" 圆的面积 s 为：%f\n 圆的周长 c 为 %f\n",s,c);
}
```

程序的运行结果如图 1-29 所示。

这样，若圆周率要改为 3.14159，只要将程序中 #define PI 3.14 改为 #define PI 3.14159 即可。

【例1-24】输入三角形三边的长，求三角形的周长及面积。

分析：输入三角形三边的长，所以显然要定义三个变量 a，b，c，同时还要定义三角形的周长 cc 及面积 s（注：本书字母均采用正体）。由于在求三角形的面积时要用到海伦公式 $s=\sqrt{l(l-a)(l-b)(l-c)}$，其中 l 是三角形的二分之一周长，所以还需要定义 l，需要提示的是 $s=\sqrt{l(l-a)(l-b)(l-c)}$ 在程序中的表达式为 "s=sqrt(l*(l-a)*(l-b)*(l-c));" 即根号用 sqrt( ) 函数表示。只要在程序的前面加上库函数 math.h 就行（见附录 B）。

例 1-24 程序流程图如图 1-30 所示。

程序如下：

定义变量a,b,c,l,cc,s
输入变量a,b,c
cc=a+b+c;
l=cc/2
s=sqrt(l*(l-a)*(l-b)*(l-c));
输出三角形的面积和周长

图1-30　例1-24程序流程图

```
#include "stdio.h"
#include "math.h"          // 为求平方根函数 sqrt()，包含 math.h 头文件
main()
{
    int a,b,c;
    float cc,l,s;
    printf(" 请输入三角形三边 a,b,c 的长:");
```

```
        scanf("%d%d%d",&a,&b,&c);
        cc=(a+b+c);
        l=cc/2;
        s=sqrt(l*(l-a)*(l-b)*(l-c));
        printf("三角形的周长 cc 为 %f\n 三角形的面积 S 为 %f\n",cc,s);}
```

例 1-24 程序运行结果如图 1-31 所示。

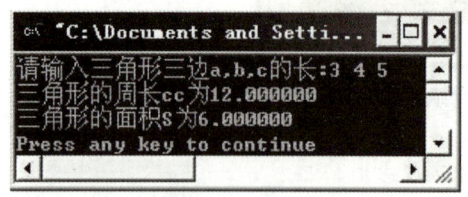

图1-31　例1-24程序运行结果

分析：首先要考虑到定义的变量有 a，b，c，x1，x2，判别式 disc=b^2-4ac，然后就可以根据公式 $(-b\pm\sqrt{b^2-4ac})/(2a)$ 计算，最后输出结果。

例 1-25 程序流程图如图 1-32 所示。

参考程序为：

请思考：为什么可以写成 l=cc/2？如果 cc 定义为整型，还能再写成 l=cc/2 吗？为什么？

【例 1-25】求方程 ax^2+bx+c=0 的实数根。a，b，c 由键盘输入，a≠0 且 b^2-4ac>0。

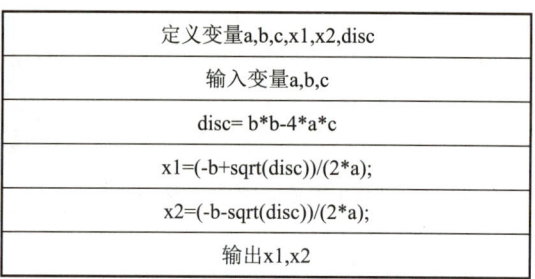

定义变量a,b,c,x1,x2,disc
输入变量a,b,c
disc= b*b-4*a*c
x1=(-b+sqrt(disc))/(2*a);
x2=(-b-sqrt(disc))/(2*a);
输出x1,x2

图1-32　例1-25程序流程图

```
#include "stdio.h"
#include "math.h"
main()
{
    float a,b,c,disc,x1,x2;
    printf("请输入方程a,b,c的值：");
    scanf("%f%f%f",&a,&b,&c);                // 输入 a,b,c 的值
    disc=b*b-4*a*c;                          // 将判别式的值赋给变量 disc
    x1=(-b+sqrt(disc))/(2*a);                // 求方程的根 x1
    x2=(-b-sqrt(disc))/(2*a);
    printf("方程的根为x1=%f,x2=%f\n",x1,x2); // 输出方程 x1, x2 的值
}
```

例 1-25 程序运行结果如图 1-33 所示。

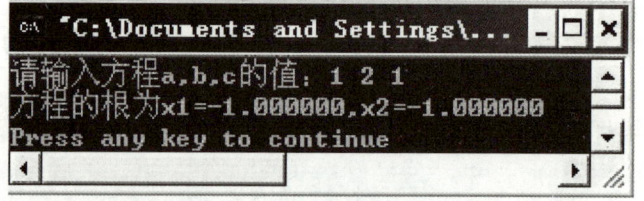

图1-33　例1-25程序运行结果

【例 1-26】进水管和出水管的题：一个蓄水池若注满水，则需要水 480 吨，此池有一个进水管和一个出水管，单开进水管 6 小时可以把空池注满，单开排水管 8 小时可以将水排空，

现两管同时开，问多少小时可以把水池注满。试编程实现之。

```
#include "stdio.h"
main()
{  int t;
   float v1,v2;
   v1=480/6;
   v2=480/8;
   t=480/(v1-v2);
   printf("% 二管同时，则注满蓄水池的时间为 d\n",t);
}
```

例1-26 程序运行结果如图 1-34 所示。

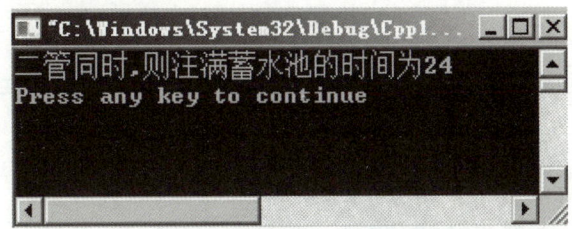

图1-34 例1-26程序运行结果

若考虑到时间变量可能会有分钟，则可以将 t 定义为 float 型。

可能有些同学还记得，题目中没有告知蓄水池的体积，那怎么办？

其实，最简单的办法是可以将蓄水池的体积当作单位体积 1 来看待，则上题可以改为：

```
#include "stdio.h"
main()
{  float t;
   float v1,v2;
   v1=1.0/6;
   v2=1.0/8;
   t=1/(v1-v2);
   printf(" 二管同时 ,则注满蓄水池的时间为 %5.1f\n",t);
}
```

程序运行结果如图 1-35 所示。

图1-35 程序运行结果

将 v1=1.0/6，v2=1.0/8，t=1(v1-v2)，合并后就可以写成 t=1/(1.0/6-1.0/8)，这也是小学生一般直接写的运算式。

【例 1-27】"鸡兔同笼"是一类有名的中国古算题。大约在 1500 年前就出现在《孙子算经》

中。在《孙子算经》中是这样叙述的：鸡兔同笼，上有三十五头，下有九十四足，问鸡兔各几何？也就是说，有若干只鸡兔同在一个笼子里，从上面数，有 35 个头，从下面数，有 94只脚。求笼中各有几只鸡和兔？

分析：用数学中的"假设法"来求解。

假设笼子里全部为兔子，因为有 35 个头，所以总共有 4*35=140 只脚。这个数字比题目中给出的脚数多 140-94=46，这是因为把 2 只脚的鸡假设为 4 只脚的兔子，每只兔比鸡多 2只脚，所以通过多出的 46 只脚就知道鸡就有多少只。

设：鸡有 x 只，兔有 y 只。

$x=(4*35-94)/(4-2)$

$y=35-x$

程序为：

```c
#include<stdio.h>
main()
{  int x,y;
   x=(4*35-94)/(4-2);
   y=35-x;
   printf("鸡有 %d 只，兔有 %d 只 \n",x,y);
}
```

图1-36 例1-27程序运行结果

例 1-27 程序运行结果如图 1-36 所示。

【例 1-28】从键盘输入一个小写字母，要求用大写字母形式输出该字母及对应的 ASCII码值。

分析：由于要从键盘输入一个小写字母，同时还要求将它转换为大写字母，所以需要定义两个字符变量，再根据大小写字母的转换公式：小写字母 = 大写字母 –32，最后输出即可。

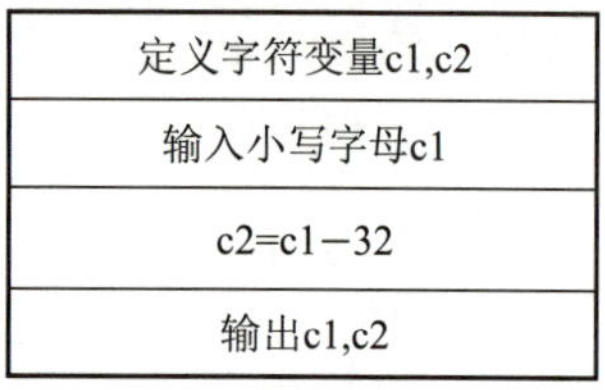

定义字符变量c1,c2
输入小写字母c1
c2=c1－32
输出c1,c2

图1-37 例1-28程序流程图

例 1-28 程序流程图如图 1-37 所示。

程序如下：

```c
#include "stdio.h"
main()
{
    char c1,c2;                       // 定义两个字符变量 c1,c2
    printf("请输入小写字母:");
    scanf("%c",&c1);                  // 输入小写字母
    c2=c1-32;                         // 求所对应的大写字母
    printf("原字母为%c，大写字母为%c\n",c1,c2);// 输出原字母及对应的大写字母
}
```

程序运行结果为：

请输入小写字母：a
原字母为 a，大写字母为 A。

因为字符的输入/输出还可以用函数 getchar() 及 putchar() 实现，所以程序还可以表示为：

```
#include "stdio.h"
main()
{
    char c1,c2;                      // 定义两个字符变量 c1,c2
    printf(" 请输入小写字母:");
    c1=getchar();                    // 输入小写字母
    c2=c1-32;                        // 求所对应的大写字母
    putchar(c1);                     // 输出原字母
    putchar(c2);                     // 输出原字母所对应的大写字母
}
```

实践训练

经过前面的学习，大家不仅了解了 scanf() 和 printf() 的主要用法，同时也能自如运用算术运算符、算术表达式、逗号表达式及赋值表达式等，下面请大家进行实践训练。

☆ 初级训练

1. 编程求和、商和余数：从键盘上输入两个整数，求其和、商、余数。

提示：完成此道题的思路为：

第一，定义两个整型变量。

第二，将这两个整型变量从键盘上输入值。

第三，输出两个整型变量的和。

第四，输出两个整型变量的商。

第五，输出两个整型变量的余数（仔细想想，求余的运算符是什么？）。

2. 有如下程序，请指出它们错误的原因。题意为：输入两个整数，输出两数之积。

```
#include "stdio.h"
main()
{
    int c1,c2;
    printf(" 请输入二个数 c1,c2:");
    scanf("%d%d",c1,c2);
    s=c1*c2
    printf("c1+c2=%d",s);
}
```

请大家用心体验一下，自己在编程过程中是否也遇到类似的问题？

3. 编程完成：小明共买了 32 个气球，其中红气球比黄气球少 4 个，小明各买多少个气球？

提示：完成此道题的思路为：

第一，定义两个整型变量 x,y，其中 x 为红气球，y 为黄气球。

第二，赋值 x=(32-4)/2，即去掉 4 个气球，平分，即为红气球数。

第三，y=32-x，输出 x 和 y。

4．编程完成：一个饲养场养鸡和鸭共 3559 只，如果鸡减少 60 只，鸭增加 100 只，那么，鸡的只数比鸭的只数的 2 倍少 1 只。问原来鸡和鸭各有多少只？

分析：鸡减少 60 只，鸭增加 100 只后，鸡和鸭的总数是 3559-60+100=3599 只，从而可求出现在鸭的只数，原来鸭的只数。

定义变量 c 是原来鸡的数量，变量 d1 是原先鸭的数量，d2 是变化后的鸭的数量，s 是变化后鸡和鸭的总数。

则现在鸡和鸭的总只数 s=3559-60+100。

现在鸭的只数 d2=(s-1)÷(2+1)。

原来鸭的只数 d1=d2-100。

原来鸡的只数 c=3599-d1。

输出 d1，c。

5．编程求三角形面积：输入三角形的底和高，求其面积。

提示：定义三个变量：底为 a、高为 h、面积为 s，通过公式 s=a*h/2 计算，然后输出面积即可。

6．编程求三角形周长：输入三角形三边的长，求三角形的周长。

7．编程求矩形对角线长：输入矩形的长和宽，求对角线的长。

☆ 深入训练

1．改错题。下列程序多处有错，请通过上机改正并使之符合下面的要求。

```c
#include "stdio.h"
void main( )
{
    float a,b,c,s,v;
    printf(" 请输入 a,b,c: ");
    scanf("%d%d%d",a,b,c);
    s=a*b;
    v=a*b*c;
    printf("a=%d b=%d c=%d\n",a,b,c);
    printf("s=%f\n",s, "v=%d\n",v);
}
```

当本程序运行时，要求按如下方式显示和输入：

请输入 a,b,c:2.0 2.0 3.0（此处的 2.0 2.0 3.0 为用户输入）。

程序的运行结果为：

```
a=2.000000 b=2.000000 c=3.000000
s=4.000000 v=12.000000
```

2．编辑如下程序：

```c
/* 自增自减运算符 */
#include "stdio.h"
```

```
main()
{
    int i,j,m,n;
    i = 8;
    j = 10;
    m = ++i;
    n = j++;
    printf("%d,%d,%d,%d", i, j, m, n);
}
```

运行程序，记录 i、j、m、n 各变量的值，分别进行以下改动并运行。

（1）将第 7、8 行改为下面所示，再运行。

m = i++;

 n = ++j;

记录 i、j、m、n 各变量的值。

（2）将 printf() 语句改为：

printf("%d,%d,%d,%d", i, j, i++, j++);

运行程序，记录输出结果。

（3）再修改程序如下，运行程序记录 i、j、m、n 各变量的值。

```
#include"stdio.h"
void main()
{
    int i, j, m=0, n=0;
    i = 8;
    j = 10;
    m+= i++; n-= --j;
    printf("i=%d,j=%d,m=%d,n=%d", i, j, m, n);}
```

3．对以下程序进行分析，看程序的输出结果应是什么，然后运行该程序查看实际结果与分析结果是否相同，若有不同，请找出原因。

```
#include "stdio.h"
void main( )
{
    int x=1,y=2,t; float m;
    t=x/y; m=x/y;
    printf("%d \t%8.3f\n",t,m);
    t=x/(float)y;m= x/(float)y;
    printf("%d \t%8.3f\n",t,m);
    t=(float)x/y;m=(float)x/y;
    printf("%d \t%8.3f\n",t,m);
}
```

4．编程求摄氏温度：输入一个华氏温度，要求输出摄氏温度。公式为：c=5(F-32)/9，其中 c 为摄氏温度值，F 为华氏温度值。输出要求有文字说明，取 2 位小数。

5. 编程求梯形面积：输入梯形的上底、下底及高，求其面积。

6. 交换两个整形变量的值。即若有两个整型变量 x=2，y=3，则交换后 x=3，y=2。

提示：此问题相当于，如果你手上有两盘磁带 A 和 B，A 盘存有歌曲，B 盘存有电影，现在想交换这两个磁盘的内容，应该如何交换？

7. 设圆半径 r=1.5，圆柱高 h=3，求圆周长、圆面积、圆球体积、圆柱体积。用 scanf() 输入数据，输出计算结果，输出时要求有文字说明，取小数点后 2 位数字。

8. 编程求方程：黄气球 2 元 3 个，红气球 3 元 2 个，小明共买了 32 个气球，其中红气球比黄气球少 4 个，小明购买两种气球各用了多少钱？

9. 编程求解：一位老人有五个儿子和三间房子，临终前立下遗嘱，将三间房子分给三个儿子各一间。作为补偿，分到房子的三个儿子每人拿出 12 万元，平分给没分到房子的两个儿子。大家都说这样的分配公平合理，那么每间房子的价值是多少万元？

提示：三个儿子共拿出：12×3=36（万元）。

两个儿子中，每个儿子应该分得：36÷2=18（万元）。

三间房子共值：18×5=90（万元）。

每间房子值：90÷3=30（万元）。

每间房子的价值是 30 万元。

综合训练一

考虑到同学们刚刚起步学习 C 语言，所以，综合训练中的习题主要是想让大家通过独立思考，掌握 C 语言的结构、变量的定义及简单的输入 / 输出格式。

一、选择题

1. 若变量已正确定义并赋值，下面符合 C 语言语法的表达式为（　　）。

A. a:=b+1　　　　B. a=b=c+1　　　　C. int 18.5%3　　　　D. a=a+7=c+b

2. C 语言中运算对象必须是整型的运算符是（　　）。

A. %=　　　　B. /　　　　C. =　　　　D. <=

3. 若已定义 x 和 y 为 double 类型变量，则表达式 x=1,y=x+3/2 的值为（　　）。

A. 1　　　　B. 2　　　　C. 2.0　　　　D. 2.5

4. 在 C 语言中 a，b 已经定义，且 b 已正确赋值，下面语句中合法的是（　　）。

A. a==1　　　　B. b=b++=a　　　　C. a=a++=5　　　　D. a=int(b)

5. 若有以下程序段：

```
int c1=1,c2=2,c3;
c3=1.0/c2*c1;
```

则执行后，c3 中的值为（　　）。

A. 0　　　　B. 0.5　　　　C. 1　　　　D. 2

6. 有如下程序

```
#include "stdio.h"
main()
{ int y=3,x=3,z=1;
```

```
    printf("%d  %d\n",(++x,y++),z+2);
    }
```

运行程序后的输出结果是（　　）。

A. 3 4 　　　　　　B. 4 2 　　　　　　　　C. 4 3 　　　　　　　D. 3 3

二、填空题

1. 写出以下程序运行的结果（　　）。

```
#include "stdio.h"
main()
{char c1='a',c2='b',c3='c';
printf("a%c b%c\nc%c\nabc\n",c1,c2,c3);
}
```

2. 求下面算术表达式的值。

（1）x+a%3* (int)(x+y)%2/4　　　　（　　　　）

设 x=2.5,a=7,y=4.7

（2）(float)(a+b)/2+(int)x%(int)y　　（　　　　）

设 a=2,b=3,x=3.5,y=2.5

3. 写出程序运行结果（　　）。

```
#include "stdio.h"
main()
{int i,j,m,n;
 i=8;
 j=10;
 m=++i;
 n=j++;
 printf("%d,%d,%d,%d",i,j,m,n);
 }
```

4. 写出下面表达式运算后 a 的值，设原来 a=12。设 a 和 n 已定义为整型变量。

(1)a+=a 　　　　　　　　　（　　　　） 　(2)a-=2 　　　　　　　　（　　　　）

(3)a*=2+3 　　　　　　　　（　　　　） 　(4)a/=a+a 　　　　　　　（　　　　）

(5)a%=(n%=2)，n 的值等于 5 （　　　　） 　(6)a+=a-=a*=a 　　　　（　　　　）

5. 请写出下面程序的输出结果（　　）。

```
main()
{int a=5,b=7;
   float x=67.8564,y=-789.124;
   char c='A';
   printf("%d%d\n",a,b);
   printf("%3d%3d\n",a,b);
   printf("%f,%f\n",x,y);
   printf("%-10f,%-10f\n",x,y);
```

```
    printf("%8.2f,%8.2f,%.4f,%.4f,%3f,%3f\n",x,y,x,y,x,y);
}
```

三、编程题

1. 小明所在班级有男生 18 名，女生比男生多 6 名，问小明班级共有学生多少名？请编程实现。

2. 要挖一条长 1455 米的水渠，已经挖了 3 天，平均每天挖 285 米，余下的每天挖 300 米。这条水渠平均每天挖多少米？

分析：已知水渠的总长度，要求平均每天挖多少米，则要先求出一共挖了多少天。

应定义 5 个实型变量 x,y,t1,t2,v；

3 天挖的长度：x=285*3；

余下的长度：y=1455-x；

余下需要挖的天数 t1=y/300；

总共挖的天数为 t2=3+t1；

平均每天挖的长度 v=1455/t2

输出平均每天挖的长度。

3. 小华的期中考试成绩在外语成绩宣布前，他 4 门功课的平均分是 90 分。外语成绩宣布后，他的平均分数下降了 2 分。小华外语成绩是多少分？请编程实现。

分析：先求出 4 门功课的总分，再求出 5 门功课的总分，然后求得外语成绩。

定义 3 个整型变量 s1,s2,x；

四门功课的总分为 s1=90*4；

五门功课的总分为 s2=(90-2)*5；

外语成绩 x=s2-s1；

输出外语成绩 x。

4. 甲、乙、丙三人在银行存款，丙的存款是甲、乙两人存款的平均数的 1.5 倍，甲、乙两人存款的和是 2400 元。甲、乙、丙三人平均每人存款多少元？

分析：要求甲、乙、丙三人平均每人存款多少元，先要求得三人存款的总数。

定义一个实型变量 m,s,pj；

m 用于存放丙的存款，则 m=2400/2*1.5；

总存款数为 s=2400+m；

平均每人存款数 pj=s/3；

输出 pj。

5. 随机产生两个 10 以内的整数，求这两个数的和、差、积、商。

提示：参考例 1-14。

输入学生成绩转化为等级

 知识目标

1. 掌握关系运算符、逻辑运算符、条件运算符的规则。
2. 掌握if语句的使用格式和执行顺序。
3. 掌握条件表达式和switch语句的使用格式和执行顺序。

 技能目标

1. 能熟练运用关系运算符、逻辑运算符、条件运算符。
2. 能使用if语句编写程序。
3. 能够使用嵌套if语句和switch语句编写多分支选择结构程序。

 课程思政

1. 通过运算符优先级的学习，使同学们明白做事要有轻重缓急，先做重要和紧急的事情。

2. 通过算法流程图的讲解，引导学生做一个凡事有条理的人，懂得按照事情的计划和顺序来做，懂得统筹管理，节约时间，提高效率。

3. 通过条件语句的训练，使同学们养成良好的逻辑性，同时也通过条件语句教育学生在生活中"鱼和熊掌不可兼得"的道理，要学会取舍。同时引导学生，在人生道路上会有很多选择，做出的每个决定都会产生蝴蝶效应，影响到大局，因此要树立正确的人生观和价值观，特别当面临着个人利益与社会利益乃至国家利益有冲突时，要以大局为重，以社会利益、国家利益为重。

项目要求

某班进行了一次考试，教师按百分制给出学生成绩，现在学校要求按五级制打分，即90~100分为A；80~89分为B；70~79分为C；60~69分为D；60分以下为E。

说　明：分数可以任意输入。

项目分析

要求完成对成绩的转换输出，第一步必须对输入的成绩是否合法做一个判断，因为采用的是百分制，所以 0 ～ 100 分都是合法的，此范围外输入的成绩则不合法；第二步将输入的合法成绩转换成相应的等级。因此，将这个项目分解成两个任务来完成：任务 2-1 是输入学生成绩，判断其合法性；任务 2-2 是将输入的学生成绩转化为等级。

任务2-1　输入学生成绩，判断其合法性

 任务提出及实现

1. 任务要求

输入一个学生的成绩，判断它是否合法（成绩采用百分制）。

2. 具体实现

方法 1：首先判断输入的成绩是否在 1 ～ 100 范围内，若是，输出提示信息"输入成绩合法"；否则如果输入的成绩小于0或大于100，则输出提示信息"输入成绩不合法"。

如图 2-1 所示为程序流程图（一）。

参考程序：

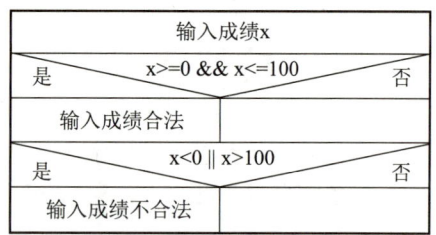

图2-1　程序流程图（一）

```c
#include "stdio.h"
main()
{
    float x;
    printf(" 请输入一个学生成绩 ");
    scanf("%f",&x);
    if(x>=0 && x<=100)          printf(" 输入成绩合法 \n");
    if(x<0||x>100)              printf(" 输入成绩不合法 \n");
}
```

方法 2：判断输入的成绩是否在 1 ～ 100 范围内，若是，输出提示信息"输入成绩合法"；否则输出提示信息"输入成绩不合法"。

如图 2-2 所示为程序流程图（二）。

参考程序：

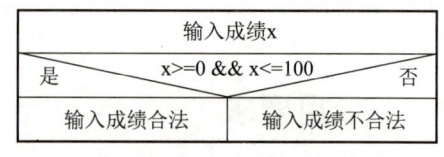

图2-2　程序流程图（二）

```c
#include "stdio.h"
main()
{
    float x;
```

```
    printf(" 请输入一个学生成绩 ");
    scanf("%f",&x);
    if(x>=0&&x<=100) printf(" 输入成绩合法 ");
    else printf(" 输入成绩不合法 ");
}
```

程序运行结果如图 2-3 所示。

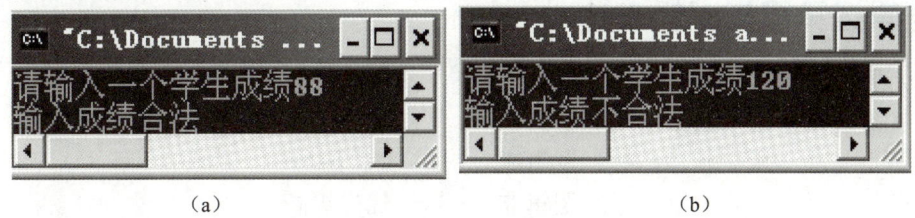

（a）   （b）

图2-3　程序运行结果

在上述程序中用到的"x>=0"和"x<=100"是关系表达式，">="和"<="是关系运算符；"x>=0&&x<=100"和"x<0||x>100"是逻辑表达式，"&&"和"||"是逻辑运算符。

在本任务中要掌握：

① 关系运算符与关系表达式。

② 逻辑运算符与逻辑表达式。

③ if 和 if...else 语句。

 相关知识

1. 关系运算符与关系表达式

（1）关系运算符及优先级

$$
\left.\begin{array}{ll}
< & （小于） \\
> & （大于） \\
<= & （小于或等于） \\
>= & （大于或等于）
\end{array}\right\} \text{优先级相同（高）}
$$

$$
\left.\begin{array}{ll}
== & （等于） \\
!= & （不等于）
\end{array}\right\} \text{优先级相同（低）}
$$

① 前 4 种运算符(<,<=,>,>=)优先级相同，后两种也相同。前 4 种的优先级高于后 2 种。

② 关系运算符的优先级低于算术运算符。

③ 关系运算符的优先级高于赋值运算符。

（2）关系表达式

用关系运算符将两个表达式连接起来的式子，称为关系表达式。例如，下面都是合法的关系表达式：a>b，a!=b，a+b>a+c，'a'>'b'。

关系表达式的值是一个逻辑值，即"真"（True）或"假"（False），C 语言用 1 代表"真"，用 0 代表"假"。

例如，若 a=1，b=4，则有：

① a>b 的值为 0。因为 a=1，b=4，a 大于 b 不成立，所以 a>b 为假，即表达式 a>b 的值为 0。

② a!=b 的值为 1。

③ a==b>=0 的值为 1。因为 ">=" 优先级比 "==" 的优先级要高，所以先做 b>=0 判断，结果为 1；再处理 == 运算符，a==1 成立，所以整个表达式的值为 1。

④ b>=0==a 的值为 1。

2. 逻辑运算符与逻辑表达式

（1）逻辑运算符及优先级

&&	逻辑与	优先级低
||	逻辑或	
!	逻辑非	优先级高

即 !（非）→ &&（与）→ ||（或）

记忆口诀：not（非）and（与）or（或）。

其中 "&&" 相当于 "而且"，要求有两个运算量，如 10 岁以下的小孩而且是女孩。"||" 相当于 "或者"，要求有两个运算量，例如，"10 岁以下的小孩**或者**是女孩"。"!" 相当于否定，例如，"**除了** 10 岁以下的小女孩"。

优先级 "!" 运算符高于算术运算符，关系运算符高于逻辑运算符。

表 2-1 为逻辑运算符的 "真值表"。

表2-1　逻辑运算符真值表

a	b	!a	!b	a&&b	a||b
真	真	假	假	真	真
真	假	假	真	假	真
假	真	真	假	假	真
假	假	真	真	假	假

（2）与其他种类运算符的优先关系

! → 算术运算符 → 关系运算符 → && → || → 赋值运算符。

（3）逻辑表达式

逻辑表达式的值是一个逻辑值，即 "真" 或 "假"。C 语言编译系统在给出的运算结果中，以数值 1 代表 "真"，以 0 代表 "假"。但在判断一个量是否为 "真" 时，以 0 代表 "假"，以非 0 代表 "真"。在 C 语言中一共只有 4 个 0，分别是 0（整数 0）、0.0（实数 0）、'\0'（字符 0）和 NULL（符号常量 0）。例如：

若 a=2，b=4，则 a&&b 的值为 1。因为 a，b 的值均为非 0，被认为是 "真"，因此 a&&b 的值为 "真"，即表达式 a&&b 的值为 1。

若 x=5，则 x>=0&&x<10 的值为 1。因为 ">=" 和 "<" 的优先级比 "&&" 的优先级高，先算 x>=0 和 x<10 表达式，结果都为 1，而 1&&1 的结果为 1，因此 x>=0&&x<10 的值为 1。

若 x=5，则 x>=0&&x<3 的值为 0，表达式 x>=0 的结果为 1，表达式 x<3 的结果为 0，1&&0 的值为 0。

若 x=5，则 x>=0||x<3 的值为 1，因为 1||0 的结果为 1。

若 x=5，则！(x>=0||x<3) 的值为 0。

若 a=b=1，则运行 a++ || b++ 后，a，b 的值为多少？对 "||" 来说，若左边为真，则不执行右边，所以 a=2，b=1。同理运行 a++&& b++，左边为假，则不执行右边，也就是说若 a=b=0，执行 a++&&b++ 后，则 a=1，b=0。

3. 条件语句

（1）单分支语句

语法：

if（表达式）语句组 /* 表达式的值为非 0 时，执行语句组；为 0 时，则不执行语句组 */

单分支语句流程图如图 2-4 所示。

例如：若 a=3，b=4，c=5，则执行语句 "if(a>b) c=a;" 后 c 的值为 5，因为 a>b 不成立，则表达式的值为 0，不执行后面的语句 c=a，所以 c 的值不变，还是为 5；执行语句 "if(a<b)c=a;" 后 c 的值为 3。

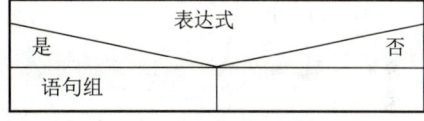

图2-4 单分支语句流程图

若 a=3，b=4，c=5，则执行语句 "if(a>b) {t=a;a=b;b=t;}" 后 a 的值为 3，b 的值为 4；执行语句 "if(a<b){t=a;a=b;b=t;}" 后 a 的值为 4，b 的值为 3，其中 "t=a;a=b;b=t;" 完成了变量 a 和 b 的值的交换。当语句组的语句有 1 句以上时，要用 "{ }" 把语句组括起来，注意在 "{ }" 外面不需要再加分号，因为 "{ }" 内是一个完整的复合语句，不需要另附加分号。

（2）双分支语句

语法：

if（表达式）语句组 1

else 语句组 2/* 表达式的值为非 0 时，执行语句组 1；为 0 时，则执行语句组 2*/

双分支语句流程图如图 2-5 所示。

例如，若 a=3，b=4，c=5，则执行语句

if(a>b)c=a;

else c=b;

是	表达式	否
语句组1		语句组2

图2-5 双分支语句流程图

结果c的值为4。

执行语句

if(a<b)c=a;

else c=b;

结果c的值为3。

同样地，语句组 1 和语句组 2 的语句不止一句时，要用 { } 将语句组括起来，作为一个复合语句。例如，若 a=3,b=4,c=5,则执行语句

if(a<b){t=a;a=b;b=t;}

else {t=a;a=c;c=t;}

结果a、b、c的值分别为4，3，5。

提示：在两个瓶子中分别装着可乐 (a) 和雪碧 (b) 两种饮料，如果要把两个瓶子中的饮

料交换来装，你能设计出一种可行的办法吗？

下面通过几个例子让大家来学习分支语句。

【例2-1】输入任意三个整数 a、b、c，输出其中最小的数。

方法1

分析：我们可以用一个变量 min 来暂时存放所有比较过的数中的最小值。第一次将某个数赋给 min，然后用 min 跟没有比较过的数一一进行比较，发现新的比 min 值还小的数，则修改 min 的值为新的比较数，直到所有的数都比较过得出最小值为止。

例2-1 方法流程图如图2-6 所示。

参考程序：

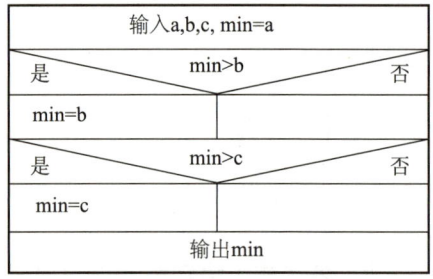

图2-6　例2-1方法流程图

```c
#include "stdio.h"
main(  )
{
    int a,b,c,min;
    printf(" 请输入三个数 ");
    scanf("%d,%d,%d",&a,&b,&c);
    min=a;
    if(min>b)
        min=b;
    if(min>c)
        min=c;
    printf("%d,%d,%d 中最小的数为 %d\n",a,b,c,min);
}
```

例2-1 程序运行结果如图2-7 所示。

方法2

分析：首先将 a 与 b 进行比较，把两者中最小的数放到 a 中，然后用二者中最小数 a 与 c 进行比较，同样地，把两者中最小的数放到 a 中，最后 a 中的值就是三者最小的值。

例2-1 方法 2 流程图如图2-8 所示。

参考程序：

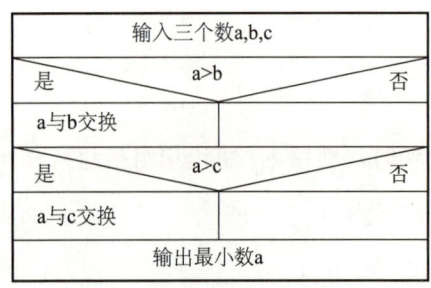

图2-7　例2-1程序运行结果

图2-8　例2-1方法2流程图

```c
#include "stdio.h"
```

```
main()
{
  int a,b,c,t;
  printf("请输入三个数");
  scanf("%d,%d,%d",&a,&b,&c);
  if(a>b)
    {t=a;a=b;b=t;}
  if(a>c)
    {t=a;a=c;c=t;}
  printf("%d,%d,%d中最小的数为%d",a,b,c,a);
}
```

【例2-2】输入一个年份，判断它是否是闰年。

某一年是闰年的条件是：能被 4 整除并且不能被 100 整除，或者能被 400 整除的年份是闰年。写成表达式是 year%4==0&&year%100!=0||year%400==0。

方法1

分析：先设一个变量 t=0，然后判断该年份是否满足闰年的条件，满足的话将 t 的值修改为 1；然后我们可以根据 t 的值来判断该年是否是闰年，t 为 0 该年不是闰年，t 为 1 则该年是闰年。

流程图请读者自己补充。

参考程序：

```
#include "stdio.h"
main()
{
  int year,t=0;
  printf("请输入年份");
  scanf("%d",&year);
  if(year%4==0&&year%100!=0||year%400==0)
    t=1;
  if(t==0)
    printf("%d年不是闰年 \n",year);
  if(t==1)
    printf("%d年是闰年 \n",year);
}
```

例 2-2 程序运行结果如图 2-9 所示。

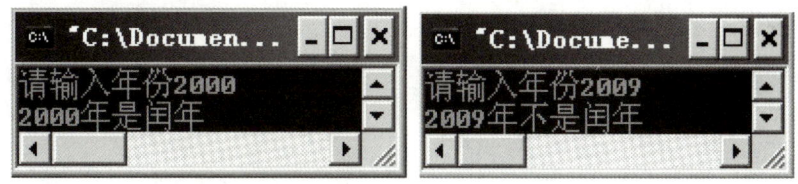

图2-9 例2-2程序运行结果

方法2

分析：判断该年份是否满足闰年的条件，满足的话输出是闰年的提示信息，否则输出不是闰年的提示信息。

流程图请读者自己补充。

参考程序：

```
#include "stdio.h"
main(   )
{
    int year,t;
    printf(" 请输入年份 ");
    scanf("%d",&year);
    if(year%4==0&&year%100!=0||year%400==0)
        printf("%d 年是闰年 \n",year);
    else
        printf("%d 年不是闰年 \n",year);
}
```

该方法程序运行结果如图 2-9 所示。

4．条件运算符与条件表达式

条件运算符：？：

条件表达式：**表达式 1？ 表达式 2 : 表达式 3**

当表达式 1 的值为真时，整个表达式的值为表达式 2 的值；当表达式 1 的值为假时，整个表达式的值为表达式 3 的值。

例如，若 a=3，b=4，则表达式 a>b?a:b 的值为 4。因为表达式 a>b 的值为 0，整个表达式 a>b?a:b 应该是表达式 3 的值，即 b 的值。表达式 a>b?a:b 的值实际上是取 a、b 两者中最大值。

若 a=3，b=4，c=5，则 表 达 式 c>(a>b?a:b)?c: (a>b?a:b) 的 值 为 5。 这 里 表 达 式 1 是 c>(a>b?a:b)，表达式 2 是 c，表达式 3 是 (a>b?a:b)。表达式 c>(a>b?a:b)?c: (a>b?a:b) 的值实际上是取 a、b、c 三者中最大值。

 举一反三

前面，我们学习了 if 的单分支语句和双分支语句。下面，我们用它们来解决一些生活中的实际问题，通过解决问题，帮助我们灵活应用 if 的单分支语句和双分支语句。

【例 2-3】题目见例 1-12，增加判断答题是否正确。

分析：用双分支的 if 语句实现。

```
#include "stdio.h"                      // 文件预处理
main()                                 // 函数名
{                                      // 函数体开始
    int x,y,z;                         //定义三个变量 x,y,z
    printf(" 第一题 \n");
    printf("3+5=");
    scanf("%d ",&x);                   /* 输入第一题运算的结果 */
    if(3+5==x)
```

```
        printf(" 正确，很棒！\n ");
    else
        printf(" 想想看，错在哪里了？\n");
    printf(" 第二题 \n");
    printf("3+9=");
    scanf("%d ",&x);                          /* 输入运算的结果 */
    if(3+9==x)
        printf(" 正确，很棒！\n ");
    else
        printf(" 想想看，错在哪里了？\n");
    printf(" 第三题 \n");
    printf("12-5=");
    scanf("%d ",&x);                          /* 输入运算的结果 */
    if(12-5==x)
        printf(" 正确，很棒！\n ");
    else
        printf(" 想想看，错在哪里了？\n");
}                                             // 函数体结束
```

【例 2-4】在例 1-14 程序（数字随机给出）中增加判断步骤，并给出小侄子的成绩（到目前为止我们还没有学习循环知识，为了简单，假设小侄子就只练习两道题）。

```
#include<stdio.h>
#include<stdlib.h>          /* 用到了产生随机数的库函数 rand()，所以要包含 stdlib.h*/
#include <time.h>           /* 用到了产生随机种子 time()，所以要包含 time.h*/
main()
{   int x,y;                /* 存放产生的随机数，认为是计算机出的数 */
    int z;                  /* 存放从键盘输入的数，即运算结果 */
    int fs=0;
    srand((unsigned)time( NULL ) );     /* 产生随机种子 */
    printf(" 第 1 题 \n");
    x=rand();                           /* 产生随机数 */
    y=rand();
    x=x%10;                             /* 让产生的随机数变成 10 以内的数 */
    y=y%10;                             /* 让产生的随机数变成 10 以内的数 */
    printf("%d+%d=",x,y);               // 输出计算机出的练习题
    scanf("%d",&z);                     // 输入答案
    if(x+y==z)
        {
        printf(" 正确，很棒，加 50 分 !\n");
        fs=fs+50;
        }
    else
        {printf(" 错了，加零分 \n");
        fs=fs+0;
```

```
        }
    printf(" 第 2 题 \n");
    x=rand();                               /* 产生随机数 */
    y=rand();
    x=x%10;                                 /* 让产生的随机数变成 10 以内的数 */
    y=y%10;                                 /* 让产生的随机数变成 10 以内的数 */
    printf("%d+%d=",x,y);                   // 输出计算机出的练习题
    scanf("%d",&z);                         // 输入答案
    if(x+y==z)
        {
        printf(" 正确，很棒，加 50 分 !\n");
        fs=fs+50;
        }
    else
        {printf(" 错了，加零分 \n");
        fs=fs+0;
        }
    printf("你的成绩为 %d 分 \n",fs);
}
```

例 2-4 程序运行结果如图 2-10 所示。

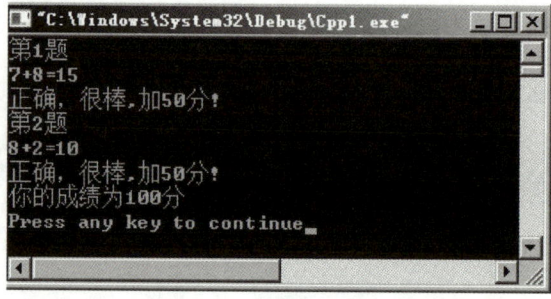

图2-10　例2-4程序运行结果

若要使界面清晰一些，则可以输入分隔符。

请读者动手，将结果修改成如图 2-11 所示的界面。

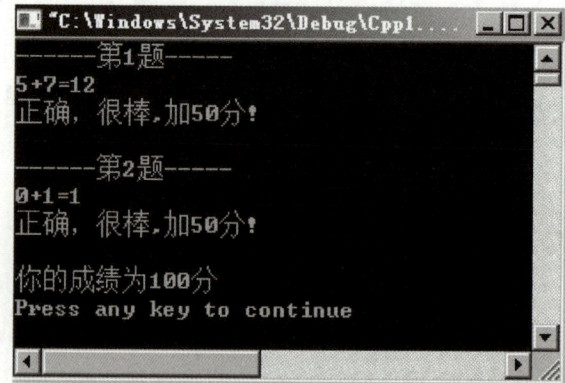

图2-11　程序运行结果

【例 2-5】判断一个人是否超重。标准体重 = 身高 -100，若身高大于标准体重的 110%，则认为该超重了，若身高小于标准体重的 80%，则认为该增重，否则是在标准体重范围中。

```c
#include<stdio.h>
int main()
{
    int  hight,weight,standard;        // 定义身高，体重，标准体重
    printf("输入身高和体重");           // 在界面上提示要输入身高、体重
    scanf("%d %d",&hight,&weight);      // 输入身高，体重
    standard=hight-100;                 // 标准体重的算法公式
    if(weight>standard*1.1)             // 如果体重大于标准体重的110%
        {  printf(" 你超重了 !\n");}     // 若满足条件后只执行一条语句则可以省略花括号
    else
        {
            if(weight<standard*0.8)     // 如果体重小于标准体重的80%
                printf(" 你该增重了! \n");
            else
                printf(" 很棒，属于标准体重 \n");
        }
}
```

例 2-5 程序运行结果如图 2-12 所示。

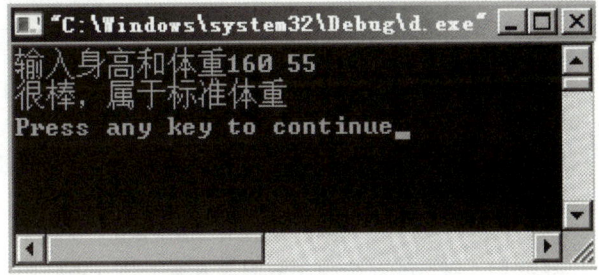

图2-12   例2-5程序运行结果

注意：程序在运行时，输入身高与体重的数据，并且提示两个数据之间用空格隔开，即运行结果如图 2- 13 所示，则在程序中如何更改？请读者自行更改。

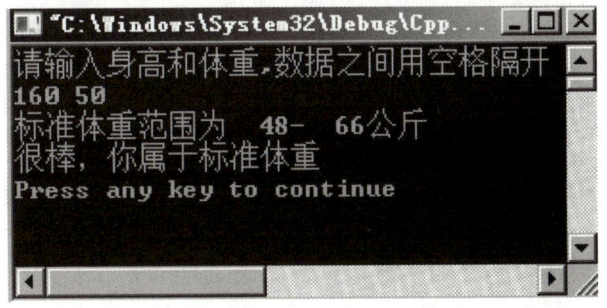

图2-13   程序运行结果

【例 2-6】根据上网用户的年龄，弹出信息，如年龄小于 18 则弹出"你太小了，还不能到网吧上网哦"，否则弹出"OK，没问题祝你玩得愉快"。

分析：用双分支的 if 语句即能实现。

参考程序：

```
#include "stdio.h"
main()
{  int year;
   printf(" 请输入你的年龄 ");
   scanf("%d",&year);
   if(year<=18)
      printf(" 你太小了，还不能到网吧上网哦 \n");
   else
      printf("OK，没问题祝你玩得愉快 \n");
}
```

【例 2-7】输入 4 个学生的成绩，然后按从高到低的次序输出。

分析：前面我们已经求过 3 个数中的最大值，求 4 个数的最大值就只要把前面三个数的最大值与第四个数进行比较就可以了；求好 4 个数的最大值后，接下来就是求剩下的 3 个数的最大值；最后再求剩下的两个数的最大值即可。

流程图：请读者自己补充。

参考程序：

```
#include "stdio.h"
main()
{  float  a,b,c,d,t;
   printf(" 请输入 4 个学生的成绩，用逗号分隔 ");
   scanf("%f,%f,%f,%f",&a,&b,&c,&d);
   if(a>b){t=a;a=b;b=t;}
   if(a>c){t=a;a=c;c=t;}       /* 求出了 a、b、c 三个数中的最大值并放在 a 中，其他两个数
                                  分别放在 b、c 中 */
   if(a>d){t=a;a=d;d=t;}       /*  三个数的最大值 a 与 d 进行比较，将两者中的最大值放
                                  入 a 中，此时的 a 是四个数中的最大值，其余的三个数分
                                  别放在 b、c、d 中，接下来就是求 b、c、d 三个数中的
                                  最大值到 b 中 */
   if(b>c){t=b;b=c;c=t;}
   if(b>d){t=b;b=d;d=t;}       /* 此时求好了两个最大的数 a 和 b，其余的数在 c、d 中 */
   if(c>d){t=c;c=d;d=t;}
   printf("4 个学生成绩从高到低的次序为：%.1f,%.1f,%.1f,%.1f\n",d,c,b,a);
}
```

当然也可以反过来，先求最小的值，然后依次求出从小到大的值请各位自己完成。

【例 2-8】输入一个数，如果是 7 的倍数，则输出这个数的立方，否则输出这个数的平方。

分析：判断这个数是否是 7 的倍数，这只要看其能否被 7 整除就可以了，只是 a 的立方不能写成 a3，可以用 a*a*a 来表示，也可以调用 C 语言中提供的库函数 pow(a,3) 来表示，但若要用到库函数，则要用 #include math.h 语句将包含 pow 函数的库文件 math.h 包含进来。

流程图：请读者自己补充。

参考程序：

```
#include "stdio.h"
main(  )
{
  int a,t;
  printf(" 请输入一个整数 ");
  scanf("%d",&a);
  if(a%7==0)
  t=a*a*a;
  else
  t=a*a;
  printf("%d\n",t);
}
```

【例 2-9】请编写一个菜单程序，使用数字 1~3 来选择菜单项，输入其他数字则不起作用，菜单如下：

1.FindNum

2.Diamond

3.Good Bye

分析：首先要用输出语句将菜单的内容输出，然后用一个输入语句输入选择菜单的数字，根据其输入的值进行选择。

参考程序

```
#include "stdio.h"
main()
{
  int x;
  printf("1、FindNum\n");
  printf("2、Diamond\n");
  printf("3、Good Bye\n");
  printf(" 请输入要选择的数 1~3： ");
  scanf("%d", &x);
  if(x==1)printf("FindNum\n");
  if(x==2)printf("Diamond\n");
  if(x==3)printf("Diamond\n");
}
```

【例 2-10】输入一个百位整数，判断它是否是水仙花数（如果一个三位数，它的各位数字的立方之和等于它本身，这个数就是水仙花数）。

分析：要求出这个数的三位数字的立方之和，首先要分解出这个三位数的每一位数字，这个一般通过求余或取整等运算来完成。

流程图：请读者自己补充。

参考程序：

```
#include "stdio.h"
```

```
main(  )
{
    int a,b,c,x ;
    printf("请输入一个三位整数");
    scanf("%d",&x);
    a=x/100;                              /* 分离出百位数 */
    b=x/10%10;                            /* 分离出十位数 */
    c=x%10;                               /* 分离出个位数 */
    if(a*a*a+b*b*b+c*c*c==x)             /* 判断三位数字的立方之和是否与原数相等 */
        printf("%d是水仙花数 \n",x);
    else
        printf("%d不是水仙花数 \n",x);
}
```

【例 2-11】输入方程 $ax^2+bx+c=0$ 的系数值（设 $a \neq 0$），输出方程的实根或输出没有实根的提示信息。

分析：输入方程的系数 a、b、c 后，首先要判断 b^2-4ac 是否大于零，若大于零则求出方程的实根，否则输出没有实根的提示信息。

流程图：请读者自己补充。

参考程序：

```
#include "stdio.h"
#include "math.h"
main()
{   float a,b,c,d,p,q,x1,x2;
    printf("输入一元二次方程的系数a,b,c");
    scanf("%f,%f,%f",&a,&b,&c);
    d=sqrt(b*b-4*a*c);
    if(d<0)  printf("方程没有实根");
    else
        {   x1=(-b+sqrt(d))/(2*a); /* 求两个实根 */
            x2=(-b-sqrt(d))/(2*a);
            printf("方程的两个实根分别为：x1=%f\n x2=%f\n ",x1,x2);
        }
}
```

请想一想，如果在 else 块中去除花括号会如何？

实践训练

经过前面的学习，大家已了解了 if 的单分支语句和双分支语句的格式，同时也能用它们来解决一些问题了，下面，请大家进入实战训练。

☆ 初级训练

1. 若 a=b=c=0，则执行 ++a&&++b&&++c 后，a,b,c 的值为多少？（   ）

2. 若 a=b=c=0，则执行 a++&&++b&&++c 后，a,b,c 的值为多少？（　　　）

3. 若有整型变量 m,n,a,b,c,d 均为 1，执行（m=a>b）&&（n=c>d）后，m,n 的值为多少？（　　　）

4. 若 t 是整型变量，则执行 t=-1&&-1 后，t 的值为多少？（　　　）

5. 若 a=b=c=1，则执行 ++a||++b&&++c 后，a,b,c 的值为多少？（　　　）

6. 若 a=b=c=1，则执行 ++a&&++b&&++c 后，a,b,c 的值为多少？（　　　）

7. 以下程序的运行结果是（　　　）。

```
#include "stdio.h"
main()
{int a=1;
  if (a++>1) printf("%d\n", a);
  else       printf("%d\n", a--);
}
```

8. 请阅读以下程序：该程序的运行结果是（　　　）。

```
#include "stdio. h"
main()
{int x=-10, y=5, z=0;
  if (x=y+z) printf("***\n");
  else       printf("$$$\n");
printf("x=%d,y=%d,z=%d\n",x,y,z);
}
```

9. 试编程：求一个数的绝对值。例如，输入 −5，则输出 5。

分析：若输入的数 x 小于零，则 x=−x，然后输出 x 的值即可。

```
#include"stdio.h"
main()
{
  int x;
  scanf("%d", &x);
  if(x<0)
      _____;
  printf(_____);
}
```

10. 编写程序计算身高：每个做父母的都关心自己孩子成人后的身高，有关生理卫生知识与数理统计分析表明，影响小孩成人后身高的因素有遗传、饮食习惯与体育锻炼等。小孩成人后身高与其父母身高和自身性别密切相关。设 faheight 为其父身高，moheight 为其母身高，身高预测公式为：

男孩成人时身高 =(faheight+moheight)*0.54(cm)

女孩成人时身高 =(faheight*0.923+moheight)/2(cm)

此外，如果喜爱体育锻炼，那么可增加 2% 身高，如果有良好的卫生饮食习惯，那么可增加 1.5% 身高。

程序要求：从键盘输入父母的身高、孩子的性别、是否喜爱体育锻炼、良好的卫生饮食

习惯，最终输出孩子的身高。

```c
#include "stdio.h"
int main()
{ float faheight,moheight,meheight;
  char sex;
  char sport;
  char food;
  printf("请输入父亲的身高 (cm):");
  scanf("%f",&faheight);
  getchar();                      // 为了消化输入身高后的回车符
  printf("请输入母亲的身高 (cm):");
  scanf("%f",&moheight);
  getchar();                      // 为了消化输入身高后的回车符
  printf("请输入孩子的性别，男孩输入 M, 女孩输入 F, 注意是大写:");
  scanf("%c",&sex);
  getchar();                      // 为了消化输入性别后的回车符
  if(_____)
      meheight=(faheight+moheight)*0.54;
  if(sex=='F')
      meheight=_____;
  printf("孩子是否喜欢体育运动，喜欢输入 Y, 不喜欢输入 N, 注意是大写:");
  scanf("%c",&sport);
  getchar();
  if(sport=='Y')
      meheight=meheight*1.02;
  printf("孩子是否有良好的饮食习惯，有，输入 Y, 没有输入 N, 注意是大写:");
  scanf("%c",&food);
  getchar();
  if(_____)
      meheight=meheight*1.015;
  printf("成人后孩子的身高:%5.1f(cm)\n",meheight);
}
```

程序运行结果如图 2-14 所示。

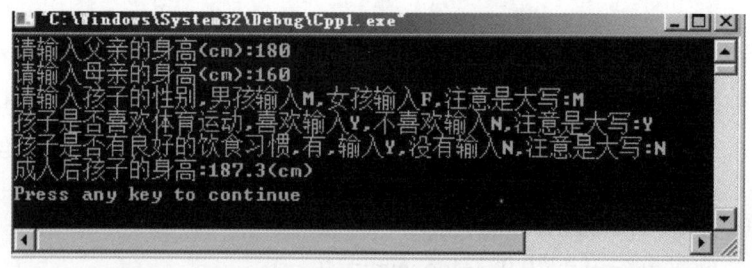

图2-14　程序运行结果

11．小刚参加一个同学的生日聚会，小刚的家长规定满 18 周岁（含 18 周岁）的同学可以饮酒，所以需要编一程序根据输入的年龄打印一张饮酒券，使得能饮酒的同学可以获取饮酒券。

```
#include "stdio.h"
main()
{
    int year;                    //year 为年龄
    scanf("%d",&year);
    if(year>=18 )
        printf(" 您已满18周岁，可以领取饮酒券 \n");
    else
        printf("_____");
}
```

12．试编程：输入一个整数，输出其是偶数还是奇数的信息。

分析：一个数是否为奇偶数可以用除2取余数来判断，若余数为零，则是偶数，否则为奇数。

```
#include"stdio.h"
main()
{
    int x;                      //x 为输入的一个整数
    scanf("%d",&x);
    if(x%2==0 )
        printf("_____");
    else
        printf("_____");
}
```

13．试编程：有三个数 a，b，c，判断这三个数能否构成三角形。

分析：三边构成三角形的条件是任意两边之和大于第三边。注意是任意两边之和，而不是其中两边之和。

```
#include "stdio.h"
main()
{
    int a,b,c;                    //x 为输入的一个整数
    scanf("%d%d%d",_____);
    if(a+b>c && a+c>b _____)
        printf("_____");
    else
        printf("_____");
}
```

提示：百位数字的取法可以通过其整除 100 得到。

14．试编程：输入一个整数，若此整数既是 5 的倍数又是 7 的倍数，则输出 yes，否则输出 no。

提示：判断某整数是某一个数可以通过取余数为零来实现。

☆ 深入训练

1．若 a、b、c、d、w 均为 int 类型变量，则执行下面语句后的 w 值是（　　　　）。

```
a=1;b=2;c=3;d=4;
w=(a<b) ? a:b;
w=(w<c) ? w:c;
w=(w<d) ? w:d;
```

2．执行以下程序段后，变量 x, y, z 的值分别为（　　　）。

```
int a=2,b=1 x, y, z;
x=(--a==b++)?--a:++b;
y=a++;
z=b;
```

3．让计算机随机产生 100 以内的两个数 x,y，求这两个数之差 z（若 x>y，差为 x-y，若 x<y，则差为 y-x）。

```
#include<stdio.h>
#include<stdlib.h>     /* 用到了产生随机数的库函数 rand()，所以要包含 stdlib.h*/
#include <time.h>      /* 用到了产生随机种子函数 time()，所以要包含 time.h*/
main()
{ int x,y;                         /* 存放产生的随机数，认为是计算机出的数 */
  int z;                           /* 存放从键盘输入的数，即运算结果 */
  srand((unsigned)time( NULL ) );  /* 产生随机种子 */
  x=rand();                        /* 产生随机数 */
  y=rand();
  x=x%100;                         /* 让产生的随机数变成 100 以内的数 */
  y=y%100;                         /* 让产生的随机数变成 100 以内的数 */
  printf(" 随机产生的 2 个数为 :%d    %d\n",x,y);
  _____
  _____
  _____
  _____
}
```

4．在例 1-13 中，增加判断其正确性。

```
#include"stdio.h"
main()
{ int x,y;                  /* 存放输入的 2 个数 */
  int z;                    /* 存放运算结果 */
  printf(" 第 1 题 \n");
  printf(" 请输入第一个数 :");
  scanf("%d",&x);
  printf(" 请输入第二个数 :");
  scanf("%d",&y);
  printf("%d+%d=",x,y);     // 输出计算机出的练习题
  scanf("%d",&z);           // 输入答案
  if(x+y==z)
    printf(" 正确，很棒！ \n");
```

```
    else
        _____
    printf(" 第 2 题 \n");
    printf(" 请输入第一个数 :");
    scanf("%d",&x);
    printf(" 请输入第二个数 :");
    scanf("%d",&y);
    printf("%d+%d=",x,y);              // 输出计算机出的练习题
    scanf("%d",&z);                    // 输入答案
    if(_____)
        printf(" 正确, 很棒! \n");
    else
        _____
    printf(" 第 3 题 \n");
    printf(" 请输入第一个数 :");
    scanf("%d",&x);
    printf(" 请输入第二个数 :");
    scanf("%d",&y);
    printf("%d+%d=",x,y);              // 输出计算机出的练习题
    scanf("%d",&z);                    // 输入答案
    if(_____)
        printf(" 正确, 很棒! \n");
    else
        _____
}
```

5. 试编程：输入员工的工资，输出其应纳的税款。税款的简单计算办法是工资小于等于 5000 元不纳税，大于 5000 元则应纳税，应纳的税款就是超出 5000 元部分的 3%。

提示：定义两个变量，其中税款的变量注意要定义为实型，然后用一个双分支的 if 语句计算税款，最后输出即可。

6. 试编程：输入一个字符（字母），若是小写则将其转换成大写，若是大写则转换成小写。

提示：是否是小写字母的判断式是：ch>='a'&& ch<='z'。

7. 试编程：输入四个数 a,b,c,d，求其最小值。

提示：先将 a 与 b 进行比较，把小的数放到 a 上；然后再将 a 与 c 进行比较，再将小的数放在 a 上；最后，再用 a 与 d 进行比较，将最小的数放在 a 上。

8. 试编程：输入一个 5 位数，判断它是不是回文数。判断一个数是否为回文数的方法即其个位与万位相同，十位与千位相同，如 12321、23432 等。

提示：分解出每一位数，然后再用 if 语句进行判断。

9. 试编程：输入四个数 a，b，c，d，请从大到小顺序输出这四个数。

分析：首先将 a 和 b 做比较，若 a<b，则两数交换；然后 a 和 c 做比较，若 a<c，则两数交换；接下来 a 和 d 做比较，若 a<d，则两数交换。这样，此时的 a 就是四个数中的最小数。接下来，进行重复操作，即在剩下的 b，c，d 中挑选较小的数，最后，在 c，d 中挑选较小的数即可。

任务2-2　将输入的学生成绩转化为等级

任务提出及实现

1. 任务提出

输入一个学生的成绩，若是合法成绩，则输出相应的等级，否则输出不合法的提示信息。

2. 具体实现

方法1：首先判断输入的成绩是否合法，若不合法，则输出"输入的学生成绩不合法"的提示信息。若合法再判断成绩是否在 90～100 分，若是，则将变量 y 赋好相应的值。同样再判断成绩是否在 80～90 分，若是，则将变量 y 赋好相应的值等。

学生成绩等级程序流程图如图 2-15 所示。

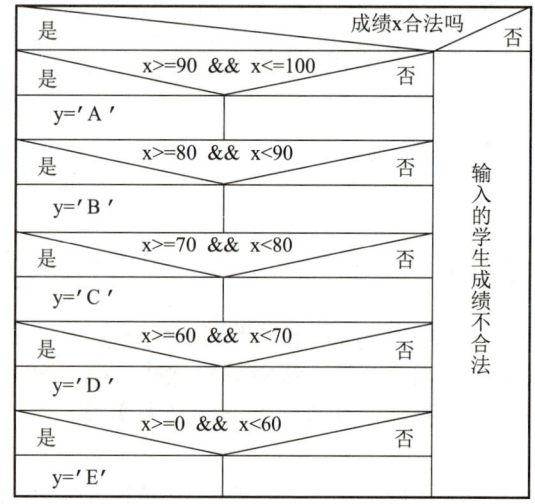

图2-15　学生成绩等级程序流程图

参考程序：

```c
#include  stdio.h"
main()
{
    float x;
    char y;
    printf(" 请输入 1-100 内的一个成绩 ");
    scanf("%f",&x);
    if( x>=0 && x<=100 )
    {
        if(x>=90 && x<=100) y='A';
        if(x>=80 && x<90) y='B';
        if(x>=70 && x<80) y='C';
        if(x>=60 && x<70) y='D';
```

```
        if(x>=0 && x<60) y='E';
        printf("该学生的等级为 %c\n",y);
    }
    else
        printf("输入的学生成绩不合法 \n");
}
```

分别输入学生成绩为 90、120 时的程序运行结果如图 2-16 所示。

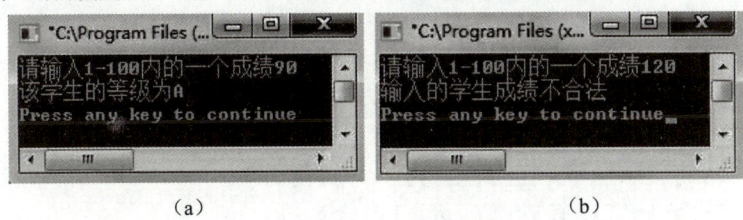

（a）　　　　　　　　　　　　　　　（b）

图2-16　输入学生成绩为90、120时程序的运行结果

方法 2：首先判断输入的成绩是否合法，若不合法，则输出"输入的学生成绩不合法"的提示信息。若合法，则再判断成绩是否大于等于 90 分，若是，则将变量 y 赋好相应的值。否则，再判断成绩是否大于等于 80 分，若是，则将变量 y 赋好相应的值。否则，再判断成绩是否大于等于 70 分，若是，则将变量 y 赋好相应的值等。

参考程序：

```
#include "stdio.h"
main()
{
    float x;
    char y;
    printf("请输入 1-100 内的一个成绩 ");
    scanf("%f",&x);
    if(x<=100&&x>= 0)
    {
        if(x>=90) y='A';
        elseif(x>=80) y='B';
        elseif(x>=70) y='C';
        elseif(x>=60) y='D';
        elsey='E';
        printf("该学生的等级为 %c\n",y);
    }
    else
        printf("输入的学生成绩不合法 \n");
}
```

方法 3：
使用 switch 语句完成。
参考程序：

```
#include "stdio.h"
```

```
main()
{
    int x,t;
    char y;
    printf(" 请输入 1-100 内的一个成绩 ");
    scanf("%d",&x);
    t=x/10;
    switch(t)
    {
        case 10:
        case 9: printf(" 该学生的等级为 A");break;
        case 8: printf(" 该学生的等级为 B");break;
        case 7: printf(" 该学生的等级为 C");break;
        case 6: printf(" 该学生的等级为 D");break;
        case 5:
        case 4:
        case 3:
        case 2:
        case 1:
        case 0:  printf(" 该学生的等级为 E"); break;
        default: printf(" 输入的学生成绩不合法 ");
    }
}
```

在本任务中要掌握的是：
① if 语句的嵌套用法。
② switch 语句的用法。

相关知识

1．if语句的嵌套

语法：
if（表达式 1）语句组 1
else if（表达式 2）语句组 2
　　else if（表达式 3）语句组 3
　　…
　　　　　　else　语句组 n
if 语句流程图如图 2-17 所示。
t 例如：

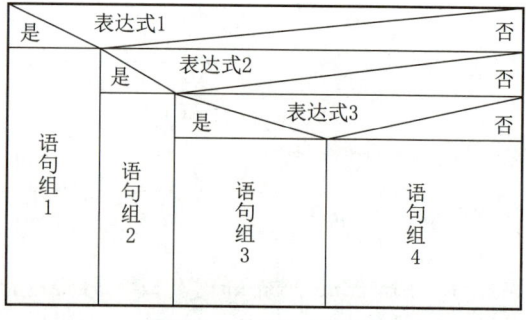

图2-17　if语句流程图

```
if(x>=90&&x<=100) y='A';
else if(x>=80) y='B';
    else  if(x>=70) y='C';
        else  if(x>=60) y='D';
```

```
        else    y='E';
```

这里实际上只有一个 if else 语句，只不过 else 后面跟的不是一般的语句，而是另一个 if else 语句而已。 if 和 else 后面可以跟语句组，这个语句组里当然也可以是 if else 语句，这种情况称为 if 语句的嵌套。if 语句嵌套时，else 语句与 if 的匹配原则是：与在它上面的、距离它最近的、在同一层括号内的且尚未匹配的 if 配对。

【例 2-12】输入一个字符，判断它是小写、大写、数字还是其他字符。

分析：输入一个字符，判断它是否为小写，若是，则输出相应的提示信息；若不是，再判断它是否是大写，若是，则输出相应的提示信息等。

流程图请读者自己补充。

参考程序：

```
#include "stdio.h"
main()
{
    char a;
    printf(" 请输入一个字符 \n");
    scanf("%c",&a);
    if(a>='a'&&a<='z')
        printf(" 输入的字符是小写 ");
    else if(a>='A'&&a<='Z')
        printf(" 输入的字符是大写 ");
        else if(a>='0'&&a<='9')
                printf(" 输入的字符是数字 ");
                else
                    printf(" 输入的字符是其他字符 ");
}
```

根据前述内容，请读者分析下面程序错误的原因。

```
#include "stdio.h"
main()
{
    char a;
    printf(" 请输入一个字符 \n");
    scanf("%c",&a);
    if(a>='a'&&a<='z')
        printf(" 输入的字符是小写 ");
    if(a>='A'&&a<='Z')
        printf(" 输入的字符是大写 ");
    if(a>='0'&&a<='9')
        printf(" 输入的字符是数字 ");
    else
        printf(" 输入的字符是其他字符 ");
}
```

2．switch语句

switch 语句又称为开关语句、情况语句、case 语句，是 C 语言为了方便多分支选择结构的实现，专门提供的一种多分支选择语句，其语法一般形式为：

switch(表达式)

{case 常量表达式 1 : 语句组 1 ; break ;

case 常量表达式 2 : 语句组 2 ; break ;

……

case 常量表达式 n : 语句组 n ; break ;

default : 语句组 n+1 ;

}

> 说明：
> （1）switch 后面的表达式可以是 int、char 和枚举型中的一种。
> （2）case 每个后面的表达式必须互不相同，否则会出现矛盾现象。
> （3）case 后面的常量表达式仅起语句标号的作用，并不进行条件判断。系统一旦找到入口标号，就从此标号开始执行，不再进行标号判断，所以要加上 break 语句，以便结束 switch 语句。

例如：

```
switch(t)
{
    case 10:
    case 9: y='A';printf("%c\n",y);
    case 8: y='B';printf("%c\n",y);
    case 7: y='C';printf("%c\n",y);
    case 6: y='D'; printf("%c\n",y);
    default:y='E'; printf("%c\n",y);
}
```

若 t=9，则连续输出 A
                 B
                 C
                 D
                 E

若 t=7，则连续输出   C
                 D
                 E

若将上述代码修改成下面的程序：

```
switch(t)
{
    case 10:
```

```
case 9: y='A'; printf(" %c\n",y); break;
case 8: y='B'; printf(" %c\n",y); break;
case 7: y=''C'; printf(" %c\n",y); break;
case 6: y='D'; printf(" %c\n",y); break;
dfault: y='E'; printf(" %c\n",y);
}
```

若 t=9，则输出 A。

若 t=7，则输出 C。

【例 2-13】生肖也称属相，是以 12 个动物来命名的，依次为鼠、牛、虎、兔、龙、蛇、马、羊、猴、鸡、狗、猪，是我国民间表示年份和计算年龄的方法，历史悠久，已证实早在春秋时期我国就有了生肖的记载。生肖以 12 年为一循环，周而复始。本例要求输入公元后的年份，计算并输出该年的生肖。

生肖是用来纪年的，每一年都对应于一个生肖。生肖以 12 年为一周期，用数字 1，2，3…依次表示为：

1	2	3	4	5	6	7	8	9	10	11	12
鼠	牛	虎	兔	龙	蛇	马	羊	猴	鸡	狗	猪

如果能计算出输入年份在一个生肖周期中的顺序号，那么马上就能知道这一年的生肖了。比如，输入年份是 2000 年，假设已经计算出这一年在一个生肖周期中的序号为 5，那么马上就能知道这一年的生肖是"龙"。

已知，公元 1 年是鸡年（查资料或由已知生肖的年份反推），鸡在生肖中的顺号是 10，与公元 1 年相差 9，因此，先将年份加上 9，再对 12 求余数：

（year+9）%12

得到的余数就正好是这一年在生肖周期中的顺序号（余数为0时，顺序号为12）。

参考程序：

```
#include "stdio.h"
main()
{
    int year;
    printf(" 请输入年份 ");
    scanf("%d",&year);
    printf(" 公元 (A.D)%4d 年是：",year);
    switch((year+9)%12)
    {
        case 1:printf(" 鼠 (Rat) 年 \n");break;
        case 2:printf(" 牛 (Ox) 年 \n");break;
        case 3:printf(" 虎 (Tiger) 年 \n");break;
        case 4:printf(" 兔 (Hare) 年 \n");break;
        case 5:printf(" 龙 (Dragon) 年 \n");break;
        case 6:printf(" 蛇 (Snake) 年 \n");break;
        case 7:printf(" 马 (Horse) 年 \n");break;
        case 8:printf(" 羊 (Sheep) 年 \n");break;
        case 9:printf(" 猴 (Monkey) 年 \n");break;
```

```
        case 10:printf(" 鸡 (Cock)  年 \n");break;
        case 11:printf(" 狗 (Dog)  年 \n");break;
        case 0:printf(" 猪 (Boar)  年 \n");break;
        default:printf(" 错误 !\n");
    }
}
```

例 2-13 程序运行结果如图 2-18 所示。

图2-18　例2-13程序运行结果

【例 2-14】运输公司对用户计算运费。路程 (s) 越远，每千米运费越低。标准如下：

```
s<250                         // 没有折扣
250<=s<500                    //2% 折扣
500<=s<1000                   //5% 折扣
1000<=s<2000                  //8% 折扣
2000<=s<3000                  //10% 折扣
s>=3000                       //15% 折扣
```

设每千米每吨货物的基本运费为 p，货物重量为 w，距离为 s，折扣为 d，则总运费的计算公式为：

```
f=p*w*s* (1-d)
```

编程：输入基本运费、货物重量、距离，输出运费。

分析：公司将路程收费标准分了 5 种折扣，通过观察公司将 250 千米作为一个单元，这样就把所有路程分成了 13 种情况，分别是 0、1、…、12。而其中 0 没有折扣；1 享受 2% 的折扣；2、3 享受 5% 的折扣；4、5、6、7 享受 8% 的折扣；8、9、10、11 享受 10% 的折扣；12 享受 15% 的折扣。

参考程序：

```
#include"stdio.h"
void main()
{
    int c,s;
    float p,w,d,f;
    printf(" 请输入基本运费，货物重量，距离 ");
    scanf("%f,%f,%d",&p,&w,&s);
    if (s>=3000) c=12;
    else
        c=s/250;
    switch(c)
    {   case   0:d=0;break;
```

```
        case  1:d=2;break;
        case  2:
        case  3:d=5;break;
        case  4:
        case  5:
        case  6:
        case  7:d=8;break;
        case  8:
        case  9:
        case  10:
        case  11:d=10;break;
        case  12:d=15;break;
    }
  f=p*w*s*(1-d/100.0);
  printf(" 总运费 =%15.4f\n", f);
}
```

用 switch 语句解题的关键是要把多种情况分成若干个有限的值。

 举一反三

前面我们已经对分支语句进行了介绍，接下来我们要对所学的知识进行灵活运用。

【例 2-15】从键盘输入两个整数及一个运算符（加、减、乘、除），求其结果并输出（分别用 if…else 和 switch 语句完成）。

方法 1

分析：首先判断输入的运算符是否符合范围，若符合，则判断是否是 "+"，若是，则做加法；否则再判断是否是 "–"，若是，则做减法；否则再判断是否是 "*"，若是，则做乘法，否则做除法。

流程图请读者自己补充。

参考程序：

```
#include "stdio.h"
main()
{
   float s ,a,b;
   char ch;
   printf(" 请输入算式，仅限于加减乘除 \n");
   scanf("%f%c%f",&a,&ch,&b);
   if(ch=='+'|| ch=='-'|| ch=='*'|| ch=='/')
   {
       if(ch=='+') s=a+b;                          /* 单引号不可少 */
       else   if(ch=='-') s=a-b;
              else if(ch=='*') s=a*b;
                   else   s=a/b;
         printf("%f%c%f=%f\n",a,ch,b,s);
   }
```

```
    else
        printf(" 输入的运算符有误 \n");
}
```

方法2

参考程序：

```
#include "stdio.h"
main()
{
    int a,b;
    float s;
    char ch;
    printf(" 请输入算式，仅限于加减乘除 \n");
    scanf("%d%c%d",&a,&ch,&b);
    if(ch=='+'|| ch=='-'|| ch=='*'|| ch=='/')
    {
        switch(ch)
      {
        case '+': s=a+b;  break;
        case '-': s=a-b;  break;
        case '*' : s=a*b;  break;
        case '/' :s= (float)a/b; break;
        }
    printf("%d%c%d=%f\n",a,ch,b,s);
    }
    else  printf(" 输入的运算符有误 \n");
}
```

【例2-16】根据以下函数关系，对输入的每个x值，计算出y值。

x	y
2<x<=10	x(x+2)
0<x<=2	1/x
x<=0	x-1

　　分析：这是一个分段函数，函数值允许的范围是小于等于10的数，所以用if语句的嵌套实现。例2-16程序流程图如图2-19所示。

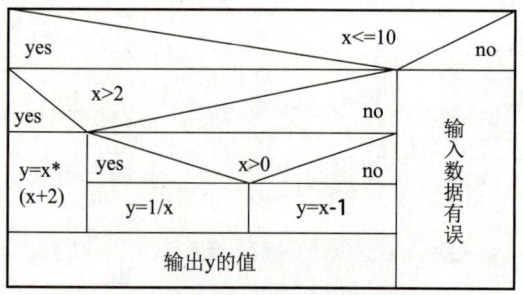

图2-19　例2-16程序流程图

参考程序：

```c
#include "stdio.h"
main()
{
    int x;
    float y;
    scanf("%d", &x);
    if(x<=10)
    {
    if (x>2) y=x*(x+2);
        else
            if (x>0) y=1.0/x;
        else
            y=x-1;
            printf("%f",y);
    }
        else
    printf(" 输入数据有误 \n");
}
```

【例 2-17】将 1~7 中的任意一个数字转换成星期几的前三个字母，例如 1 转换成 Mon，7 转达换成 Sun。

分析：此题的分支较多，所以用 switch 语句显得比较直观。

参考程序：

```c
#include "stdio.h"
main()
{
    int x;
    printf(" 请输入 1~7 的数字： ");
    scanf("%d",&x);
    switch(x)
    {
    case 1: printf("Mon\n");break;
    case 2: printf("Tue\n");break;
    case 3: printf("Wed\n");break;
    case 4: printf("Thu\n");break;
    case 5: printf("Fri\n");break;
    case 6: printf("Sat\n");break;
    case 7: printf("Sun\n");break;
    default:printf(" 输入数据有误 \n");
    }
}
```

【例 2-18】试编程：与计算机玩剪刀石头布的游戏。

分析：

（1）因为是"剪刀石头布"的游戏（见图2-20），所以计算机只要随机出0、1、2这三个数即可，所以需要用到rand()函数。但是rand()是一个伪随机数，而我们需要的是随机数，所以要用到随机种子函数srand((unsigned)time(NULL))，以time函数值（即当前时间）作为种子数，就可以保证随机性。我们将产生的随机数进行除3取余：magic=magic%3，就随机产生了0、1、2这三个数。

剪刀　　　　　石头　　　　　布

图2-20　剪刀石头布游戏

（2）需要列出一个清单，告诉玩游戏的人，数字与剪刀石头布的关系，即用3个输出语句。

printf(" 石头请选择 0\n");

printf(" 剪刀请选择 1\n");

printf(" 布请选择 2\n");

（3）玩家有三种选择，而计算机也会随机产生三个数（看上去好像也是三种选择），所以要根据每一种情况进行判断。即如果玩家选择石头（即选择数字0），我们就要根据计算机有可能产生的三种情况进行判断。当然，如果玩家选择的是剪刀或者布，我们也要像前面一样进行判断。

参考程序：

```c
#include<stdio.h>
#include<stdlib.h>          /* 用到了产生随机数的库函数 rand()，所以要包含 stdio.h*/
#include <time.h>           /* 用到了产生随机种子库函数 srand()，所以要包含 time.h*/
main()
{
    int magic;              /* 存放产生的随机数，认为是计算机出拳数 */
    int guess;              /* 存放从键盘输入的数，即玩家出拳数 */
    srand((unsigned)time( NULL ) );     /* 产生随机种子 */
    magic=rand();                       /* 产生一个随机数 */
    magic=magic%3;                      /* 让产生的随机数变成0、1、2这三个数 */
    printf(" 石头请选择 0\n");
    printf(" 剪刀请选择 1\n");
    printf(" 布请选择 2\n");            /* 产生一个菜单 */
    printf(" 请输入一个数：");
    scanf("%d",&guess);                 /* 从键盘输入的数 */
    if(guess==0)                        /* 在玩家出石头的情况下，根据计算机产生的数，产生战绩 */
    switch(magic)
       {
         case 0:printf(" 双方都出石头，平了！\n");break;
         case 1:printf(" 玩家出石头，计算机出剪刀，所以玩家赢了！\n");break;
         case 2:printf(" 玩家出石头，计算机出布，所以玩家输了！\n");}
    if(guess==1)    /* 在玩家出剪刀的情况下，根据计算机产生的数，产生战绩 */
    switch(magic)
       {
         case 0:printf(" 玩家出剪刀，计算机出石头，所以玩家输了！\n");break;
         case 1:printf(" 双方都出剪刀，所以玩家平了！\n");break;
         case 2:printf(" 玩家出剪刀，计算机出布，所以玩家赢了！\n");}
```

```
if(guess==2)    /* 在玩家出布的情况下，根据计算机产生的数，产生战绩 */
switch(magic)
 {
    case 0:printf(" 玩家出布，计算机出石头，所以玩家赢了！\n");break;
    case 1:printf(" 玩家出布，计算机出剪刀，所以玩家输了！\n");break;
    case 2:printf(" 双方都出布，所以玩家平了！\n");}
}
```

例 2-18 程序运行结果如图 2-21 所示（部分结果）。

（a） （b）

图2-21 例2-18程序运行结果

【例 2-19】输入某年某月某日，判断这一天是这一年的第几天？

分析：以 3 月 5 日为例，应该先把前两个月的天数加起来，然后再加上 5 天即本年的第几天。特殊情况是，闰年且输入月份大于 3 时需考虑多加一天。

参考程序：

```
#include "stdio.h"
main()
{
  int day,month,year,sum,leap;
  printf("\n 请输入年月日 \n");
  scanf("%d,%d,%d",&year,&month,&day);
  switch(month)                        /* 先计算某月以前月份的总天数 */
  {
    case 1:sum=0;break;
    case 2:sum=31;break;
    case 3:sum=59;break;
    case 4:sum=90;break;
    case 5:sum=120;break;
    case 6:sum=151;break;
    case 7:sum=181;break;
    case 8:sum=212;break;
    case 9:sum=243;break;
    case 10:sum=273;break;
    case 11:sum=304;break;
    case 12:sum=334;break;
    default:printf(" 输入数据有误 ");break;
```

```
    }
    sum=sum+day;                          /* 再加上某天的天数 */
    if(year%400==0||(year%4==0&&year%100!=0))    /* 判断是不是闰年 */
        leap=1;
    else
        leap=0;
    if(leap==1&&month>2)      /* 如果是闰年且月份大于 2，总天数应该加一天 */
        sum++;
    printf(" 这是本年的第 %d 天 \n",sum);
}
```

实践训练

经过前面的学习，想必大家已熟知 if 嵌套及 switch 语句的用法。下面请各位对以下的内容进行独立的思考和训练。

☆初级训练

1. 试将下面的程序补充完整。输入员工的工资，若其工资在 2 万元以上（包括 2 万元），则输出"您的收入属于金领"；若工资在 1 万元以上，2 万元以下，则输出"您的收入属于中层骨干"；若工资在 5 千元以上，1 万元以下，则输出"您的收入属于白领"；若工资在 5 千元以下，则输出"您的收入属于普通员工"信息。

分析：其实这就是一个分段函数。

```
#include "stdio.h"
main()
{
    float x;
    scan("%f",&x);                  //x 属于月薪
    if(x>=20000)
        printf(" 您的收入属于金领 \n");
        else if(_____)
            printf(" 您的收入属于中层骨干 \n");
                else if(_____)
                    printf("_____\n");
                        else
                            printf("_____\n");
}
```

2. 试将程序补充完整：输入一个数，判断它能否被 3，5 整除，并输出以下信息之一：
（1）能同时被 3，5 整除。
（2）能被其中一个数（要指出哪一个数）整除。
（3）不能被 3，5 任一个数整除。

分析：能整除，也就是余数为零。

```
#include"stdio.h"
```

```
main()
{
  int  x;
  scan("%d",&x);
  if(x%5==0 && x%3==0)
      printf(_____);
  else if(x%3==0)
      printf(_____);
      else if(_____)
          printf(_____);
          else
              printf(_____);
}
```

3. 试将程序补充完整：输入学生，若成绩

95 分以上，输出 'A'；

85 ~ 94 分，输出 'B'；

75 ~ 84 分，输出 'C'；

65 ~ 74 分，输出 'D'；

65 分以下，输出 'E'（分别用 if…else 和 switch 语句完成）。

提示：用 switch 语句完成本题，可以把成绩减去 5 后再处理。

（1）用 if…else 语句实现的代码：

```
#include "stdio.h"
main()
{
  int x;
  scan("%d",&x);
  if(x>=95)
      printf("A\n");
  else if(_____)
      printf(_____);
      else if(_____)
          printf(_____);
          else if(_____)
              printf(_____);
              else
                  printf(_____);
}
```

（2）用 switch 实现的代码：

```
#include "stdio.h"
main()
{
  int x;
  scan("%d",&x);
```

```
x=x-5;
switch(x/10)
{
    case 9: printf("A\n");break;
    case 8: _____
    case 7:_____
    case 6:_____
    default:_____
}
```

4. 试将程序补充完整。有一函数：$y = \begin{cases} -1 & x < 0 \\ 0 & x = 0 \\ 1 & x > 0 \end{cases}$，试编写程序，能根据 x 值正确计算出 y 值。

```
#include "stdio.h"
main()
  {
  int x,y;
  printf("请输入 x 的值：");
  scan("%d",&x);
  if(_____)
      _____
  else if(_____)
      _____
  else
      _____
      printf(_____);
}
```

5. 试将程序补充完整：商店卖西瓜，若购买西瓜在 10 斤以上则每斤 1 元，8～10 斤则每斤 1.3 元，6～8 斤则每斤 1.4 元，4～6 斤则每斤 1.6 元，4 斤以下则每斤 1.8 元，从键盘输入西瓜的重量，则输出应付款。

```
#include "stdio.h"
main()
{
    floatt x,y;                    //x 为所购西瓜的重量，y 为每斤的价格
    printf("请输入 x 的值：");
    scan("%f",&x);
    if(_____)
        _____;
    else if(_____)
            _____;
        else if(_____)
            _____;
    else
        _____
```

```
    printf(_____);
}
```

6. 当 a=1，b=3，c=5，d=4，x=5 时，执行完下面一段程序输出 x 的值是（   ）。

```
if (a<b)
    if (c<d)  x=1;
    else
        if(a<c)
            if(b<d)  x=2;
            else x=3;
        else x=6;
```

7. 当 a=100，x=10，y=20，ok1=5，ok2=0 时，执行完下面一段程序输出 a 的值是多少。

```
if(x<y)
if(y!=10)
if(!ok1)
    a=1;
else  if(ok2)  a=10;
        else  a=-1;
```

☆ 深入训练

1. 我国公民个人工资、薪金所得税的计算是根据个人年收入分级超额进行计算的，共分为 7 级（如表 2-2 所示），请输入员工的年应发工资，计算员工的年实发工资。年收入不超过 60000 元的免个人所得税。

全年应纳税所得额 (income)= 总收入－60000。实际上，

个人所得税＝全年应纳税所得额 * 适用税率－速算扣除数

表2-2　个人年收入分级表

级数	全年应纳税所得额	税率%	速算扣除数（元）
1	不超过36000元的	3	0
2	36000<income<=144000	10	2520
3	140000< income<=300000	20	16920
4	300000<income<=420000	25	31920
5	420000<income<=660000	30	52920
6	660000<income<=960000	35	85920
7	>960000	45	181920

2. 企业发放的奖金根据利润提成。利润（I）低于或等于 10 万元时，奖金可提 10%；利润高于 10 万元，低于 20 万元时，低于 10 万元的部分按 10% 提成，高于 10 万元的部分，可提成 7.5%；20 万元到 40 万元之间时，高于 20 万元的部分可提成 5%；40 万元以上时，高于 40 万元的部分可提成 3%；从键盘输入当月利润 I，求应发放奖金总数？

提示：请利用数轴来分界、定位。注意，定义变量时需把奖金定义成长整型变量。

3．试编程：玩彩票游戏。将玩家输入的数与计算机生成一个三位数的随机数进行比较，若玩家输入的数恰好等于计算机生成的随机数，则显示"恭喜您，中了一等奖"；若玩家输入的数的十位、个位数字与计算机生成的三位数的十位、个位数字一致，则显示"恭喜您，得了二等奖"；若玩家输入的数的个位数字与计算机随机生成三位数的个位数字一致，则显示"恭喜您，得了三等奖"，否则，则显示"谢谢惠顾！"

提示：

（1）需要用到随机函数和随机种子函数，因为是三位数，所以可以考虑加上 100 后再求与 1000 的余数。

（2）将玩家输入的三位数字取出其百位数字、十位数字、个位数字，然后进行比较即可。

4．通过键盘输入某年某月，输出该年份该月的天数。

分析：1～12月份中，除2月，每月的天数是固定的，所以可以用一个 switch 语句，而2月份，则要根据是否是闰年而定。

5．编程：输入三角形的三边，判断其能否构成三角形，若可以则输出三角形的类型（等边、等腰、直角三角形）。

提示：可以一步一步地编写。

（1）输入三角形的三边，判断能否构成三角形，若能则输出"能构成三角形"的信息；若不能则输出"不能构成三角形"的信息。

（2）将输出"能构成三角形"的语句，换成等边、等腰、直角三角形的 if 语句。

6．编写程序，实现的功能是：向用户提问"现在正在下雨吗？"提示用户输入 Y 或 N，若输入为 Y，显示"现在正在下雨"。若输入为 N，显示"现在没有下雨"。在"显示现在没有下雨"后，再增加提问"今天会有太阳吗 (Y/N)？"，若输入 Y，显示"今天是晴天！"，若输入 N，则显示"今天是阴天！"。

提示：编写本程序时建议一步一步地编写。

（1）向用户提问"现在正在下雨吗？"提示用户输入 Y 或 N，若输入为 Y，则显示："现在正在下雨。"若输入为 N，则显示"现在没有下雨。"

（2）将显示"现在没有下雨"。语句进行扩充，注意加上"{ }"，补充一个 if 语句，即"今天会有太阳吗 (Y/N)？"若输入 Y，则显示"今天是晴天！"，若输入 N，则显示"今天是阴天！"。

综合练习二

一、选择题

1．判断变量 ch 是英文字母的表达式为（　　）。

A．('a'<=ch<='z')||('A'<=ch<='z')

B．(ch>='a' && ch<='z')&&(ch>='A' && ch<='Z')

C．(ch>='a' && ch<='z')|| (ch>='A'&& ch<='Z')

D．('A'<=ch<='z')&&('A'<=ch<='z')

2．对 C 语言在做逻辑运算时判断操作数真、假的表述，下列哪一个是正确的（　　）。

A. 0 为假，非 0 为真　　　　　　　　B. 只有 1 为真

C. -1 为假，1 为真　　　　　　　　　D. 0 为真，非 0 为假

3. !x 等价于（　　　）。

A. x==1　　　　　　　　　　　　　B. x==0

C. x!=0　　　　　　　　　　　　　D. x!=1

4. 为表示"a 和 b 都不等于 0"，应使用的 C 语言表达式是（　　　）。

A. (a!=0) || (b!=0)　　　　　　　　B. a || b

C. !(a=0)&&(b!=0)　　　　　　　　D. a && b

5. 能正确表示逻辑关系："a>=10 或 a<=0"的 C 语言表达式是（　　　）。

A. a>=10 or a<0　　　　　　　　　B. a>=0|a<=10

C. a>=10 && a<=0　　　　　　　　D. a>=10 || a<=0

6. 若有以下定义：float x; int a,b; 则正确的 switch 语句是（　　　）。

A.

```
switch(x)
{
case 1.0 : printf("*\n");
case 2.0 : printf("*\n");
}
```

B.

```
switch(x)
{
case 1,2:printf("*\n");
case 3:printf("*\n");
}
```

C.

```
switch(a+b)
{
case 1:printf("*\n");
case 1+2:printf("*\n");
}
```

D.

```
switch(a+b);
{
case 1:printf("*\n");
case 1+2:printf("*\n");
}
```

7. 有如下程序

```
#include "stdio.h"
main()
{ int x=1,a=0,b=0;
  switch(x)
{
  case 0:b++;
  case 1:a++;
  case 2:a++;b++;
}
  printf("a=%d,b=%d\n",a,b);
}
```

该程序的输出结果是（　　　）。

A. a=2,b=1　　　　　　　　　　　　B. a=1,b=2

C. a=1,b=0　　　　　　　　　　　　D. a=2,b=2

8 有如下程序：

```
#include "stdio.h"
main()
{
    float x=2.0,y;
    if(x<0.0)y=0.0;
    else if(x<10.0)y=1.0/x;
    else y=1.0;
    printf("%f\n",y);
}
```

该程序运行结果是（   ）。

A. 0.000000　　　　　　　B. 0.250000　　　　　　C. 0.500000　　　　　　D. 1.000000

9. 有如下程序段

```
int a=1,b=14,x;
char c='A';
x=(a&&b)&&(c<'B');
```

该程序运行后 x 的值是（   ）。

A. true　　　　　　　　　B. false　　　　　　　　C. 0　　　　　　　　　D. 1

10. 有如下程序段：

```
int a,b,c,x=35;
a=b=c=0;
if(!a)x--;
else if(b);
if(c)x=3;
else x=x=4;
```

该程序运行后 x 的值是（   ）。

A.34　　　　　　　　　　B. 4　　　　　　　　　　C. 35　　　　　　　　　D. 3

二、填空题

1. 判断变量 a 是变量 a、b、c 中最大值的逻辑表达式为 _____。

2. 判断整型变量 m 能被 n 整除的逻辑表达式为 _____。

3. 为表示关系 x>=y>=z，应使用 C 语言表达式为 _____。

4. 表示 x 在 1 和 10 之间或在 20 到 30 之间的表达式为 _____。

5. a 同时能被 x 和 y 整除的表达式为 _____。

6. 有如下程序，写出该运行结果 _____。

```
#include "stdio.h"
main()
{
    float x=2.0, y;
    if (x<0.0) y=0.0;
    else if (x<10.0) y=1.0/x;
```

```
      else y=1.0;
      printf("%f\n",y);
}
```

7. 以下程序段的运行结果是 _____。

```
#include "stdio.h"
main()
{
   char  ch1='a',ch2='A';
   switch (ch1)
   {
      case 'a':
      switch (ch2)
      {
         case 'A': printf("good!\n"); break;
         case 'B': printf("bad!\n");  break;
      }
      case 'b': printf("joke\n");
   }
}
```

8. 根据以下程序，若从键盘上输入 58，则输出结果是 _____。

```
#include "stdio.h"
main()
{
   int a;
   scanf("%d", &a);
   if (a>50)  printf("%d\n", a);
   if (a>40)  printf("%d\n",a);
   if (a>30)  printf("%d\n",a);
}
```

9. 以下程序的运行结果是 _____。

```
#include "stdio.h"
main()
{
   int a, b= 250, c;
   if ((c=b)<0) a=4;
   else if (b=0) a=5;
   else
      a=6;
      printf("\t%d\t%d\n",a,c);
   if (c=(b==0))
      a=5;
      printf("\t%d\t%d\n",a,c);
   if (a=c=b) a=4;
```

```
    printf("\t%d\t%d\n",a,c);
}
```

10．以下程序的运行结果是 _____。

```
#include "stdio.h"
main()
{
    int a,b,c,s,w,t;
    s=w=t=0;
    a= -1; b=3; c=3;
    if(c>0) s=a+b;
    if (a<=0)
     {
        if (b>0)
        if (c<=0) w=a-b;
        }
        else if (c>0) w=a-b;
            else t=c;
        printf("%d  %d  %d\n", s,w,t);
}
```

11．有如下程序，写出该运行结果（   ）。

```
#include "stdio.h"
main()
{
float x=2.0, y;
  if (x<0.0) y=0.0;
else if (x<10.0) y=1.0/x;
else y=1.0;
printf("%f\n",y);
}
```

12．以下程序段的运行结果是（   ）。

```
#include "stdio.h"
main()
{
char  ch1='a',ch2='A';
 switch (ch1)
 { case 'a':
      switch (ch2)
      {case 'A': printf("good!\n"); break;
       case 'B': printf("bad!\n");  break;
       }
 case 'b': printf("joke\n");
 }
}
```

13. 若从键盘上输入 58，则输出结果是（　　　）。

```c
#include "stdio.h"
main()
{
int a;
scanf("%d", &a);
if (a>50)  printf("%d\n", a);
if (a>40)   printf("%d\n",a);
 if (a>30)  printf("%d\n",a);
}
```

14. 以下程序的运行结果是（　　　）。

```c
#include "stdio.h"
main()
{
int a, b= 250, c;
if ((c=b)<0) a=4;
else if (b=0) a=5;
else a=6;
printf("\t%d\t%d\n",a,c);
if (c=(b==0))
a=5;
printf("\t%d\t%d\n",a,c);
if (a=c=b) a=4;
printf("\t%d\t%d\n",a,c);
}
```

15. 以下程序的运行结果是（　　　）。

```c
#include "stdio.h"
main()
{
int a,b,c,s,w,t;
 s=w=t=0;
 a= -1; b=3; c=3;
 if(c>0) s=a+b;
 if(a<=0)
   { if (b>0)
   if (c<=0) w=a-b;
}
else if (c>0) w=a-b;
else t=c;
printf("%d  %d  %d\n", s,w,t);
}
```

三、编程题

1. 请输入一个正整数 x（小于等于 5 位数），判断其是几位数。

2. 输入一个正整数，判断其是否能被 2、3、5 整除。

3. 编写程序，输入一个学生的生日（年：y0、月：m0、日：d0），并输入当前的日期（年：y1、月：m1、日：d1），输出该学生的实际年龄。

学生成绩的分组汇总

知识目标

1. 理解循环的概念。
2. 掌握for语句的正确使用方法和执行顺序。
3. 掌握while语句与do…while语句的正确使用方法和执行顺序。
4. 掌握循环嵌套的执行顺序。
5. 掌握while语句、do…while语句和for语句的异同。

技能目标

1. 了解循环结构程序设计的基本方法。
2. 会绘制循环结构流程图，并能根据流程图编写程序。
3. 能正确理解循环语句的表示方法、结构和用法。
4. 能用三种循环语句进行程序设计。

课程思政

1. 通过学习"while(条件); 语句块;"和"while(条件) 语句块;"两者的区别，提醒学生注意两个程序段虽仅仅相差一个小小的";"，但两者的差别却十万八千里，培养学生树立踏实、遵循标准和规范、严谨细致的工作作风。

2. 通过小学数学题训练编程案例，培养学生由浅入深的思维方式和反复推敲的习惯。

3. 通过 1.01^{365} 和 0.99^{365} 的天壤之别，进而提醒学生：每天努力一点点，积少成多，每天偷懒一点点，结果就差之千里了，让学生体会"不积跬步无以至千里"的道理。

4. 通过对圆周率的计算认知，激发学生的爱国热情和民族自豪感，同时也让学生树立坚定的信念，成长为思想政治可靠、专业技术优秀的社会主义建设人才。

5. 通过演示"数字三角形"、"星号组成的简易图形"等程序，要求学生编写出类似或更复杂的图形达到对学生进行创新思想的教育，从而激发创新意识。

6. 通过编程打印出九九乘法表，介绍九九乘法表的前世今生，让学生感受古老的中华民族智慧，增强民族自豪感。

项目要求

某班中有四个小组，求本学期期中考试中每个小组数学成绩的总分及平均分。假设每个小组的成员数一样，都是 10 位。程序的运行要求（成绩任意输入）

输入第一小组学生的数学成绩：79 89 90 68 76 87 98 45 78 90。

第一小组学生的数学总成绩为：800.0。

第一小组学生的数学平均分为：80.0。

输入第二小组学生的数学成绩：71 82 90 69 76 88 98 45 78 91。

第二小组学生的数学总成绩为：788.0。

第二小组学生的数学平均分为：78.8。

……

输入第四小组学生的数学成绩：75 86 97 61 76 87 98 45 75 97。

第四小组学生的数学总成绩为：797.0。

第四小组学生的数学平均分为：79.7。

说　明：分数可以任意输入。

项目分析

现在，对该项目进行分解，显然要完成一个班中每个小组的学生数学成绩的平均分与总分的计算，首先必须做到在一个小组中对学生数学成绩的平均分与总分进行计算，然后重复进行 4 次。所以，将这一项目分成两个任务介绍：任务 3-1 是求一个小组学生成绩的总分及平均分；任务 3-2 是求每个小组学生成绩的总分及平均分。

任务3-1　求一个小组学生成绩的总分及平均分

 任务提出及实现

1. 任务提出

某班进行了一次考试，现要输入第一小组学生（人数为 10 人）的成绩，计算这一小组的总分与平均分，并按要求输出。

分析：本小组一共有 10 个同学，显然需要定义 10 个变量 x1，x2，x3…，x10，然而在程序中表示成 sum=x1+x2+x3+…+x10 是不科学的。如果有 10000 个同学，难不成定义 10000 个变量？这显然不科学。

那是不是可以这样认为：

将 s 置为 0 ；

读第 1 个数并存入到 x 中，与 s 中的值相加，结果再存入 s 中；

读第 2 个数并存入到 x 中，与 s 中的值相加，结果再存入 s 中；

读第 3 个数并存入到 x 中，与 s 中的值相加，结果再存入 s 中；

......

读第 10 个数并存入到 x 中，与 s 中的值相加，结果再存入 s 中；

输出 s。

用 C 语言来表示以上算法，可写出如下的程序段：

```c
s=0;
scanf("%f".&x);                    //第 1 次读数
s=s+x;
scanf("%f".&x);                    //第 2 次读数
s=s+x;
scanf("%f".&x);                    //第 3 次读数
s=s+x;
...
scanf("%f".&x);                    //第 10 次读数
s=s+x;
printf("%f",s);
```

该程序重复出现了 10 对 "scanf("%f".&x); s=s+x;"，如果要计算 10000 个数的总和，则要写 10000 对 "scanf("%f".&x); s=s+x;" 语句。这样的编程方法也是不可行的。

那么如何解决这个问题呢？其实，仔细分析，我们会发现读数和加数是一个多次重复执行的过程，重复执行就是循环，重复工作是计算机特别擅长的工作之一。我们可以用一个计数器（假设定义为变量 i）来计数，先输入第一个学生的成绩，然后将这个成绩加到总分中，计数器增 1，接下来，输入第二个学生的成绩，再将第二个学生的成绩加入到总分中，计数器再增 1，不断重复，直到小组中最后一个学生的成绩输入并加入到总分为止。

2. 具体实现

```c
#include "stdio.h"
main()
{
    int score,i,sum=0;
    float avg;
    i=1;
    printf(" 请输入本小组 10 个学生的成绩：");
    while(i<=10)
    {
        scanf("%d",&score);
        sum=sum+score;
        i=i+1;
    }
    avg=sum/10.0;
    printf(" 本小组 10 个学生的总分为：%d\n",sum);
    printf(" 本小组 10 个学生的平均分为：%.2f\n",avg);
}
```

学生总分及平均分程序运行结果如图 3-1 所示（分数任意输入）。

图3-1　学生总分及平均分程序运行结果

本程序中的新知识点是下面一段程序：

```
while(i<=10)
{
    scanf("%d",&score);
    sum=sum+score;
    i=i+1;
}
```

即循环，所以需要懂得循环的结构及执行过程。

相关知识

下面介绍常见的三种循环语句。

1. while循环

（1）一般格式

while（循环继续条件）

{ 循环体语句组 ;}

（2）执行过程

① 求解"循环继续条件"，如果其值为非 0，则转②；否则转③。

② 执行循环体语句组，然后转①。

③ 退出 while 循环。

循环流程图如图 3-2 所示。

分析下面一段程序的执行过程：

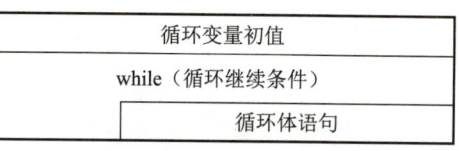

图3-2　循环流程图

```
i=1;
while(i<=10)
{
    scanf("%d",&score);
    sum=sum+score;
    i=i+1;
}
```

首先 i 的初值为 1，显然 1<=10，满足循环条件，因而第一次执行循环体语句组，即输入 score，然后将 score 加入到 sum 中。然后，使 i=2，由于 2<=10，同样满足循环条件，执行第二次循环体，即输入 score，然后将 score 加入到 sum 中。再使 i=3，这样一直重复；

直到 i=11，不再满足循环继续条件，从而跳出循环体。所以这段程序的意思是输入 10 次 score，并将每一次输入的 score 加入到 sum 中，即将一个小组中的 10 个成员的成绩输入并统计总分。其流程图如图 3-3 所示。

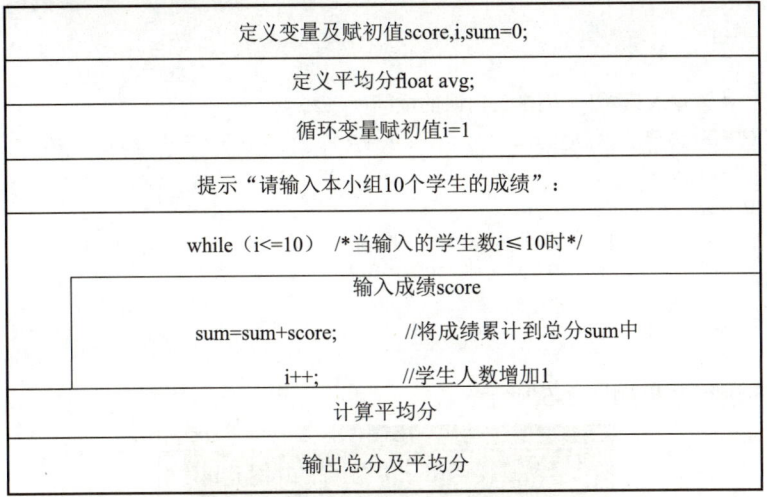

| 定义变量及赋初值score,i,sum=0; |
| 定义平均分float avg; |
| 循环变量赋初值i=1 |
| 提示"请输入本小组10个学生的成绩"： |
| while（i<=10） /*当输入的学生数i≤10时*/ |
| 输入成绩score
sum=sum+score;   //将成绩累计到总分sum中
i++;   //学生人数增加1 |
| 计算平均分 |
| 输出总分及平均分 |

图3-3　程序流程图

【while 的进一步练习】

【例 3-1】本学期期末考试进行了三门课程的测试。成绩单下来后，4 个室友兄弟要一比高低，这就需要计算每个学生三门课程的总分和平均分，试着用 C 语言实现。

分析：

① 定义 5 个实型变量 x，y，z，sum 和 avg，依次输入每一名学生的三门课程成绩，并求三门课程的总成绩和平均分。

② 每次取出一名学生的三门课程成绩，并依次赋给 x，y，z，然后再一起放到 sum 中，就可以得到该学生的三门课的总分，将总分除以 3 就得到平均分。

③ 以上步骤重复执行 4 次。

例 3-1 程序流程图如图 3-4 所示。

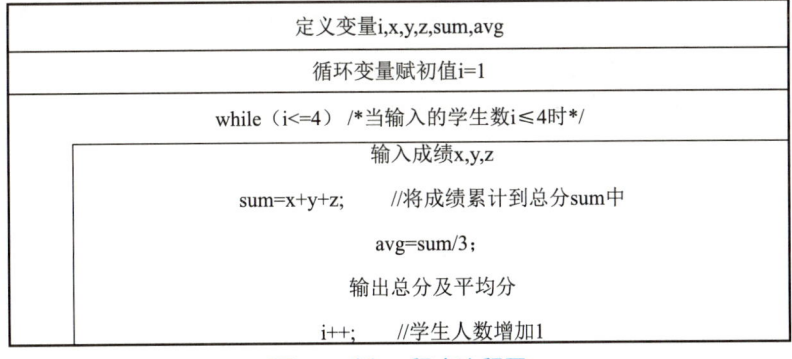

| 定义变量i,x,y,z,sum,avg |
| 循环变量赋初值i=1 |
| while（i<=4）/*当输入的学生数i≤4时*/ |
| 输入成绩x,y,z
sum=x+y+z;   //将成绩累计到总分sum中
avg=sum/3;
输出总分及平均分
i++;   //学生人数增加1 |

图3-4　例3-1程序流程图

程序如下：

```
#include "stdio.h"
main()
```

```
{
  int  i;
  float x,y,z,sum,avg;
  i=1;
  while(i<=4)
  {
    printf("请输入第%d个同学三门课的成绩",i);
    scanf("%f%f%f",&x,&y,&z);
    sum=x+y+z;
    avg=sum/3;
    printf("第%d个同学的总分为%.2f,平均分%.2f\n",i,sum,avg);
    i=i+1;
  }
}
```

例 3-1 程序运行结果如图 3-5 所示。

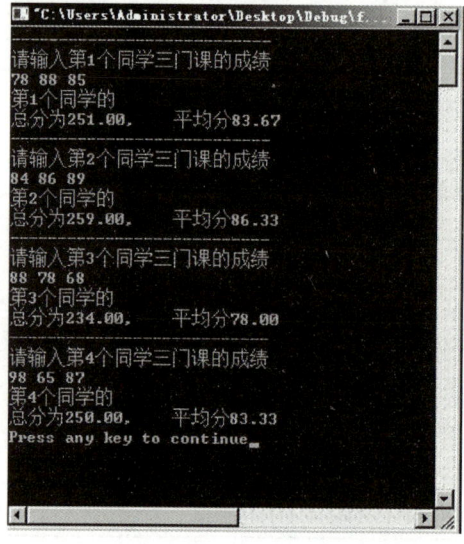

图3-5　例3-1程序运行结果

【例 3-2】用 while 语句求 sum=1+2+3+…+100。

分析：求 sum=1+2+3+…+100，可以分解成

```
sum=0;
sum=sum+1;
sum=sum+2;
…
sum=sum+i
…
sum=sum+100
```

所以，可以看成 sum=sum+i 重复了 100 次，而 i 恰好等于 $1 \sim 100$，所以本程序可以写成：

```
#include <stdio.h>
main()
{
    int i,sum=0;
    i=1;
    while(i<=100)
    {
        sum+=i;
        i++;
    }
    printf("1+2+3+…+100的和为:%d\n",sum);
}
```

例3-2程序流程图如图3-6所示。

程序运行结果：1+2+3+…+100的和为5050。

思考：如果要求10!呢？与上题有什么相同之处？有什么不同之处？

【例3-3】将1～100之间不能被3整除的数输出。

分析：定义变量i其初值为1，验证1是否能被3整除，若不能整除，则输出i；然后将i累加到2，再次验证2是否被3整除，若不能整除，则输出i；重复操作，直到i值≤100。

例3-3程序流程图如图3-7所示。

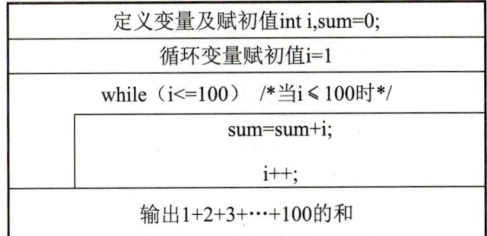

图3-6　例3-2程序流程图

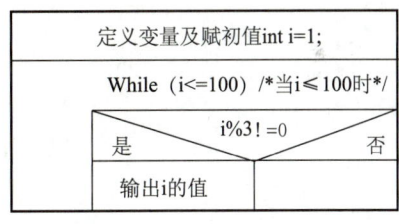

图3-7　例3-3程序流程图

参考程序如下：

```
#include <stdio.h>
main()
{
    int i;
    i=1;
    while(i<=100)
    {
        if(i%3!=0) printf("%3d",i);
        i++;
    }
}
```

2. do…while语句

（1）一般形式

do
{ 循环体语句组；
}while（循环继续条件）；

（2）执行过程

① 执行 do 后面的循环体语句组。

② 求解 while 后面的"循环继续条件"，如果其值为非 0，则转①；否则转③。

③ 退出 while 循环。

do…while 程序流程图如图 3-8 所示。

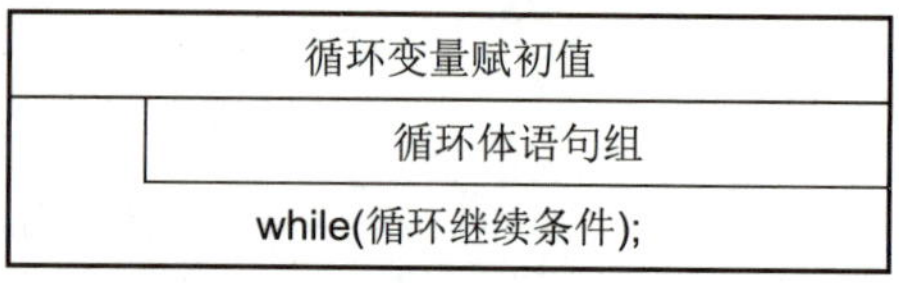

前面求某小组学生成绩的总分及平均分的程序用 do…while 循环可改写为：

循环变量赋初值
循环体语句组
while(循环继续条件)；

图3-8　do…while程序流程图

```c
#include "stdio.h"
main()
{
    int score,i,sum=0;
    float avg;
    i=1;
    printf(" 请输入本小组 10 个学生的成绩：");
    do
    {
        scanf("%d",&score);
        sum=sum+score;
        i=i+1;
    }
    while(i<=10);
    avg=sum/10.0;
    printf(" 本小组 10 个学生的总分为：%d\n",sum);
    printf(" 本小组 10 个学生的平均分为：%.2f\n",avg);
}
```

某小组学生成绩程序流程图如图 3-9 所示。

说明：

（1）do…while 循环，总是先执行一次循环体，然后再求循环继续条件，因此，无论循环继续条件是否为"真"，循环体至少执行一次。

（2）do…while 循环与 while 循环十分相似；它们的主要区别是：while 循环先判断循环条件再执行循环，循环体可能不完全执行一次；do…while 循环先执行循环体，然后再求循环继续条件，循环体至少执行一次。

【do…while 的进一步练习】

【例 3-4】将例 3-1 用 do…while 语句来改进实现。

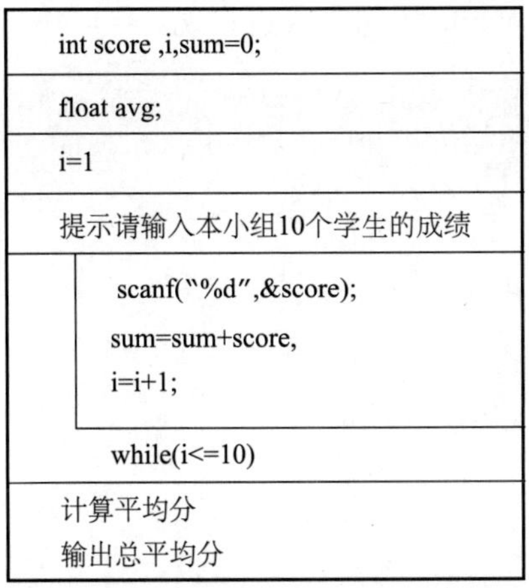

int score ,i,sum=0;
float avg;
i=1
提示请输入本小组10个学生的成绩

scanf("%d",&score);
sum=sum+score,
i=i+1;

while(i<=10)
计算平均分 输出总平均分

图3-9 某小组学生成绩程序流程图

```c
#include "stdio.h"
main()
{
    int   i;
    float x,y,z,sum,avg;
    i=1;
    do
    {
        printf(" 请输入第 %d 个同学三门课的成绩 ",i);
        scanf("%f%f%f",&x,&y,&z);
        sum=x+y+z;
        avg=sum/3;
        printf(" 第 %d 个同学的总分为 %.2f, 平均分 %.2f\n",i,sum,avg);
        i=i+1;
    }
    while(i<=8);
}
```

【例 3-5】将例 3-2 用 do…while 语句来改进实现。

```c
#include <stdio.h>
main()
{
    int i,sum=0;
    i=1;
    do
    {
        sum+=i;
        i++;
    }
    while(i<=100);
    printf("1+2+3+……+100 的和为 :%d\n",sum);
}
```

【例3-6】将例3-3用do…while语句来改进实现。

```c
#include <stdio.h>
main()
{
    int i;
    i=1;
    do
    {
        if(i%3!=0)printf("%3d",i);
        i++;
    }
    while(i<=100);
}
```

3. for语句

在循环语句中，for语句最为灵活。

（1）一般形式

for（表达式1; 表达式2; 表达式3）

循环体语句组

（2）执行过程

① 先执行"表达式1"。

② 然后判别"表达式2"，当"表达式2"的值为真时，则转③；否则转④。

③ 执行循环体语句组，然后执行"表达式3"后转②。

④ 退出for循环。

for语句程序流程图如图3-10所示。

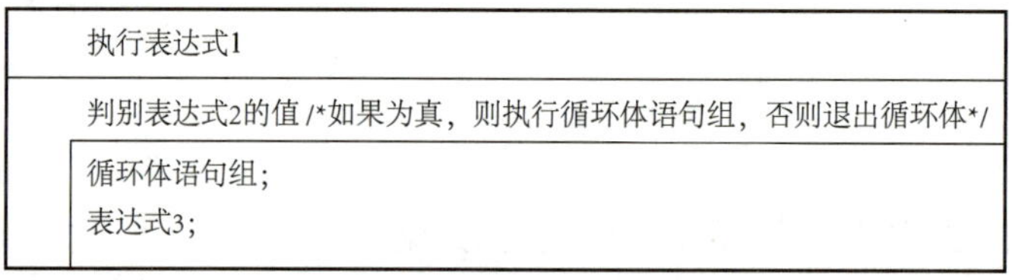

执行表达式1
判别表达式2的值 /*如果为真，则执行循环体语句组，否则退出循环体*/
循环体语句组； 表达式3；

图3-10　for语句程序流程图

前面求某小组学生成绩的总分及平均分的程序可用for语句改写为：

```c
#include "stdio.h"
main()
{
    int score,i,sum=0;
    float avg;
    printf(" 请输入本小组10个学生的成绩：");
    for(i=1;i<=10;i++)
    {
        scanf("%d",&score);
        sum=sum+score;
```

```
    }
    avg=sum/10.0;
    printf("本小组10个学生的总分为：%d\n",sum);
    printf("本小组10个学生的平均分为：%.2f\n",avg);
}
```

用 for 语句求某小组学生成绩的程序流程图如图 3-11 所示。

图3-11 用for语句求某小组学生成绩的程序流程图

【for 的进一步练习】

【例 3-7】将例 3-1 用 for 语句来改进实现。

```
#include "stdio.h"
main()
{
    int  i;
    float x,y,z,sum,avg;
    for(i=1;i<=8;i++)
    {  printf("请输入第%d个同学三门课的成绩",i);
       scanf("%f%f%f",&x,&y,&z);
       sum=x+y+z;
       avg=sum/3;
       printf("第%d个同学的总分为%.2f,平均分%.2f\n",i,sum,avg);
    }
}
```

【例 3-8】将例 3-2 用 for 语句来改进实现。

```
#include <stdio.h>
```

```
main()
{ int i,sum=0;
   for(i=1;i<=100;i++)
   {
       sum+=i;
   }
   /* 由于循环体只有一条语句，所以可将 "{sum+=i; }" 的花括号省略 */
   printf("1+2+3+…+100 的和为 :%d\n",sum);
}
```

【例 3-9】将例 3-3 用 for 语句来改进实现。

```
#include <stdio.h>
main()
{ int i;
   for(i=1;i<=100;i++)
   {
       if(i%3!=0) printf("%3d",i);
   }
   /* 由于循环体只有一条语句，所以可将 "{if(i%3!=0)printf("%3d",i);}" 的花括号省略 */
}
```

【例 3-10】编程求解百元钱买百鸡的问题。有一老大爷去集贸市场买鸡，他想用 100 元钱买 100 只鸡，而且要求所买的鸡有公鸡、母鸡、小鸡。已知公鸡 2 元一只，母鸡 3 元一只，小鸡 0.5 元一只。问老大爷要买多少只公鸡、母鸡、小鸡恰好花去 100 元钱，并且买到 100 只鸡？

分析：假设公鸡买 x 只，母鸡买 y 只，小鸡买 z 只，则由题意可得：

$$\begin{cases} x+y+z=100 \\ 2x+3y+0.5z=100 \end{cases} \Rightarrow \begin{cases} y=1.5z-100 \\ x=200-2.5z \end{cases}$$

从理论上来说，三个未知数，两个方程，这样的解有无数个。但是由题意可得，z 最小为 2（因为 0.5 元一只），最多为 98 只（至少各买一只公鸡和一只母鸡），递增速度为 2 只。这样：

① 当 z=2 时，计算 y 与 x 的值；

② 当 z=4 时，计算 y 与 x 的值；

③ 当 z=8 时，计算 y 与 x 的值；

④ 一直计算到 z=98 时，计算 y 与 x 的值。

显然，如果 x，y 的值都大于零，则输出 x，y，z，所以用 for 循环实现的程序如下：

```
#include <stdio.h>
main()
{ int x,y,z;
   for(z=2;z<=100;z=z+②
   { y=1.5*z-100;
       x=200-2.5*z;
       if(x>0 && y>0)
```

```
        printf(" 公鸡数为 %d, 母鸡数为 %d, 小鸡数为 %d\n",x,y,z);
    }
}
```

例 3-10 程序运行结果如图 3-12 所示。

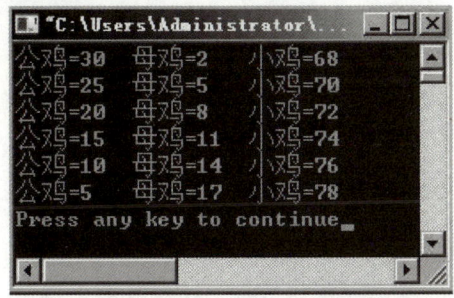

图3-12　例3-10程序运行结果

 知识扩展

1. for 语句的多种表示方法

for 语句的使用非常灵活，可以省略 "表达式 1"、"表达式 2"、"表达式 3"。

（1）for 语句可省略 "表达式 1"。

"表达式 1" 的作用是设置循环初始条件，"表达式 1" 省略后，应在 for 语句前面设置循环初始条件，但 "表达式 1" 后的分号不能省略。如：

```
i=1;                              for(i=1;i<=10;i++)
for(;i<=10;i++)          ⟺        s=s+i;
s=s+i;
```

（2）for 语句中若省略 "表达式 2"，则不判断循环条件，认为循环条件始终为真，循环将无终止地进行下去。

（3）"表达式 3" 可省略，但程序必须在 "循环体语句组" 中设置循环变量增值，来修改循环条件，以确保循环能正常结束。如：

```
for(i=1;i<=10;i++)               for(i=1;i<=10;)
s=s+i;                    ⟺       {s=s+i;
                                  i++;}
```

（4）省略 "表达式 1" 和 "表达式 3"，只保留 "表达式 2"。如：

```
for(i=1;i<=10;i++)               i=1;
s=s+i;                   ⟺        for(;i<=10;)
                                  {s=s+i; i++;}
```

（5）"表达式 1" 和 "表达式 3" 可以是一个简单的表达式，也可以是逗号表达式。如实现 1+2+3+…+100 的和的 for 实现语句可以写为：

```
for(sum=0,i=1;i<=100;i++)
sum=sum+i;
```

对这三种循环方式的进一步练习，将在下面的"举一反三"模块中体现。

2. break语句

前面介绍的三种循环结构都是在执行循环体之前或之后通过一个表达式的测试来决定是否终止对循环体的执行的。其实，在循环体中可以通过 break 语句立即终止循环的执行，转到循环结构的下一语句处执行。

（1）break 语句的一般形式

if（表达式）break;

（2）break 语句的作用

终止对 switch 语句或循环语句的执行（跳出这两种语句），转移到其后的语句处执行。

> **说明：**
>
> （1）在循环语句中，break 语句常和 if 语句一起使用，表示当条件满足时，立即终止循环。注意，break 语句不是跳出 if 语句，而是跳出循环语句。
>
> （2）循环语句可以嵌套使用，break 语句只能跳出（终止）其所在的循环，而不能跳出多层循环。

> **例如：**

```
for(i=2;i<=x-1;i++)
if(x%i==0)break;
```

如果 x 能被 i（i=2，3，…，x-1）整除，则结束循环。

【例 3-11】输入两个正整数，求它们的最大公约数。

分析：

① 若输入两个正整数分别为 a，b，它的最大公约数为 k，k 的值应为 a，b 中的一个相对小数。

② 然后进行 a%k 及 b%k 的运算，若它们的余数为零，则 k 就是最大公约数。

③ 若 a%k 及 b%k 中至少有一个的余数不为零，则 k=k-1，然后再执行②。

```
#include <stdio.h>
main()
{
  int a,b,k;
  printf("请输入二个正整数 ");
  scanf("%d%d",&a,&b);
  if(a<b)k=a;
  else
    k=b;
  while(k>=1)
  {
    if(a%k==0 && b%k==0)break;
```

```
    k--;
  }
  printf(" 最大公约数为：%d\n",k);
}
```

例 3-11 程序运行结果如图 3-13 所示。

【例 3-12】在数学课上，李老师要同学们对给定的任意正整数进行判断，看是否为素数，用 C 语言如何解决？

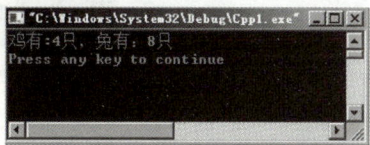

图3-13　例3-11程序运行结果

分析：因为素数只能被 1 及本身整除，所以判断一个大于2的正整数 x 是否为素数，就让 x 按顺序除以 i=2、3、…、x-1，若 x 能被它们中的任一个除尽，就可跳出循环，因为该数一定不是素数。所以判断 x 是否为素数，就可以用 i 的值来衡量，若 i=x，则 x 一定是素数，否则就不是素数。

参考程序如下：

```
#include <stdio.h>
main()
{
  int i,x;
  printf(" 请输入一个正整数 ");
  scanf("%d",&x);
  for(i=2;i<=x-1;i++)
    if(x%i==0)break;
    if(i==x)printf("%d 是素数 \n",x);
     else
     printf("%d 不是素数 \n",x);
}
```

 举一反三

在本任务中，我们介绍了循环的三种语句，下面，想通过实例来巩固前面所学的知识。

【例 3-13】鸡兔同笼问题：共有 12 个头，40 只脚，求鸡和兔子各有多少只？

分析：设鸡有 x 只，兔有 y 只。先从一只鸡开始，这样，兔子的只数就是总头数减 1，即 y=12-x，循环中逐一增加鸡的只数，减少兔子的只数，并依据脚的总和 x*2+4*y 是否等于 40 只来判断是否找到了答案。

```
#include "stdio.h"
main()
{ int x,y;
  for(x=1;x<12;x++)
    { y=12-x;
      if(2*x+4*y==40)
        printf(" 鸡有 :%d 只, 兔有 :%d 只 \n",x,y);
    }
}
```

例3-13程序运行结果如图3-14所示。

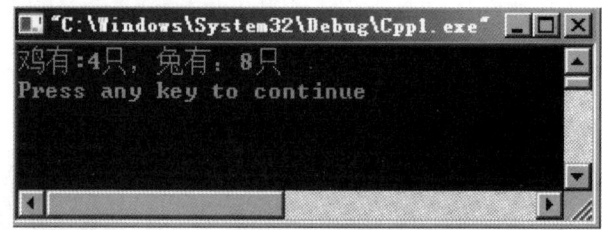

图3-14　例3-13程序运行结果

【例3-14】为小明的小侄子编写一个程序，训练他在10以内的加减运算能力（运算中要求给出是否正确的信息，每次训练10道题）。

```c
#include<stdio.h>
#include<stdlib.h>      /* 用到了产生随机数的库函数 rand()，所以要包含 stdlib.h*/
#include <time.h>      /* 用到了产生随机种子 time()，所以要包含 time.h*/
main()
{ int x,y;          /* 存放产生的随机数，认为是计算机出的数 */
  int z;            /* 存放从键盘输入的数，即运算结果 */
  int ysf;        // 运算符
  int i, t;      //i为控制运算的次数，t为随机产生的第一个数小于第二个数的交换
  for(i=1;i<=10;i++)
    { srand((unsigned)time( NULL ) );     /* 产生随机种子 */
      printf("%d. ",i);                // 序号
      x=rand();                        /* 产生随机数 */
      y=rand();
      x=x%10;                  /* 让产生的随机数变成 10 以内的数 */
      y=y%10;
      if(x<y)
        {t=x;x=y;y=t;}               // 为了运算中的减法
        ysf=rand()%2+1;        //ysf 的值为 1,2 分别代表加、减
        switch(ysf)
          {case 1:
            {printf("%d+%d=",x,y);
             scanf("%d",&z);
             if(x+y==z)printf("  正确！\n");
             else
               printf("  错误！\n");
             break;
             }
          case 2:
            {printf("%d-%d=",x,y);
             scanf("%d",&z);
             if(x-y==z)printf("  正确！\n");
             else
               printf("  错误！\n");
            }
          }
```

```
        }
    }
```

例 3-14 程序运行结果如图 3-15 所示。

【例 3-15】在例 3-14 的训练中，最后给出成绩，每题 10 分。

请注意程序中加粗的语句。

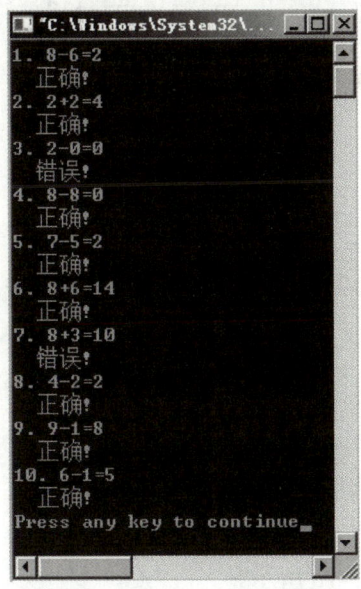

图3-15 例3-14程序运行结果

```
#include<stdio.h>
#include<stdlib.h>                          /* 用到了产生随机数的库函数 rand()，
                                               所以要包含 stdlib.h*/

#include <time.h>                            /* 用到了产生随机种子 time()，所以要
                                               包含 time.h*/

main()
{ int x,y;                                   /* 存放产生的随机数，认为是计算机出的
                                               数 */

   int z;                                    /* 存放从键盘输入的数，即运算结果 */
   int ysf;                                  // 运算符
   int i, t;                                 //i 为控制运算的次数，t 用于实现两个
                                               随机数的交换

   int fs=0;                                 // 分数，初值为 0
   for(i=1;i<=10;i++)
      {srand((unsigned)time( NULL ) );       /* 产生随机种子 */
       printf("%d. ",i);                     // 序号
       x=rand();                             /* 产生随机数 */
       y=rand();
       x=x%10;                               /* 让产生的随机数变成 10 以内的数 */
       y=y%10;
       if(x<y)
          {t=x;x=y;y=t;}                     // 为了运算中的减法
```

```
            ysf=rand()%2+1;                        //ysf的值为1,2分别代表加、减
            switch(ysf)
    {case 1:
    {printf("%d+%d=",x,y);
    scanf("%d",&z);
    if(x+y==z)  {printf("  正确！\n"); fs=fs+10; }
    else
       {printf("  错误！\n"); fs=fs+0;}
    break;
    }
    case 2:
      {printf("%d-%d=",x,y);
       scanf("%d",&z);
       if(x-y==z)  {printf("  正确！\n"); fs=fs+10;}
       else
         {printf("  错误！\n"); fs=fs+0;}
      }
      }
    }
        printf("本次训练的成绩为%d\n",fs);
    }
```

例3-15 程序运行结果如图3-16所示。

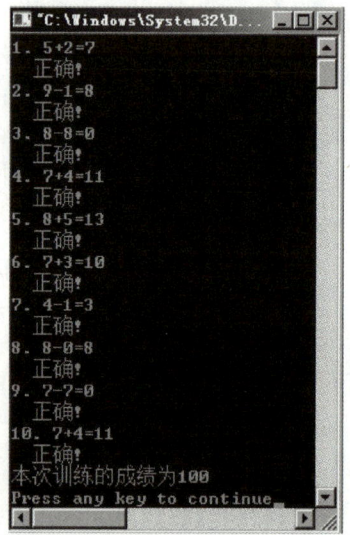

图3-16　例3-15程序运行结果

【例3-16】程序功能：计算1.01^{365}及0.99^{365}。

```
#include "stdio.h"
main()
{int i;
double x1, x2,s1,s2;
x1=1.01;
```

```
x2=0.99;
s1=x1;
s2=x2;
for(i=1;i<365;i++)
  s1=s1*x1;
for(i=1;i<365;i++)
  s2=s2*x2;
printf("1.01 的 365 次方 =%lf\n",s1);
printf("0.99 的 365 次方 =%lf\n",s2);
}
```

例 3-16 程序运行结果如图 3-17 所示。

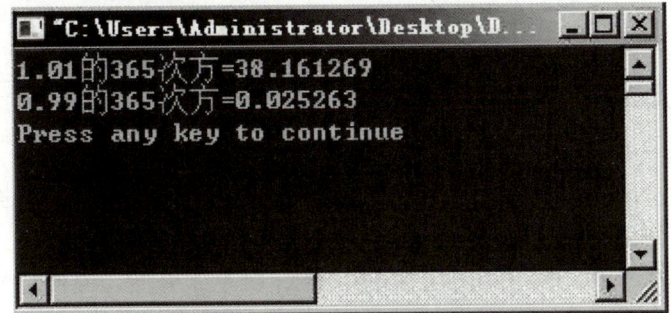

图3-17　例3-16程序运行结果

大家可以看到，1.01^{365} 与 0.99^{365}，其值相差很大！所以，我们要每天努力一点点，积少成多，灿烂的明天会对我们微笑。

【例 3-17】程序功能：运行时输入 10 个数，然后分别输出其中的最大值、最小值。

分析：

① 输入第一个数 x，并假定第一个数既是 10 个数中的最大值 max，也是 10 个数中的最小值 min。

② 然后输入下一个数 x，将最大值 max 及最小值 min 与 x 分别相比，若 max 小于 x，则 max=x；若 min 大于 x，则 min=x。

③ 不断重复步骤②，直到第 10 个数比完为止。类似 10 个壮士打擂台，第一个壮士先上场，认为自己是"老大"，然后第二个壮士再上场，与前面的"老大"比武，赢者才是真的"老大"，一直到第十个壮士比完为止。

参考程序为：

```
#include <stdio.h>
void main()
{
  float x,max,min;  int i;
  printf(" 请输入十个同学的成绩 :") ;
  for(i=1;i<=10;i++)
  {
    scanf("%f",&x);
    if(i==1){ max=x;min=x; }
```

```
        if(x>max) max=x;
        if(x<min) min=x;
    }
    printf("最高分为%.1f,最低分为%.1f\n",max,min);
}
```

例 3-17 程序运行结果如图 3-18 所示。

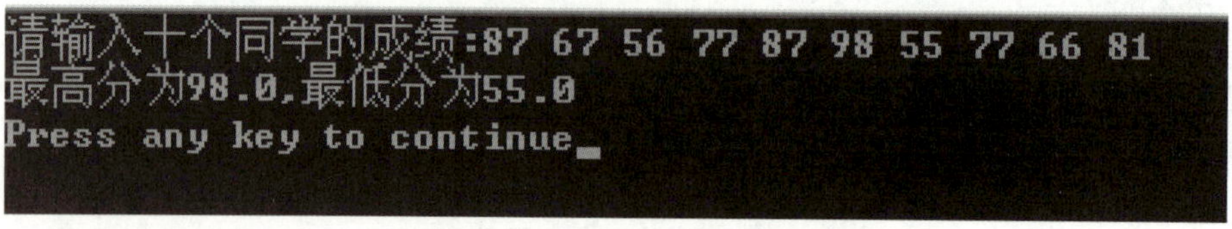

请输入十个同学的成绩:87 67 56 77 87 98 55 77 66 81
最高分为98.0,最低分为55.0
Press any key to continue

图3-18　例3-17程序运行结果

注意

在if语句中比较两个数相等是“==”符号，而不是数学中的“=”符号，在C语言中“=”是赋值号。

【例 3-18】甲、乙两车同时从两地相向而行。甲车每小时行 35 千米，乙车每小时行 32 千米，两车在距中点 12 千米的地方相遇，问甲、乙两地相距多少千米？

分析：相遇的时间为 x 小时，两地相距 y 千米，x 从 1 开始，慢慢增加，如果符合两车相遇的距离差为 12 千米，则可以计算两地的距离。

```
#include "stdio.h"
main()
{  int x,y;
   x=1;
   while(1)
   {
          if(x*35-x*32==12)
          {y=(35+32)*x;
           printf("甲乙两地距离为:%d 千米\n",y);
           printf("x=%d 小时相遇\n",x);
           break;}
           x++;
   }
}
```

例 3-18 程序运行结果如图 3-19 所示。

"C:\Windows\system32\Debug\11.exe"
甲乙两地距离为:268千米
x=4小时相遇
Press any key to continue

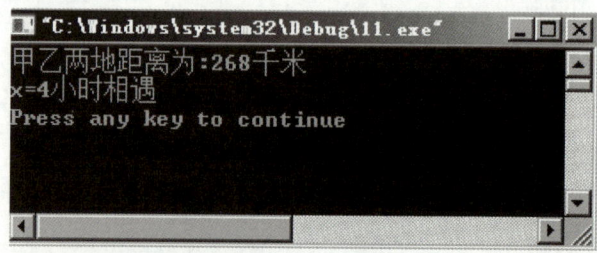

图3-19　例3-18程序运行结果

【例3-19】程序功能：运行时输入整数 n，输出该数各位数字之和（如 n=1234，则输出 10；若 n=-123，则输出 6）。

分析：

若 n 的值为 2345，则

① 个位上的数字的取法是：通过 n%10 就能获取个位数字"5"，然后我们将这个数字加在 s 中。

② 十位上的数字的取法是：如果能将 2345 化为 234，则就能轻松地取到 4，所以只要执行 n=2345/10，再执行 n=n%10 就行。

③ 百位上的数字的取法：执行 234/10，即 n=n/10，新的 n 的值将成为 23，然后再执行 n%10 就可获取数字"3"。

④ 同理，要取得千位上的数字，只要执行 23/10，即 n=n/10，新的 n 的值将成为 2，然后再执行 n%10 就可获取"2"。

⑤ 总结以上各步骤，可以发现，对任意的一个数 n，先执行 n%10，再执行 n=n/10，然后不断重复，就可以一个个地获取个位上的数字、十位上的数字、百位上的数字……所以可以用循环法执行以上步骤，但是循环几次呢？仔细分析不难发现，经过若干次地执行 n=n/10，则新的 n 的值肯定会成为 0，所以可以得出结论：循环条件是 n!=0。

例 3-19 程序流程图如图 3-20 所示。

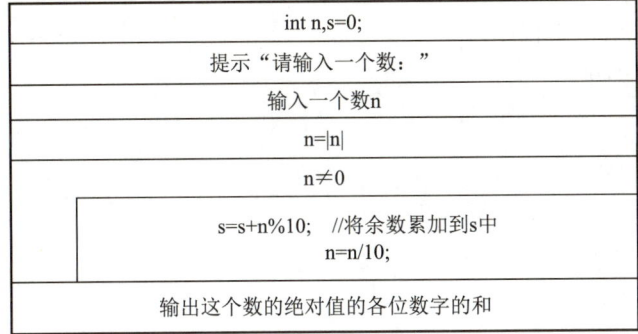

图3-20　例3-19程序流程图

参考程序为：

```c
#include <stdio.h>
#include <math.h>
void main()
{
    int n,s=0;
    printf("请输入一个数：");
    scanf("%d",&n);
    n=fabs(n);
    while(n!=0)
    {
        s=s+n%10;
        n=n/10;
    }
```

```
    printf(" 这个数的绝对值的各位数字的和为：%d\n",s);
}
```

例3-19程序运行结果如图3-21所示。

请输入一个数：-12345
这个数的绝对值的各位数字的和为：15
Press any key to continue_

图3-21　例3-19程序运行结果

【例3-20】程序功能：求 s=3+33+333+3333+33333+333333+3333333+33333333 的值。

分析：可以将本题化为：s=3×（1+11+111+1111+11111+111111+1111111+11111111），所以只要求出 s=1+11+111+1111+11111+111111+1111111+11111111，然后再执行 s=s*3 即可。而 s=1+11+111+1111+11111+111111+1111111+11111111 是一道累加题，只要执行 8 次的 s=s+t 即可，只不过第一次循环中的 t 是 1，第二次是 11，第三次是 111，分析后项与前项的关系是：前项的 10 倍加 1 等于后项，即 t=10*t+1，因而只要执行：

```
t=0;
for(i=1;i<=8;i++)
{t=10*t+1;
 s=s+t;}
```

就能达到目的。所以本程序为：

```
#include <stdio.h>
void main()
{
    int i,t=0;
    long s=0;
    for(i=1;i<=8;i++)
    {
        t=t*10+1;
        s=s+t;
    }
    s=s*3;
    printf("3+33+333+3333+33333+333333+3333333+33333333=%ld\n",s);
}
```

例3-20程序运行结果如图3-22所示。

3+33+333+3333+33333+333333+3333333+33333333=37037034
Press any key to continue

图3-22　例3-20程序运行结果

【例3-21】程序功能：对 x=1，2，3，…，10，求 f(x)=x*x-5*x+sin(x) 的最大值。

分析：

① 首先认为最大值是当 x=1 时的函数值，即 max=1*1-5*1+sin(1)。

② 然后计算出 x=2 时的 f(x) 并与前面的 max 相比，如果 max<f(x)，则 max=f(x)。

③ 将 x=3，4，…，10 不断重复步骤②。

④ 输出 max。

参考程序为：

```c
#include <stdio.h>
#include <math.h>
void main()
{
  int x; float max;
  max=1*1-5*1+sin(1);
  for(x=2;x<=10;x++)
    if(max<x*x-5*x+sin(x))max= x*x-5*x+sin(x);
  printf("%f\n",max);
}
```

【例3-22】找出100~999之间所有的水仙花数。所谓水仙花数是指一个3位数各位上数字的立方和等于本身（如371=3*3*3+7*7*7+1*1*1）。

分析：本题的编程思路是用枚举法，即对100~999之间的每一个数，取出它的百位数 a，十位数 b，个位数 c，如果 a*a*a+b*b*b+c*c*c 的值等于本身，则输出这个数。

显然 a=i/100，b=(i−a*100)/10，c=i−a*100−b*10。

```c
#include <stdio.h>
#include<math.h>
void main()
{
    int i,a,b,c;
    for(i=100;i<=999;i++)
    {
        a=i/100;
        b=(i-a*100)/10;
        c=i-a*100-b*10;
        if (i==a*a*a+b*b*b+c*c*c)
        printf("%d is a Armstrong number!\n",i);
    }
}
```

例3-22程序运行结果如图3-23所示。

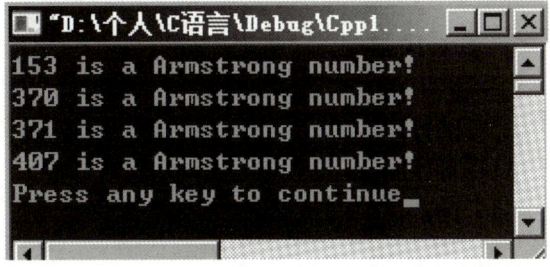

图3-23 例3-22程序运行结果

【例3-23】假设数列第一项为81，此后各项均为前1项的正平方根，统计该数列前30项之和。

分析：因为要计算前 30 项之和，可以用一个循环实现。

① 将 a 累加到 s 中，然后新的 a 变为 sqrt(a)。

② 重复步骤① 多次，计算完前 30 项的和则输出该值。

参考程序为：

```
#include <stdio.h>
#include <math.h>
void main()
{
    float s=0,a=81,i;
    for(i=1;i<=30;i++)
    {
        s=s+a;
        a=sqrt(a);}
    printf("%f\n",s);
}
```

则运行结果为121.336。

【例 3-24】编写程序，完成以下功能：计算 2 的平方根、3 的平方根、…、10 的平方根之和，要求计算结果保留小数点后 10 位有效数。

分析：用一个循环，将每一项累加到一个变量中，因为它需要保留小数点后 10 位有效数，所以要定义一个双精度型变量。

参考程序为：

```
#include <stdio.h>
#include <math.h>
void main()
{
    int i;
    double s=0;
    for(i=2;i<=10;i++)
        s+=sqrt(i);
    printf("%.10lf\n",s);
}
```

程序运行结果为 21.468278。

【例 3-25】韩信点兵：相传汉高祖刘邦问大将军韩信现在统御兵士多少，韩信答："每 3 人一列余 1 人，5 人一列余 2 人，7 人一列余 4 人，13 人一列余 6 人，17 人一列余 2 人，19 人一列余 10 人。"汉高祖茫然而不知其数。那么作为一位优秀的程序员，请你帮汉高祖解决这一问题，韩信至少统御了多少兵士。

分析：该道题的本质为：假设某一正整数，被 3 除余 1，被 5 除余 2，被 7 除余 4，被 13 除余 6，被 17 除余 2，被 19 除余 10，求该数。所以，我们可以从最小自然数出发，一个个一个地累加，如果它满足条件，则退出循环。

参考程序如下：

```
#include <stdio.h>
void main()
{
    long i;
    for(i=1;;i++)
        if(i%3==2&&i%5==2&&i%7==4&&i%13==6&&i%17==2&&i%19==10)
            break;
    printf(" 韩信统领的兵数有：%ld\n",i);
}
```

程序运行结果为韩信统领的兵数有 131072 人。

【例 3-26】牛吃草问题：一个牧场长满青草，牛在吃草而草又不断地生长，9 头牛 12 天可以吃完草，8 头牛要 16 天吃完草。若是让 21 头牛来吃，多少天可以吃完？假设每头牛一天吃草量为 10 千克。

分析：

（1）先求牧场的草每天生长出多少千克？

草场上的草每天生长出 x 千克，牧场上原有草量为 y 千克。根据 9 头牛 12 天吃完，可知 12 天新草长出 12*x，牧场上原有草量与 12 天草的生长量之和为 (y+12*x)，它就等于 9 头牛 12 天吃的草，即 9*12*10。

(y+12*x)=9*12*10

即 y=9*12*10-12*x

于是，我们对牧场上的草每天生长出的草量 x 以 1 千克为间隔进行循环，当它满足第二个条件，即 8 头牛要 16 天吃完，就可以知道牧场上的草每天长出的草量 x 了。

```
x=1;
while(1)
{ y=9*12*10-12*x;
   if(y+16*x==8*16*10)
        {printf("x=%d\n  y=%d\n",x,y);
         break;
        }
   x++;
}
```

（2）再求 21 头牛吃 t 天可以吃完的等式，即

21*t*10=y+t*x

同样用循环来实现。

参考程序为：

```
#include "stdio.h"
main()
{  int x,y,t;
   x=1;
   while(1)
     {  y=9*12*10-12*x;
```

```
            if(y+16*x==8*16*10)
                {printf(" 每天生长的草为 x=%d 千克 \n 草场上原先有草为 y=%d 千克 \n",x,y);
                 break;
                }
            x++;
        }
    t=1;
    while(1)
        {if(21*t*10==y+t*x)
                {printf("21 头牛 %d 天可以吃完 \n",t);
                 break;
                }
        t++;
        }
}
```

例 3-26 程序运行结果如图 3-24 所示。

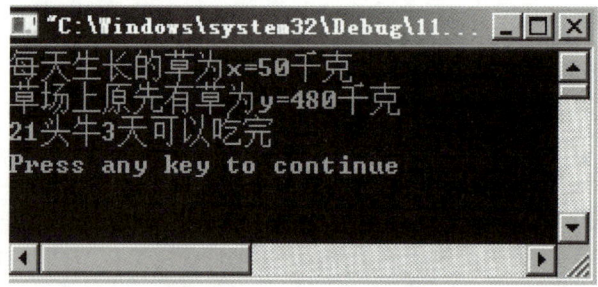

图3-24　例3-26程序运行结果

 **实践训练**

经过前面的学习，想必大家已熟知单循环的用法。下面，请各位对以下的内容进行独立思考和操作。

☆ 初步训练

1. 将程序补充完整：小张所在的小组共有 10 个员工，求小张所在小组员工的平均工资。

分析：用一个循环，每输入一个员工的工资，就加到总工资中，至循环结束后，将总工资除 10 即得平均工资。

```
#include"stdio.h"
main()
{
  int i,gz,sumgz;                  //i 为员工的计数，gz 为工资
  float avggz;                     //avggz 为员工的平均工资
  sumgz=_____;                 // sumgz 为员工的总工资
  i=_____;
  printf(" 请输入十个员工的工资 ");
  while(i<=10)
```

```
    {
        scanf(_____);
        sumgz=sumgz+gz;
        _____;
    }
    avggz=_____;
    printf(_____);
}
```

请将之改为用 do…while 及 for 语句实现。

2．将程序补充完整：求 1 ～ 100 的奇数和。

提示：参考例 3-2、例 3-5、例 3-8，循环变量的步长值为 2。

```
#include "stdio.h"
main()
{
    int i,s;
    s=_____;
    for(_____)
        _____;
    printf(_____);
}
```

3．将程序补充完整：求 s=1-2+3-4+5-6+…+99-100 的和。

```
#include "stdio.h"
main()
{
    int i,s,t;
    s=_____;
    t=_____;
    for(_____)
        {
            _____;
            t=_____;}
            printf(_____);
        }
}
```

提示：它与上题相似，但涉及递进。s=s+i*t，其中 i 的值变化范围是 1 ～ 100，而 t 是一个符号，其值是在 1 与 -1 之间变化的。

4．将程序补充完整：求 n！，n 从键盘输入。

提示：这里进行计算是累乘，需要注意其初值为 1。

```
#include"stdio.h"
main()
{
    int i,s,n;
    s=_____;
```

```
    i=_____;
    printf("请输入n的值：");
    scanf(_____);
    while(_____)
    {
        s=_____;
        i=_____;}
        printf(_____);
    }
}
```

5．将程序补充完整：求 π=4（1-1/3+1/5-1/7+…+1/99）的近似值。

提示：本题与第 3 题相似，s=s+1/i*t，i 的变化范围是 1 ～ 99，步长为 2，t 是符号变量，但要注意，要将 s 定义成实型变量。

```
#include"stdio.h"
main()
{
    int i, t;                    // t 是符号变量
    float s;                     // s 就是和
    s=_____;                  // 赋初值
    t=_____;              // 赋初值
    for(_____)
    {
        s=s+1.0/(_____);
        t=_____;}
        printf(_____);
    }
}
```

请思考，为什么要将 s 定义成实型变量？为什么 s=s+1.0/(_____) 语句中要写上 1.0？

6．编程：求 π=4（1-1/3+1/5-1/7+…+1/99+…）的近似值，直到最后一项的绝对值小于 10^{-6} 为止。

提示：与上题不同的是其循环变量的范围没有确定，但是可以用 1/i 的值来定，当 1/i 的值小于 10^{-6} 时，则结束累加，也就是当 1/i 的值大于等于 10^{-6} 时，循环继续，即进行累加。

7．编程：输出 100 以内能被 7 整除的数。

提示：对 7 ～ 100 之间的每一个数进行测试，如该数能被 7 整除，即余数为 0，输出此数。

8．编程：输出 100 以内能被 3 整除且个位数为 4 的所有整数。

提示：该题比上题多了一个条件，即个位数为 4，所以与上题比较，问题的关键是要提取出个位数。

9．编程：输入 1 个整数，输出该数的位数（如输入 3214，则输出 4；输入 -12345，则输出 5）。

提示：对任意整数 n，只要执行若干次的 n=n/10，则 n 的值就会变成 0。若 n 是 3 位数，则执行 3 次 n=n/10 后 n 等于 0；若 n 是 4 位数，则执行 4 次 n=n/10 后 n 就等于 0。因而对于本题，我们只要统计一下执行了几次 n=n/10 后 n 就等于 0 即可。

10．编程：猴子吃桃问题。猴子第一天摘下若干个桃子，当即吃了一半，还不过瘾，又多吃了一个。第二天早上又将剩下的桃子吃掉一半，又多吃了一个。以后每天早上都吃了前一天剩下的一半加一个。到第 10 天早上想再吃时，就只剩一个桃子了。求第一天共摘多少桃子。

分析：这道题是从后往前推算的。天数与桃子数的关系如表3-1所示。

表3-1　天数与桃子数的关系

天数	桃子数
第10天	n=1
第9天	n=（1+1）*2=4
第8天	n=（4+1）*2=10
…	…
第i天	n=（n+1）*2

i 的值从 10 变化到 1。

11．编程：松鼠采松子，晴天每天可采 20 个，雨天每天可采 12 个。它一连几天采了 112 个松子，平均每天采 14 个，问这几天中有多少天是雨天？

分析：可计算出松鼠采松子的天数为 y=112/14，雨天 x 的变化范围是 1～y，晴天 z 的值为 day-x，即：

```
y=112/14;
for(x=1;x<=y;x++)
   { z=y-x;
       if(x*12+z*20==112)_____;
```

请将程序补充完整。

12．编程：银行存款年利率为 3.5%，编写程序计算需要存多少年存款才能翻一番。

分析：今年的存款与上一年的关系是 x=(1+0.035)*x。

☆ 深入训练

1．编程：小张所在的小组共有 10 人，求小张所在小组员工的最高工资、最低工资。

提示：输入第一位员工的工资 x，假设最高工资 max 及最低工资 min 都是 x，然后依次输入第 2 位至第 10 位员工的工资，每输入一位员工的工资，则判断其是否属于到目前为止的最高工资或最低工资。

2．编程：有一分数序列：2/1，3/2，5/3，8/5，13/8，21/13，…求该数列的前 20 项之和。

提示：请注意分子与分母的变化规律。可以定义三个变量 a，b，c，初值 a=2，b=1，从第二项开始 c=a+b，b=a，a=c。

3．编程：有一条长 80 米的环形走廊，兄弟两人从同一处向同一方向同时出发，弟弟以每秒 1 米的速度步行，哥哥以每秒 5 米的速度奔跑。问出发后，他们再次相遇所用的时间是多少？

分析：若再次相遇，则哥哥要比弟弟多跑一圈，若再次相遇的时间是 x 秒。

```
x=1;
```

```
while(1)
{   if(5*x-1*x==80)
        {printf("再次相遇用时间是 %d 秒 \n",x);
         break;
        }
    x++;
}
```

请将程序编写完整，并且在计算机上编译通过。

4．编程：统计选票，候选人有 3 人，编号为 1~3，统计每位候选人的得票数，约定 0 为统计结束标志。

提示：设选票用变量 x 表示，则循环的条件可以规定是 x 不等于零。若输入的 x 为 1，则在第一位候选人 n1 的票数上增加一票；若输入的 x 为 2，则在第一位候选人 n2 的票数上增加一票；输入的 x 为 3，则在第一位候选人 n3 的票数上增加一票。

5．编程：某卡车违反交通规则，肇事逃逸。现场有三位目击者，记下了车牌号。第一位目击者说车牌号是一个四位数；第二位目击者说前两位数字相同，后两位数字也相同；第三位目击者说该四位数恰好是一个整数的平方。问该车牌号为多少？

提示：

（1）车牌号是一个四位数，同时恰好是一个整数的平方，所以，该整数的范围为 32（因为 32 的平方是 1024）～ 99（因为 100 的平方是 10000），用枚举法一一列举进行选择，将满足条件的数字输出，即循环变量 i 可以为 32 ～ 99。

（2）取 i 的平方，即变成四位数，将四位数的每个数字一一取出（千位数字、百位数字、十位数字、个位数字）。

（3）比较千位数字与百位数字是否相同？十位数字和个位数字是否相同？将同时满足的数字输出。

思考：除此之外，还可以用什么方法解决？

6．编程：体操比赛 10 个评委的评分，去掉一个最高分，一个最低分，计算平均分。

提示：将前面的求平均分、最高分、最低分的两题综合考虑，即计算出的总分减去最高分及最低分，再进行平均即可。

7．编程：某球从 100 米高度自由落下，每次落地后反跳回原高度的一半；再落下，求它在第 10 次落地时，共经过多少米？第 10 次反弹多高？

提示：第一次落地给出初始条件，从第二次落地开始，每次都是前一次的一半高度，请找出表达式规律。

8．编程：求 1！+2！+3！+…+10！的和。

提示：同样可以看成是累加：s=s+t，找出后项 t 与前项 t 的关系，2！*3=3！，3！*4=4！…

9．某一整数加上 100 后是一个完全平方数，再加上 168 又是一个完全平方数，请问该数是多少？

提示：在 10 万以内判断，先将该数加上 100 后再开方，再将该数加上 168 后再开方，如果开方后的结果满足开方数是整数的条件，即是所求结果。

10．一个牧场，草均匀生长，每头牛每天吃的草量相同，17 头牛 30 天可以将草吃完，19

头牛只需要 24 天就可以将草吃完。现有一群牛，吃了 6 天后卖掉 4 头牛，余下的牛再吃 2 天就将草吃完，求没有卖掉牛以前，共有几头牛？

分析：我们假设每头牛每天吃草量为 1 个单位，牧场每天长出的草量为 x 个单位，原有草量为 y 个单位。根据"17 头牛 30 天可以将草吃完，19 头牛只需要 24 天就可以将草吃完"，可知 y+30*x=17*30,y+24*x=19*24，于是，我们可以筛选出 x，y。再假设原来有 z 头牛，根据条件 6*z+2*(z-4)=y+8*x，筛选出牛的头数。

11. 网贷猛于虎：一名学生想购买最新款的手机，欲在校园贷中借 1 万元，偿还期为 8 个月，日利率是 0.8%，请问 8 个月后，该学生该还多少钱？请编程实现之（假设每月为 30 天）。

任务3-2　求每个小组学生成绩的总分及平均分

 任务提出及实现

1. 任务提出

某班进行了一次考试，现要输入全班 4 个小组（假设每个小组 10 人）的学生成绩，计算每小组的总分与平均分，并按要求输出。

分析：在任务 3-1 中，所解决的问题是一个小组学生成绩的总分及平均分。若现在一个班中有 4 个小组，现求每个小组的学生成绩的总分及平均分。也就是将任务 3-1 重复进行 4 次，显然写 4 段程序是不科学的，科学的方法是再嵌套一个循环。

2. 具体实现

```c
#include "stdio.h"
main()
{
    int score,i,sum;
    float avg;
    int j=1;
    while(j<=4)
    {
        sum=0;
        i=1;
        printf("请输入第 %d 小组学生成绩:",j);
        while(i<=10)
        {
            scanf("%d",&score);
            sum=sum+score;
            i=i+1;                              // 本小组学生数增加 1
        }
        avg=sum/10.0;
```

```
        printf(" 本小组 10 个学生的总分为：%d\n",sum);
        printf(" 本小组 10 个学生的平均分为：%.2f\n",avg);
        j++;                                                    // 下一个小组
        }
}
```

某班 4 个小组中每个小组总分及平均分程序运行结果如图 3-25 所示（分数任意输入）。

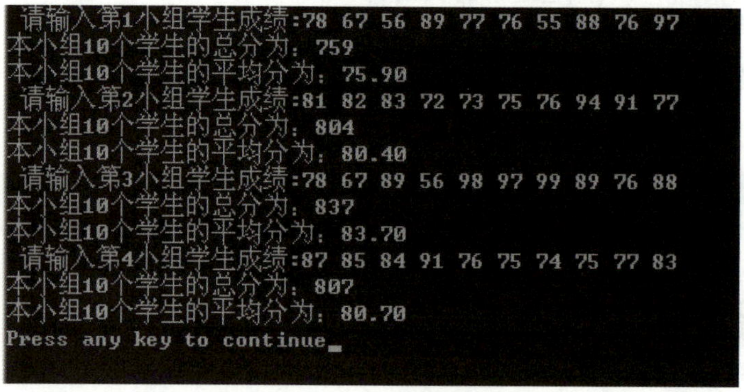

```
    请输入第1小组学生成绩:78 67 56 89 77 76 55 88 76 97
本小组10个学生的总分为：759
本小组10个学生的平均分为：75.90
    请输入第2小组学生成绩:81 82 83 72 73 75 76 94 91 77
本小组10个学生的总分为：804
本小组10个学生的平均分为：80.40
    请输入第3小组学生成绩:78 67 89 56 98 97 99 89 76 88
本小组10个学生的总分为：837
本小组10个学生的平均分为：83.70
    请输入第4小组学生成绩:87 85 84 91 76 75 74 75 77 83
本小组10个学生的总分为：807
本小组10个学生的平均分为：80.70
Press any key to continue_
```

图3-25　某班4个小组中每个小组总分及平均分程序运行结果

一个循环体内包含另一个完整的循环体，称为循环的嵌套。与 if 的嵌套相同，内嵌的循环中还可以嵌套循环，这就是多层循环。内层的优先级比外层高，只有内层的循环执行完才能执行外层的，循环嵌套的要领对各种语言都适用。

while 循环、do…while 循环、for 循环这三种循环可以互相嵌套。

相关知识

1. 常见的循环嵌套

（1）while 循环嵌套 while 循环

```
while ()
  { …
    while ()
      {…}
  }
```

（2）do…while 循环嵌套 do…while 循环

```
  do
  { …
    do
      {…} while ();
  } while ();
```

（3）for 循环嵌套 for 循环

```
  for (; ; )
    { …
```

```
        for（ ； ； ）
            {…}
    }
```

（4）while 循环嵌套 do … while 循环

```
while（）
{…
    do
    {…} while（）；
…}
```

（5）for 循环嵌套 while 循环

```
    for（； ；）
    { …
        while（   ）
            {…}
        …
    }
```

（6）do … while 循环嵌套 for 循环

```
do
{ …
    for（ ； ； ）
        {…}
    …
} while（）；
```

当然，do…while 循环里也可以嵌套 while 循环，for 循环里也可以循环嵌套 do…while 循环。

2. 循环嵌套的运用

（1）本任务用 while 循环嵌套 while 循环的程序流程图如图 3-26 所示。

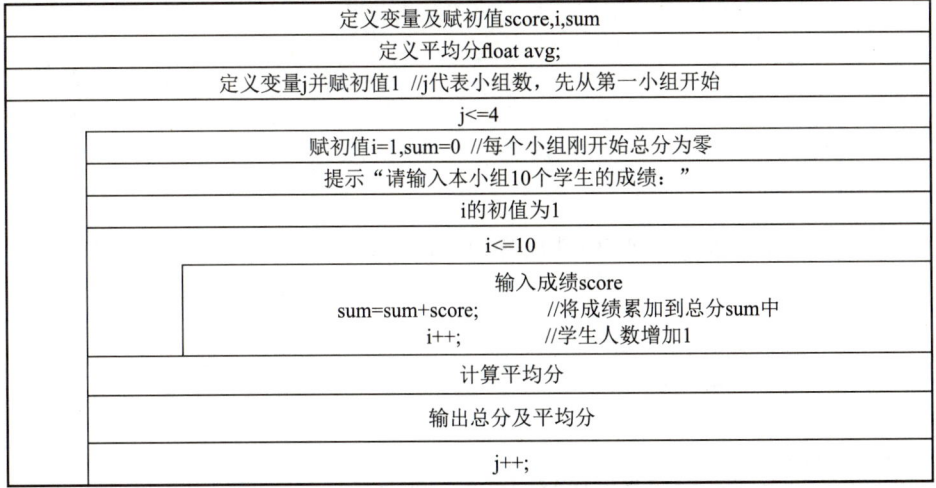

定义变量及赋初值score,i,sum
定义平均分float avg;
定义变量j并赋初值1 //j代表小组数，先从第一小组开始
j<=4
赋初值i=1,sum=0 //每个小组刚开始总分为零
提示"请输入本小组10个学生的成绩："
i的初值为1
i<=10
输入成绩score sum=sum+score;　　　//将成绩累加到总分sum中 i++;　　　//学生人数增加1
计算平均分
输出总分及平均分
j++;

图3-26　while循环嵌套while循环的程序流程图

程序可参见本任务中的具体实现。

（2）本任务用 do…while 循环嵌套 do…while 循环的程序解决：

```c
#include "stdio.h"
main()
{
    int score,i,sum;
    float avg;
    int j=1;
    do
    {
        sum=0;
        i=1;
        printf(" 请输入第 %d 小组学生成绩:",j);
        do
        {
            scanf("%d",&score);
            sum=sum+score;
            i=i+1;                                      // 本小组学生数增加1
        } while(i<=10);
        avg=sum/10.0;
        printf(" 本小组 10 个学生的总分为：%d\n",sum);
        printf(" 本小组 10 个学生的平均分为：%.2f\n",avg);
        j++;                                            // 下一个小组
    } while(j<=4);
}
```

程序运行结果见本任务中的程序运行结果。

（3）本任务用 for 循环嵌套 for 循环实现：

```c
#include "stdio.h"
main()
{
    int score,i,sum;
    float avg;
    int j=1;
    for(;j<=4;j++)
    {
        sum=0;
        printf(" 请输入第 %d 小组学生成绩:",j);
        for(i=1;i<=10;i++)
        {
            scanf("%d",&score);
            sum=sum+score;
        }
        avg=sum/10.0;
        printf(" 本小组 10 个学生的总分为：%d\n",sum);
```

```
        printf(" 本小组 10 个学生的平均分为：%.2f\n",avg);
    }
}
```

（4）本任务用 while 循环嵌套 do…while 循环实现：

```
#include "stdio.h"
main()
{
    int score,i,sum;
    float avg;
    int j=1;
    while(j<=4)
    {
        sum=0;
        printf(" 请输入第 %d 小组学生成绩：",j);
        i=1;
        do
        {
            scanf("%d",&score);
            sum=sum+score;
            i++;
        }while(i<=10);
        avg=sum/10.0;
        printf(" 本小组 10 个学生的总分为：%d\n",sum);
        printf(" 本小组 10 个学生的平均分为：%.2f\n",avg);
        j++;}
}
```

思考：

用 for 循环嵌套 while 循环、do…while 循环嵌套 for 循环编程来解决任务 3-2。

3. 循环嵌套的实例

【例 3-27】用双循环实现例 3-10 中的百元钱买百鸡。

分析：假设公鸡买 x 只，母鸡买 y 只，小鸡买 z 只，则：

（1）y 可以是 1、2、3、…、33 的一个值。

（2）x 可以是 1、2、3、…、50 的一个值。

（3）然后由 y 和 x，显然可解得 z=100-x-y。

（4）如果所花的钱刚好是 100 元，则输出 x，y，z。具体参考程序如下：

```
#include <stdio.h>
main()
{
    int x,y,z;
    for(x=1;x<=50;x++)
    for(y=1;y<=33;y++)
    {
```

```
    z=100-x-y;
    if(2*x+3*y+0.5*z==100)printf("公鸡数为%d,母鸡数为%d,小鸡数为%d\n",x,y,z);
  }
}
```

【例3-28】显示如下的下三角九九乘法表。

```
1
2  4
3  6  9
4  8  12  16
5  10  15  20  25
6  12  18  24  30  36
7  14  21  28  35  42  49
8  16  24  32  40  48  56  64
9  18  27  36  45  54  63  72  81
```

分析：该乘法表要列出1×1，2×1，2×2，3×1，3×2，3×3，…，9×9的值，乘数的范围是1~9，针对每一个乘数，被乘数的范围是1到它本身，因此可以用两重循环解决问题。按乘数组织外层循环，i表示从1~9；按被乘数组织内层循环，j表示从1~i，从而确定每一行输出的内容。

参考程序如下：

```
#include <stdio.h>
main()
{
    int i,j;
    for(i=1;i<=9;i++)
    {for(j=1;j<=i;j++)
    {
        printf("%-5d",i*j);
    }
     printf("\n");
    }
}
```

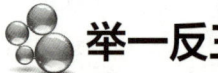 **举一反三**

本任务着重介绍了循环嵌套的格式及用法，下面通过实例来巩固前面所学的知识。

【例3-29】显示如下所示的图形。

```
        *
       ***
      *****
     *******
    *********
```

分析：题目要求的三角形由5行组成，因此程序中循环结构的循环次数应为5次，每一次输出一行。而"输出一行"又进一步分为三项工作。

①输出若干个空格。

②输出若干个星号。

③回车换行，为新一行的输出做准备。

现在的问题是，如何确定每一行应输出的空格数和字符"*"的数目，以便分别通过循环来输出这两种字符，表3-2列举了每一行应输出的这两种字符的数目。

表3-2　列举每一行应输出的字符的数目

行　　号	应输出的空格	应输出的"*"的个数
1	5	1
2	4	3
3	3	5
4	2	7
5	1	9
i	6-i	2*i-1

表中最后一项是通项公式，它是对表中所列数据变化规律的总结。程序可利用这些公式组织循环。程序如下：

```c
#include <stdio.h>
main()
{
   int i,j;
   for(i=1;i<=5;i++)                      // 一共输出 5 行
   {
      for(j=1;j<=6-i;j++)
         printf(" ");                      // 输出空格数
      for(j=1;j<=2 * i-1;j++)
         printf(" * ");                    // 输出 " * " 的数目
      printf("\n");                        // 换行
   }
}
```

【例3-30】a、b、c 为区间 [1,100] 的整数，统计使等式 c/(a*a+b*b)=1 成立的所有解的个数（若 a=1、b=3、c=10 是 1 个解，则 a=3、b=1、c=10 也是 1 个解）。

```c
#include <stdio.h>
void main()
{
   int n=0,a,b,c;
   for(a=1;a<=100;a++)
      for(b=1;b<=100;b++)
         for(c=1;c<=100;c++)
            if((a*a+b*b)==c)    n+=1;      // 注意不要写成 c/(a*a+b*b)==1
      printf("%d",n);
}
```

运行结果为69。

【例3-31】有 1～4 共 4 个数字,能组成多少个互不相同且无重复数字的三位数,各是多少?

分析:百位、十位、个位的数字都是 1、2、3、4,组成所有的排列后再去掉不满足条件的排列。

参考程序如下:

```c
#include "stdio.h"
main()
{
    int i,j,k,n=0;
    printf("\n");
    for(i=1;i<5;i++)                          /* 以下为三重循环 */
        for(j=1;j<5;j++)
            for (k=1;k<5;k++)
            {
                if (i!=k&&i!=j&&j!=k)         /* 确保 i、j、k 三位互不相同 */
                {printf("%d,%d,%d\n",i,j,k);n++;}
            }
    printf("n=%d\n",n);}
```

实践训练

经过前面的学习,想必大家已熟知循环嵌套的用法。下面请各位自己动手,对以下内容进行独立思考和操作。

☆ 初级训练

1. 小明所在的部门一共分 4 个小组,每个小组都是 8 人,输入每个小组员工的工资,求每个小组员工的平均工资。

分析:内循环为输入每个小组员工的工资并进行累加,求平均值;外循环是将内循环重复 4 次,需要注意的是在计算每个小组时,起初的累加工资都是 0。

2. 编程:求 1+2!+3!+…+10! 的和,要求用双循环的方法解决。

分析:外循环表示 n 为 1～10,内循环是对每个 n 求 n!。

```c
t=1;
for(j=1;j<=n;j++)
    t=t*j;
```

程序中 t 的值即为 n!。

3. 编程:用循环输出下面的图形。

```
*********
*********
*********
*********
*********
*********
```

分析：内循环控制每行输出星号的个数，外循环控制输出星号的行数。

```
for(i=1;i<=10;i++)
    printf(" * ");
printf("\n");
```

表示输出一行星号（星号个数为 10 个）后换行。若要重复输出这样的星号行数，那么嵌套一个循环即可。

4．编程：用循环输出下面的图形。

```
          *
         ***
        *****
       *******
      *********
     ***********
```

分析：与上题相比，每行输出星号的个数有了变化，而且跟行数有关，所以可以考虑将第 3 题中的内循环 i 的值改为变量即可。

```
for(i=1;i<=2*j-1;i++)                //j 的值可以从 1 变化到 6
    printf(" * ");
printf("\n");
```

5．编程：用循环输出下面的图形。

```
          *
        ****
       *******
      *********
     ***********
    **************
```

提示：与第 4 题相比较，其每行星号外面的空格数不一样。

```
for(i=1;i<=10-j;i++)                 //j 的值可以从 1 变化到 6
  printf(" ");                       // 输出空格
for(i=1;i<=2*j-1;i++)                //j 的值可以从 1 变化到 6
  printf("*");                       // 输出每行星号数
printf("\n");                        // 换行
```

然后再嵌套一个循环，即：外循环用于控制行数，内循环用于控制空格数及星号个数。

6．马克思在《数学手稿》中提出如下问题：有 30 个人（包括男人、女人和小孩）在某家饭店吃饭，共花 50 先令，其中每个男人花 3 先令，每个女人花 2 先令，每个小孩花 1 先令。请编写程序，求出男人、女人、小孩各有多少人。

提示：与百元钱买百鸡相似，设男人有 x 人，女人有 y 人，小孩有 z 人，显然 x 的值的变化范围是 1 ～ 16，y 的变化范围是 1 ～ 25，z=30−x−y，然后满足 3x+2y+z=50 即可。

```
for(x=1;x<=16;x++)
    for(y=1;y<=25;y++)
            {z=30-x-y;
            if(3*x+2*y+z==50 && z>0)printf("%d,%d,%d\n",x,y,z);
```

7．编程：求 3 ~ 100 范围的素数。

提示：第一层循环表示对 3 ~ 100 的数逐个判断是否是素数，在第二层循环中则对数 n 用 2 ~ n-1 逐个去除，若某次可以除尽则跳出该层循环，说明不是素数。如果在所有的数都未除尽的情况下结束循环，则该数为素数。此时有 i>=n，故可经此判断后输出素数，然后转入下一次大循环。

☆ 深入训练

1．小明所在的部门一共分 4 个小组，每个小组人数不等，一般为 8 ~ 10 人，输入每个小组的人数及每个员工的工资，求每个小组员工的平均工资。

提示：内循环：输入每个小组的人数，确定循环次数，对小组的员工的工资进行累加，求平均值；外循环：将内循环重复 4 次。要注意，在计算每个小组的工资总额时，起初的累加工资都是 0。

2．编程：求 1+2!+3!+…+n! 的和，n 从键盘输入，要求用双循环的方法解决。

提示：与初级训练中的第 2 题不同的是，这里的 n 是从键盘中输入的。

3．编程：用循环输出下面的图形。

```
*************
***********
*********
*******
*****
***
*
```

4．编程：用循环输出下面的图形。

```
**********
********
*******
*****
***
*
```

5．编程：用循环打印出如下图案。

```
*
***
*****
*******
*********
**********
```

```
*********
*******
*****
***
*
```

提示： 先把图形分成两部分来看待，前 6 行满足一个规律，后 5 行满足一个规律。利用双重 for 循环，第一层控制行，第二层控制列。

6．编程完成如图 3-27 所示的乘法九九口诀表。

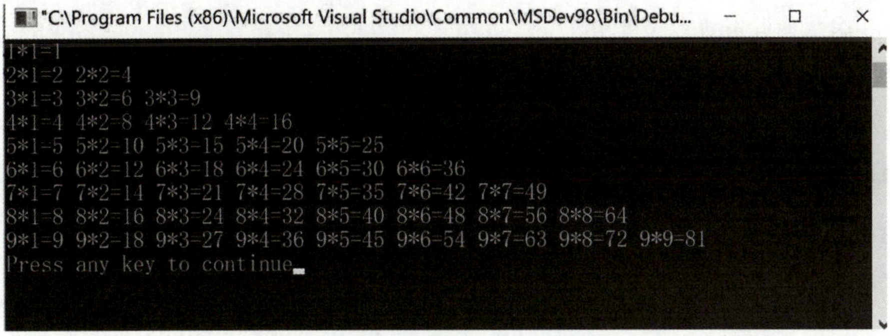

图3-27　乘法九九口诀表

7．编程：输出 3 ～ 100 的素数，要求每行输出 5 个数。

提示： 求出的数是素数后，用计数器 n 累加个数，当 n 是 5 的倍数时，则进行换行。

8．100 匹马驮 100 担货，一匹大马驮 3 担，一匹中马驮 2 担，两匹小马驮 1 担，求大、中、小马的数目。

综合练习三

一、选择题

1. 若 i,j 已被定义为 int 类型变量，则以下程序中内循环体总的执行次数是（　　）。

```
for(i=5;i;i--)
    for(j=0j<4;j++){....}
```

A. 20　　　B. 25　　　　C. 24　　　　D. 30

2. 有如下程序

```
#include "stdio.h"
main()
{
int i,sum;
for(i=1;i<=3;sum++)
    sum+=i;
printf("%d\n",sum);
}
```

该程序的运行结果是（　　）。

A. 6　　　　　B. 3　　　　C. 死循环　　　　　D. 0

3. 有如下程序

```
#include "stdio.h"
main()
{
int x=23;
do
{  printf("%d ",x--);}
while(!x);
}
```

该程序的运行结果是（   ）。

A. 321   B. 23   C. 不输出任何内容   D. 死循环

4. 有如下程序

```
#include "stdio.h"
main()
{
int n=9;
while(n>6)
{   n--;
    printf("%d",n);}
}
```

该程序的运行结果是（   ）。

A. 987   B. 876   C. 8765   D. 9876

5. 有以下程序：

```
#include "stdio.h"
main()
{char k;
int i;
for(i=1;i<3;i++)
    {scanf("%c",&k);
    switch(k)
        {  case '0':printf("another\n");
           case '1':printf("number\n");
          }
        }
}
```

程序运行时，从键盘输入：01< 回车 >，程序的运行结果是（   ）。

A. another   B. another   C. another   D. number

6. 有以下程序：

```
#include "stdio.h"
main()
{int x=0,y=5,z=3;
```

```
while(z-->0&&++x<5)y=y-1;
printf("%d,%d,%d\n",x,y,z);
}
```

程序运行结果是（　　）。

A. 3，2，0　　　B. 3，2，-1　　　C. 4，3，-1　　　D. 5，-2，-5

7. 有以下程序：

```
#include "stdio.h"
main()
{int i,n=0;
  for(i=2;i<5;i++)
     {do
      {if(i%3)continue;
     n++;
 }while(!i);
n++;
}
printf("n=%d\n",n);
}
```

程序运行结果是（　　）。

A. n=5　　　　B. n=2　　　　C. n=3　　　　D. n=4

二、填空改错题

1. 阅读程序，写出程序运行结果是（　　）。

```
#include "stdio.h"
main()
{int i,j;
for (j=4;j>=2;j--)
    switch(j)
        {case 0:printf("%4s","ABC");
         case 1:printf("%4s","DEF");
         case 2:printf("%4s","GHI");
         case 3:printf("%4s","JKL");
         default:printf("%4s","MNO");
    }
printf("\n");
}
```

2. 求 1 到 100 的偶数的和。补充代码。

```
#include "stdio.h"
main()
{
  int j,s;

  _____

  _____
```

```
    s=s+j;
    printf("1到100的偶数的和为%d",s);
}
```

3．输入两个整数，输出它们的最大公倍数。补充代码。

```
#include "stdio.h"
main()
{
    int a,b,t;
    printf("请输入两个整数a,b");
    scanf("%d,%d",&a,&b);
    for(t=a;    ;t++)
        if(_____)
            break;
    printf("%d和%d的最大公倍数是%d",a,b,t)
}
```

4．改错题。程序功能：求s=1+2+3+…+m，m的值要求是由键盘输入的。

```
#include "stdio.h"
main()
{
    int i,s;
    i=1;
    scanf("%d",m);
    while(i<=m)
        s=s+i;
        i++;
    printf("s=%d\n", s);
}
```

5．改错题。程序功能：求s=1+1/2+1/3+1/4+…一直加到最后一项的值小于10^{-6}为止。

```
#include "stdio.h"
main()
{
    int i=1;
    float t,s=0.0;
    do
    {
        t=1/i;
        s=s+t;
        i++;}while(t<1e-6)
        printf("s=%d\n",s);
}
```

6．求1−3+5−7+…−99之和。请补充程序。

```
main()
{
  float k,s=0,t=1;
  for(k=1;k<=99;k=k+2)
  {
        _____
        _____
  }
  printf("1-3+5-7+…-99 的和为%f", s);
}
```

7.输出下列图形：

```
123456789
12345678
1234567
123456
12345
1234
123
12
1
#include "stdio.h"
main()
{int i,j;
for( _____ )
      {for ( _____ )
            printf("%d",j);
      printf("\n");
        }
}
```

8.有以下程序

```
#include "stdio.h"
main()
{int t=1,i=5;
  for(;i>=0;i--)t*=i;
  printf("%d\n",t);
}
```

运行后输出结果是（　　）。

三、编程题

1．程序功能：对 x=1，2，3，…，10，求 f(x)=x*x-5*x+sin(x) 的最小值。

2．编程：若输入 12345，则程序输出 54321；若输入 -3456，则程序输出 -6543。

3．有数列 2/1，3/2，5/3，8/5，13/8，21/13，…，求出数列的前 40 项的和。

4．程序功能：输入 n（0<n<10）后，输出 1 个数字金字塔。如输入 n 为 4,则输出如下所示：

```
          1
         222
        33333
       4444444
```

5．面向小学 1～2 年级学生，随机选择两个整数和加减法符号形成算式要求学生解答。功能要求：

（1）计算机随机出 10 道题，每题 10 分，程序结束时显示学生得分。

（2）确保算式没有超出 1～2 年级的水平，只允许进行 50 以内的加减法，两数之和或之差不允许超出 0～50 的范围，负数更是不允许的。

（3）每道题学生有三次机会输入答案，当学生输入错误答案时，提醒学生重新输入，三次机会结束后输出正确答案。

（4）对于每道题，学生第一次输入正确答案得 10 分，第二次输入正确答案得 7 分，第三次输入正确答案得 5 分，否则不得分。

（5）总成绩 90 分及以上显示"SMART"，80～89 分显示"GOOD"，70～79 分显示"OK"，60～69 分显示"PASS"，59 分以下"TRY AGAIN"。

多个学生成绩的排序

知识目标

1. 掌握一维数组的定义、初始化及引用。
2. 掌握二维数组的定义、初始化及引用
3. 掌握字符数组定义、初始化及引用。
4. 掌握字符串存储方法、常用字符串函数的格式及含义。

技能目标

1. 会数组的应用，数组元素的引用。
2. 会常用字符串处理函数的使用。
3. 具有数组编写实用小程序的能力。

课程思政

1. 通过数组的定义，即具有相同的数据类型数的集合，告诫学生物以类聚、人以群分，近朱者赤、近墨者黑，交友一定要慎重，交友能在很大程度上影响一个人的发展轨迹。

2. 数组就像是我们工作和学习的团队，数组中的每个元素就像是团队中的一个成员，数组中的元素团结一致，就能发挥出超常的能力，所以团结协作是非常重要的，团结合作可以增强团队的凝聚力，提升团队的合力。

3. 将杨辉三角形与白居易的《一七令·诗》相结合，让学生通过编程体会数学与文学的相映成趣，体会五千年文明历史古国的文化积淀。

项目要求

某班有 40 个同学参加了期终考试（考了三门课），现要按成绩的高低输出成绩单。

程序的运行要求：成绩任意输入，为了方便，假设只有 5 个同学，程序运行结果如图 4-1 所示。

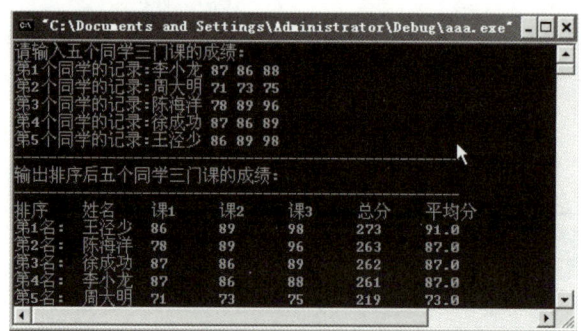

图4-1　程序运行结果

说明：分数可以任意输入。

项目分析

从项目要求中可以看出，首先，需要输入 40 个同学的姓名及三门课的成绩；然后，求出每个同学的总分及平均分；再次，要求对成绩的总分按高低进行排序，并将排序结果输出。从先简单后复杂的原则出发，将这一项目分成 4 个任务介绍，任务 4-1 是多个学生一门课成绩的输入 / 输出；任务 4-2 是多个学生一门课成绩的排序；任务 4-3 是学生姓名的输入 / 输出；任务 4-4 是多个学生多门课成绩的排序。

任务4-1　多个学生一门课成绩的输入/输出

 **任务提出及实现**

1．任务提出

某班的 40 个同学都参加了数学考试，现要输入全班同学的成绩，并按逆序输出。

分析：全班一共有 40 个同学，显然定义 40 个简单变量 x1，x2，…，x40，然后输出，这样的设计是不科学的。因为要求的是逆序输出，因而要求输入的每个同学的成绩都必须加以保存。那么如何解决这个问题呢？仔细分析，不难发现每个同学的成绩都具有相同类型。这样，就须引入一个新的概念，即**数组**。

2．具体实现

```c
#include "stdio.h"
main()
{
    int i,score[40];
    printf(" 请输入本班同学的成绩：");
    for(i=0;i<40;i++)
        scanf("%d",&score[i]);
    printf(" 按逆序输出本班同学的成绩：");
    for(i=39;i>=0;i--)
```

```
        printf("%3d",score[i]);
    }
```

分析此程序，可知要掌握的知识点为：

① 数组的定义。

② 数组的初始化。

③ 数组的引用。

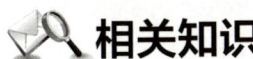 **相关知识**

1. 一维数组的定义

一维数组的定义方式为：

类型说明符 数组名 [常量表达式]

例如：

```
int a[20];
```

它表示数组名为 a，该数组的长度为 20，最多可以存放 20 个元素，每个元素均为 int 类型。

> **说明：**
>
> ① 数组名等同变量名，命名规则也与变量名一样。对于"int x;"，我们称变量 x，对于"int a[20];"我们称数组 a。
>
> ② 数组名后是用方括号括起来的常量表达式，如"int a[3+5];""char c[10];"。
>
> ③ 常量表达式表示数组的长度，数组一经定义，长度就固定不变了。换言之，C 语言不允许对数组的大小做动态定义，所以用方括号括起来的可以是常量表达式、符号常量，但不可以是变量。下面这样的定义是错误的：
>
> ```
> int n=8;
> char a[n];
> ```
>
> ④ 数组的下标从 0 开始。如"int a[20]；"表示定义了 20 个数组元素，分别为 a[0]、a[1]、a[2]、a[3]、…、a[19]。若要引用第 i 个元素，则可以表示成 a[i]。
>
> ⑤ 数组名不能与其他变量名相同，例如以下代码是错误的。
>
> ```
> main()
> {
>     int a;
>     float a[10];
> ……}
> ```

2. 一维数组的引用

数组必须先定义，才能使用。

数组元素的表示方式：**数组名 [下标]**。

下标可以是常量、表达式、变量，例如 a[3]、a[5-3]、a[i]。

【例 4-1】数组元素的使用。输入 10 个数，并将其输出。

例4-1程序流程图如图4-2所示。

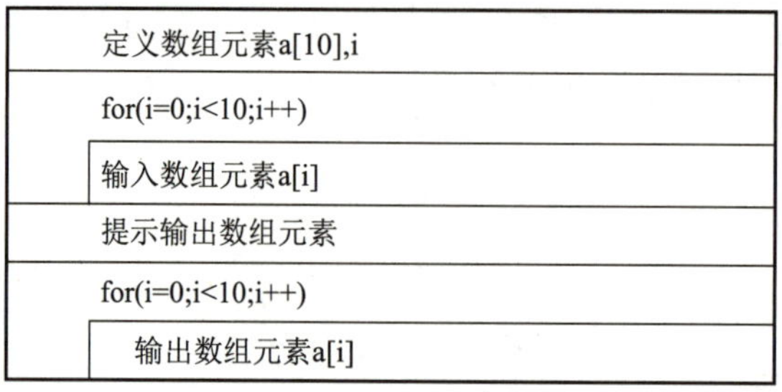

定义数组元素a[10],i
for(i=0;i<10;i++)
输入数组元素a[i]
提示输出数组元素
for(i=0;i<10;i++)
输出数组元素a[i]

图4-2 例4-1程序流程图

```c
#include "stdio.h"
main()
{
    int i,a[10];
    printf("输入数组元素：");
    for(i=0;i<10;i++)
        scanf("%d",&a[i]);
    printf("输出数组元素：");
    for(i=0;i<10;i++)
        printf("%5d",a[i]);
}
```

例4-1程序运行结果如图4-3所示。

```
输入数组元素：1 2 3 4 5 6 7 8 9 10
输出数组元素：  1  2  3  4  5  6  7  8  9  10
```

图4-3 例4-1程序运行结果

如果要求第一个学生的成绩用下标1表示，第二个学生的成绩用下标2表示，…，第十个学生的成绩用下标10表示，则数组应定义为int a[11]。

【例4-2】求学生的总评成绩。现有10个学生，从键盘上输入他们的平时成绩、期终成绩，输出总评成绩，例4-2程序流程图如图4-4所示。其中，总评成绩 = 平时成绩 *40%+ 期终成绩 *60%。

```c
#include "stdio.h"
main()
{
    int i;
    float  a[11],b[11],c[11];
    printf("输入平时成绩：");
    for(i=1;i<=10;i++)
        scanf("%f",&a[i]);
    printf("输入期终成绩：");
    for(i=1;i<=10;i++)
        scanf("%f",&b[i]);
    for(i=1;i<=10;i++)
        c[i]=0.4*a[i]+0.6*b[i];
```

```
    printf(" 输出总评成绩：");
    for(i=1;i<=10;i++)
        printf("%5.1f",c[i]);
    printf("\n");
}
```

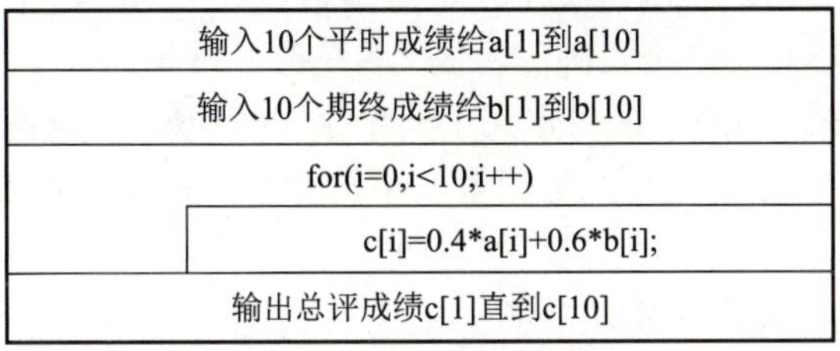

输入10个平时成绩给a[1]到a[10]	
输入10个期终成绩给b[1]到b[10]	
for(i=0;i<10;i++)	
	c[i]=0.4*a[i]+0.6*b[i];
输出总评成绩c[1]直到c[10]	

图4-4 例4-2程序流程图

例 4-2 程序运行结果如图 4-5 所示。

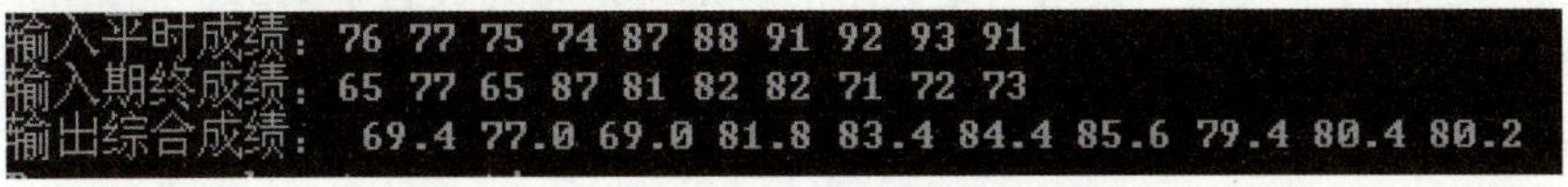

```
输入平时成绩：76 77 75 74 87 88 91 92 93 91
输入期终成绩：65 77 65 87 81 82 82 71 72 73
输出综合成绩：69.4 77.0 69.0 81.8 83.4 84.4 85.6 79.4 80.4 80.2
```

图4-5 例4-2程序运行结果

3. 一维数组的初始化

对数组元素的初始化方法如下。

① 定义数组时，对数组元素赋以初值。例如：

int x[5]={1,2,3,4,5};

② 可以只给一部分元素赋初值。例如：

int x[5]={1,2};

系统自动给指定值的数组元素赋值：x[0]=1，x[1]=2，其他元素值均为 0。

③ 如果一个数组的全部元素值都为 0，可以写成：

int x[5]={0,0,0,0,0}; 或 int x[5]={0};

④ 对全部元素赋初值时，可以不指定长度。

int x[5]={1,2,3,4,5};   // 等价于 int x[ ]={1,2,3,4,5};

⑤ 省略数组的长度。

int x[ ]={1,2,3,4,5,6};   // 系统默认数组 x 的长度为 6。

 举一反三

在本任务中，我们介绍了数组的定义及引用，下面通过例子来巩固前面所学的知识。

【例 4-3】定义并赋初值"int a[4]={5,3,8,9};"，则其中 a[3] 的值为（   ）。

A. 5   B. 3   C. 8   D. 9

分析：定义并赋初值 int a[4]={5,3,8,9}，则说明一共有 4 个数组元素 a[0]、a[1]、a[2]、a[3]，其值分别为 5、3、8、9，所以 a[3]=9。

答案：D。

【例4-4】以下 4 个数组定义中，（　　）是错误的。

A. int a[7];　　　　B. #define N 5　int b[N];　　　　C. char c[5];　　　　D. int n,d[n];

分析：

数组的定义为**类型说明符　数组名 [常量表达式]**，所以

"int a[7]；"是正确的，说明定义了一个整型数组a，一共有7个数组元素。

"#define N 5　int b[N]；"也是正确的，因为N是符号常量。

"char c[5]；"也是正确的，说明定义了一个字符数组c，一共有5个数组元素。

"int n,d[n]；"是错误的，因为n是变量，不符合数组定义的要求。

答案：D。

【例4-5】在数组中，数组名表示（　　）。

A. 数组第 1 个元素的首地址　　　　　　　　B. 数组第 2 个元素的首地址

C. 数组所有元素的首地址　　　　　　　　　D. 数组最后 1 个元素的首地址

分析：在 C 语言中规定，数组名是数组的首地址，就是数组中第一个元素的地址，所以 A 是正确的。

答案：A。

【例4-6】若有以下数组说明，则数值最小和最大的元素下标分别是（　　）。

int a[12] ={1,2,3,4,5,6,7,8,9,10,11,12};

A. 1,12　　　　　　B. 0,11　　　　　　C. 1,11　　　　　D. 0,12

分析：int a[12] ={1,2,3,4,5,6,7,8,9,10,11,12} 是定义了一个整型数组 a，一共有 12 个元素，其下标的范围是 0 ～ 11，即 a[0]、a[1]、…、a[11]，所以 B 是正确的。

答案：B。

【例4-7】若有以下说明，则数值为 4 的表达式是（　　）。

int a[12] ={1,2,3,4,5,6,7,8,9,10,11,12}; char c='a', d, g ;

A. a[g−c]　　　　　B. a[4]　　　　　C. a['d'−'c']　　　　D. a['d'−c]

分析：int a[12] ={1,2,3,4,5,6,7,8,9,10,11,12} 说明一共有 12 个元素 a[0]、a[1]、…、a[11]，其值分别为 1、2、3、4、5、6、7、8、9、10、11、12，即 a[3]=4。

char c='a', d, g 说明定义了字符型变量 c、d、g，其中 c 的值为 'a'，所以 'd'−c 的值为 3，故 a['d'−c] 等同于 a[3]，所以选项 D 是正确的。

答案：D。

【例4-8】若有说明：int a[10]，则对 a 数组元素的正确引用是（　　）。

A.a[10]　　　　　　B.a[3.5]　　　　　C.a（5）　　　　　D.a[10−10]

分析：int a[10]，则说明下标是 0 ～ 9，所以 a[10] 下标超界。a[3.5] 中的 3.5 不是整型数。a（5）中的圆括号不符合 C 语言中的要求。a[10−10] 等同于 a[0]，是符合要求的。

答案：D。

【例4-9】以下程序运行后的输出结果是 ＿＿＿＿ 。

```
#include "stdio.h"
main()
{
    int p[7]={11,13,14,15,16,17,18};
```

```
  int i=0,j=0;
  while(i<7 && p[i]%2==1 )j+=p[i++];
    printf("%d\n",j);
}
```

分析：int p[7]={11,13,14,15,16,17,18} 定义了一个整型数组 p，共有 7 个元素 p[0]、p[1]、…、p[6]，其值分别是 11、13、14、15、16、17、18。

while(i<7 && p[i]%2==1) 表示循环的条件是 i<7 并且 p[i] 除以 2 的余数为 1；表达式 j+=p[i++] 等同于 j=j+p[i]; i++。第一次循环 i=0，p[0]=11 满足条件，所以 j=11；第二次循环，i=1，p[1]=13 满足条件，所以 j=24；第三次循环，i=2，p[2]=14，条件不满足，所以退出循环，故 j 的值为 24。

所以程序运行后的输出结果为 24。

【例 4-10】以下程序运行后的输出结果是 ＿＿＿ 。

```
#include "stdio.h"
main()
{
  int i,n[]={0,0,0,0,0};
  for(i=1;i<=4;i++)
  {
  n[i]=n[i-1]*2+1;
  printf("%d ",n[i]);
  }
}
```

分析："int i,n[]={0,0,0,0,0};" 表示定义了一个整型数组 n，共有 5 个元素 n[0]、n[1]、n[2]、n[3]、n[4]，其初值都为 0。

```
for(i=1;i<=4;i++)
{ n[i]=n[i-1]*2+1;
  printf("%d ",n[i]);}
```

表示一共执行 4 次循环，第一次循环 i=1，n[1]=n[0]*2+1，即 n[1]=1；

第二次循环 i=2，n[2]=n[1]*2+1，即 n[2]=3；

第三次循环 i=3，n[3]=n[2]*2+1，即 n[3]=7；

第四次循环 i=4，n[4]=n[3]*2+1，即 n[4]=15。

所以程序运行的结果是 1 3 7 15。

【例 4-11】输入 10 个数并存入一维数组，然后再按逆序重新存放后输出。

分析：定义一个一维数组 int a[10]，用一个循环将 10 个数输入。然后 a[0] 与 a[9] 交换，a[1] 与 a[8]，a[2] 与 a[7]，a[3] 与 a[6]，a[4] 与 a[5]，即 a[i] 与 a[9-i] 交换（i=0 到 (10-1)/2），最后输出 a[0] 至 a[9] 即可。

程序如下：

```
#include "stdio.h"
#define N 10
main()
```

```
{
    int a[N],i,t;
    printf(" 输入 %d 个数 \n",N);
    for(i=0;i<N;i++)
        scanf("%d",&a[i]);
    for(i=0;i<=(N-1)/2;i++)
    {
        t=a[i];a[i]=a[N-1-i];a[N-1-i]=t;
    }    // 交换
    printf(" 输出逆序数 \n");
    for(i=0;i<N;i++)
        printf("%3d",a[i]);
    printf("\n");
}
```

例 4-11 程序运行结果如图 4-6 所示。

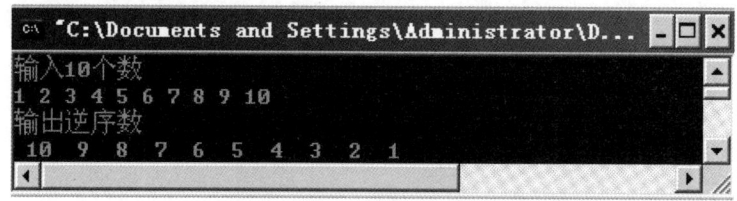

图4-6　例4-11程序运行结果

【例 4-12】用数组的方法，完成加减运算的训练。要求每次出 10 题，随机进行加减运算。

分析：因为要出的 10 道题中，每道题需要用到两个数，所以要定义一个具有 20 个元素的数组，习惯上序号为 1 ~ 20，所以，定义一个数组 a[21] 存放随机产生的 20 个元素，b[11] 用于存放答案。

（1）随机产生的 20 个数放在 a[1] ~ a[20] 中。

（2）随机产生一个由 1、2 两数组成的运算符 ysf。

（3）若 ysf=1，则运行加法运算，若 ysf=2，则运行减法运算（在运行减法运算以前，要判断第一个数是否小于第二个数，若小于则要交换，否则相减的值会是负数）。

```
#include<stdio.h>
#include<stdlib.h>              /* 用到了产生随机数的库函数 rand()，所以要包含 stdlib.h*/
#include <time.h>               /* 用到了产生随机种子 time()，所以要包含 time.h*/
main()
{   int a[21]={0};             /* 存放产生的随机数，认为是计算机出的数 */
    int b[11];                 /* 存放从键盘输入的数，即运算结果 */
    int ysf;                   // 运算符
    int i, t;                  //i 为控制运算的次数，t 为随机产生的第一个数小于第二个
                                 数的交换
    srand((unsigned)time( 0 ) );        /* 产生随机种子 */
    for(i=1;i<=20;i++)
        {   a[i]=rand( );                   /* 产生随机数 */
            a[i]=a[i]%10;                   /* 让产生的随机数变成 10 以内的数 */
```

```
}
for(i=1;i<=10;i++)
{   ysf=rand()%2+1;                          //ysf 的值为 1,2 分别代表加、减
printf("%d. ",i);                           // 题号
if(ysf==1)                                   // 做加法
{printf("%d+%d=",a[i],a[i+1]);               // 题目
    scanf("%d",&b[i]);                       // 输入答案
    if(a[i]+a[i+1]==b[i])
        printf(" 正确 \n");
    else
        printf(" 错误 \n");
    }
 if(ysf==2)                                  // 做减法
 {if(a[i]<a[i+1])
 {t=a[i];a[i]=a[i+1];a[i+1]=t;}              // 减法时，第一个数小于第二个数，则交换
   printf("%d-%d=",a[i],a[i+1]);             // 题目
   scanf("%d",&b[i]);                        // 输入答案
   if(a[i]-a[i+1]==b[i])
        printf(" 正确 \n");
   else
        printf(" 错误 \n");
   }
  }
}
```

例 4-12 程序运行结果如图 4-7 所示。

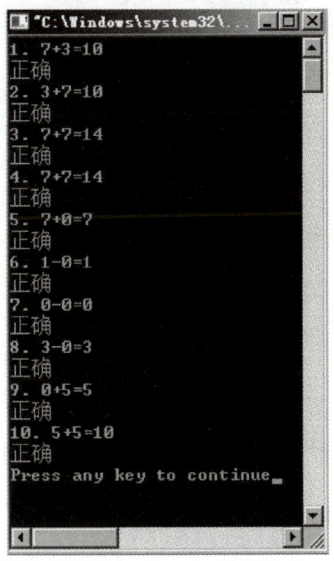

图4-7　例4-12程序运行结果

若希望给出训练后的成绩，则需要进行计分统计，每算对一道题，加 10 分，请注意如下程序中加粗的地方。

```
#include<stdio.h>
#include<stdlib.h>                          /* 用到了产生随机数的库函数 rand()，
                                               所以要包含 stdlib.h*/
#include <time.h>                           /* 用到了产生随机种子 time()，所以要
                                               包含 time.h*/
main()
{ int a[21]={0};                            /* 存放产生的随机数，认为是计算机出的
                                               数 */
  int b[11];                                /* 存放从键盘输入的数，即运算结果 */
  int ysf;                                  // 运算符
  int i, t;                                 //i 为控制运算的次数，t 用于随机产生的
                                               第一个数小于第二个数的交换
  int fs=0;                                 // 训练成绩
  srand((unsigned)time( 0 ) );              /* 产生随机种子 */
  for(i=1;i<=20;i++)
    { a[i]=rand( );                         /* 产生随机数 */
      a[i]=a[i]%10;                         /* 让产生的随机数变成 10 以内的数 */
    }
  for(i=1;i<=10;i++)
  { ysf=rand()%2+1;                         //ysf 的值为 1,2 分别代表加、减
    printf("%d. ",i);                       // 题号
    if(ysf==1)                              // 做加法
        {printf("%d+%d=",a[i],a[i+1]);// 题目
    scanf("%d",&b[i]);                      // 输入答案
    if(a[i]+a[i+1]==b[i])
        {printf(" 正确 \n"); fs=fs+10;}
        else
        {printf(" 错误 \n");fs=fs+0;}
    }
    if(ysf==2)                              // 做减法
   {if(a[i]<a[i+1])
      {t=a[i];a[i]=a[i+1];a[i+1]=t;}        // 减法时，第一个数小于第二个数，则交换
    printf("%d-%d=",a[i],a[i+1]);           // 题目
    scanf("%d",&b[i]);                      // 输入答案
    if(a[i]-a[i+1]==b[i])
        {printf(" 正确 \n");fs=fs+10;}
      else
        {printf(" 错误 \n");fs=fs+0;}
   }
  }
  printf(" 本次训练成绩为 %d 分 \n",fs);
}
```

程序的运行结果如图 4-8 所示。

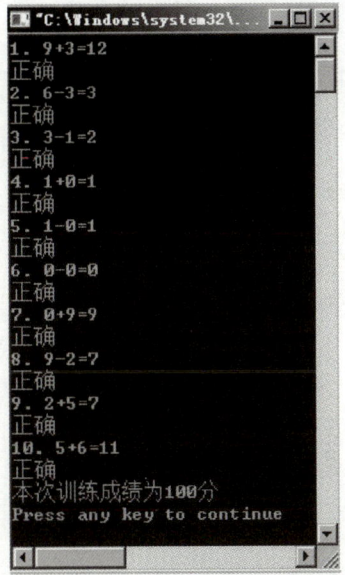

图4-8　程序运行结果

【例4-13】A，B，C，D，E 五个渔夫夜间合伙捕鱼，凌晨都疲惫不堪，各自在草丛中熟睡。第二天清晨 A 先醒来，他把鱼均分五份，把多余的一条鱼扔回湖中，便拿了自己的一份回家了。B 醒来后，也把鱼均分为 5 份，把多余的一条鱼扔回湖中，便拿了自己的一份回家了。C、D、E 也按同样的方法分鱼。问 5 人合伙至少捕到多少条鱼？

分析：定义一个数组 fish[6]（ 多一个数组元素 ），其中 fish[1] ～ fish[5]，分别放 A、B、C、D、E 五个渔夫分鱼时所看到的鱼数量。

```
fish[1] 为 5 人合伙捕鱼的总条数
fish[2]=（fish[1]-1）*4/5
fish[3]=（fish[2]-1）*4/5
fish[4]=（fish[3]-1）*4/5
fish[5]=（fish[4]-1）*4/5
```

写成一般式

```
fish[i]=（fish[i-1]-1）*4/5
i=2,3,4,5
```

这个公式可用于由 A 看到的鱼数去推算 B 看到的，再推算 C 看到的，……

现在则倒过来，先由 E 看到的，再反推 D 看到的，……，直到 A 看到的，为此将上式改写为：

```
fish[i-1]=fish[i]*5/4+1
i=5,4,3,2
```

除此之外，还应满足 fish[i]%5==1。

按题意要求 5 人合伙捕到的最少鱼数，可以从小往大枚举，即可以先让 E 所看到的鱼数从 6 条（因为是将一条鱼扔回到湖中，再平分）开始递推，然后每次增加 5 条，直至递推到 fish[1]，要求 fish[1] 是整数，且除以 5 之后的余数为 1。

```
#include "stdio.h"
main()
{  int fish[6]={1,1,1,1,1,1};              // 整型数组，记录每人醒来时看到的鱼数
   int i;
   do
     {  fish[5]=fish[5]+5;
        for(i=5;i>=0;i--)
          {  if(fish[i]%5==1)
               fish[i-1]=fish[i]*5/4+1;
             else
               break;
          }
     }while(i>=1);
   printf("A,B,C,D,E 所看到的鱼的数量为:\n");
   for(i=1;i<=5;i++)
       printf("%6d ",fish[i]);
   printf("\n");
}
```

例 4-13 程序运行结果如图 4-9 所示。

图4-9　例4-13程序运行结果

 **实践训练**

经过前面的学习，想必大家已熟知一维数组的定义、初始化及简单引用。下面请各位自己动手，对以下的内容进行独立的思考和操作。

☆ 初步训练

1. 补充完整程序：输入 20 个数，将其逆序输出。

```
main()
{
  int a[20],i;
  for(i=0;i<20;i++)                        /* 输入 20 个数 */
  {
      scanf("%d",_____);
   }
  for(i=19;i>=0;i--)                       /* 输出数字 */
  {  printf("&d",_____);
   }
}
```

2．补充完整程序：从键盘上输入数据到数组中，统计其中正数的个数，并计算它们之和。

```
main()
 {
   int i,a[20],sun,count;
   sum=count=0;
   for(i=0;i<20;i++)
       scanf("%d",_____);
   for(i=0;i<20;i++)
   {
       if(a[i]>0)
       {
       count++;
       sum+=_____}
   }
    printf("sum=%d,count=%d\n",sum,count);
 }
```

3．试编程：小明所在的班级举行知识竞赛，有10位学生参赛，请协助老师把参赛学生的成绩打印出来。参赛学生的成绩程序运行结果如图4-10所示（参赛成绩用赋初值的形式给予）。

```
                    参赛学生的成绩单
 91.5  91.7  90.3  92.1  92.5  93.2  90.8  91.8  90.9  93.5
Press any key to continue
```

图4-10　参赛学生的成绩程序运行结果

提示：定义一个一维数组并存放成绩，可在定义数组时进行赋初值，然后用一个循环，逐个输出一维数组的每个元素，即可输出成绩。

4．试编程：将上题中的竞赛成绩改成键盘输入，输出他们的成绩单，并计算出10个学生的平均分。参赛学生成绩单及平均分程序运行结果如图4-11所示（成绩可以任意输入）。

```
请输入参赛学生的成绩
91 92 90 93 94 91 92 93 90 95
                    参赛学生的成绩单
 91.0  92.0  90.0  93.0  94.0  91.0  92.0  93.0  90.0  95.0
他们的平均分是:92.10
Press any key to continue
```

图4-11　参赛学生成绩单及平均分程序运行结果

提示：定义一个一维数组，用一个循环，将一维数组的每个元素从键盘输入，再用一个循环，将一维数组的每个元素相加，求和、求平均分，输出平均分。

5．小张所在的部门有员工10人，输入每个员工的工资，如图4-12所示为员工工资清单程序运行结果。

分析：

① 定义一个一维数组用来存放10个员工的工资。

② 用一个循环输入每个员工的月收入。

③ 用一个循环输出他们的工号（即循环变量 i+1）、应发工资。

```
请输入员工的工资
第1个员工的工资3500
第2个员工的工资4500
第3个员工的工资3700
第4个员工的工资3800
第5个员工的工资4300
第6个员工的工资4200
第7个员工的工资4600
第8个员工的工资6100
第9个员工的工资6300
第10个员工的工资6500
员工的工资单
工号      应发工资
1         3500
2         4500
3         3700
4         3800
5         4300
6         4200
7         4600
8         6100
9         6300
10        6500
Press any key to continue
```

图4-12　员工工资清单程序运行结果

6．试编程：小张所在的部门共有员工 10 个，请协助部门小组长输出本部门的工资单，并计算出部门的平均工资。员工工资清单及平均工资程序运行结果如图 4-13 所示。

```
请输入第1个员工的工资:4500
请输入第2个员工的工资:4700
请输入第3个员工的工资:4300
请输入第4个员工的工资:4800
请输入第5个员工的工资:5100
请输入第6个员工的工资:5300
请输入第7个员工的工资:5200
请输入第8个员工的工资:5500
请输入第9个员工的工资:5700
请输入第10个员工的工资:5100
                        部门员工的工资单
  4500.0  4700.0  4300.0  4800.0  5100.0  5300.0  5200.0  5500.0  5700.0  5100.0

他们的平均工资是:5020.00
Press any key to continue
```

图4-13　员工工资清单及平均工资程序运行结果

提示：

① 定义一个一维数组用来存放 10 个员工的工资，用一个循环输入每个员工的月收入。

② 再用一个循环，将一维数组的每个元素相加，求工资总和，然后再求平均值。

③ 用一个循环，逐个输出一维数组的每个元素，即输出工资，然后输出平均工资。

☆ 深入训练

1．国王自认为很聪明，不相信世界上还有个叫阿基米德的人比他还聪明。有一天，国王与阿基米德下棋，对阿基米德说道："我们两人下棋，如果你赢了我，我就把我的王国都给你；但是你输了就要在全国人民面前夸我比你聪明就行了。"一连几盘，国王总是输。国王不甘心把自己的王国拱手让人，但又怕别人说他不讲信用，左右为难。这时，阿基米德谦卑地说："陛下，我不要你的王国，我希望陛下赏我一些米就行了。只要在棋盘的第一格上放上一粒米，在第二格上加倍放至 2 粒，在第三格上加倍至 4 粒……依此类推，每一格都是前一格的双倍，直到放满整个棋盘为止。这就是我的愿望。"国王一听，很开心，觉得这个愿望太简单了。结果，国王将全国所有的大米都拿来，离放满棋盘还差得很远很远，国王的脸都绿了。试编程计算国王应该付给阿基米德的米量，假设 1 公斤米约有 5 万粒。提示：

（1）定义一个一维数组用来存放 64 格格子中的米粒数。

（2）对第一格格子赋初值。

（3）找出规律，用一个循环计算每个格子可以存放的米粒数。

（4）输出共需要存放的米粒数。

2．用一维数组编写：输入年月日，输出该日是该年的第几天？

提示：

① 定义一个一维数组用于保存一般年份的每月天数。

② 定义年、月、日三个变量。

③ 将输入月份的前几个月天数相加，比如输入 3，将 1、2 月天数累加后赋给一个变量，比如 count。

④ 再加上当月的天数。

⑤ 如果本年为闰年并且月份大于 2（大于 2 很重要），则再加上一天。

⑥ 输出天数。

3．用一维数组编写：小张所在的部门共有员工 12 人，请统计月薪中需要纳税的人数（月工资在 5000 元以上需要纳税）。

提示：

① 定义一个一维数组用来存放 12 个员工的工资，定义一个变量存放需纳税的人数。

② 用一个循环将 12 个员工的月薪存放在定义的一维数组中。

③ 用一个循环判断每个数组的元素值是否超过 5000，若超过，则需纳税的人数累加。

④ 输出需要纳税的人数。

想一想，能否将② 和③ 合并在一个循环中，试编程验证。

任务4-2 多个学生一门课成绩的排序

任务提出及实现

1．任务提出

某班 40 个学生都参加了一次数学考试，现要输入全班学生的成绩，并按学生成绩高低进行排序。

分析：输入 40 个学生的数学成绩，我们在任务 4-1 中已学会，只要定义一个数组 int math[40]，然后用一个循环输入即可；而对学生成绩进行排序，可以看成求最高分。假设 math[0] 为最高分，然后将 math[0] 与 math[i]（i=1,2,…,39）进行比较，如果 math[0]<math[i]，则 math[0] 与 math[i] 交换；然后，再在剩下的分数中求次高分，这样一直循环下去，直到将倒数第二个数找出为止。所以先要解决的是求多个学生的最高分，然后在剩下的分数中找次高分，不断重复，直到剩下的最后一个数是最小数为止。

2．具体实现（为了程序运行方便，假设只有10个学生）

方法1（比较法）

```c
#include "stdio.h"
#define N 10
main()
{
    int i,math[N],t,j;
    printf(" 请输入多个同学的成绩：");
    for(i=0;i< N;i++)
        scanf("%d",&math[i]);
    for(j=0;j< N-1;j++)              // 循环 N-1 次，就可以分离出前 N-1 个数
      for(i=j+1;i< N;i++)           // 分离第 j 个数，则一定与第 j+1 个数至最后一个数比较
          if(math[j]<math[i])
          {
              t=math[j]; math[j]=math[i]; math[i]=t;
          }
    printf(" 多个同学的成绩排序为：");
    for(i=0;i<10;i++)
      printf("%3d", math[i]);
    printf("\n");
}
```

方法2（冒泡法）

```c
#include "stdio.h"
#define N 10
main()
{
    int i,math[N],t,j;
    printf(" 请输入多个同学的成绩：");
    for(i=0;i<N;i++)
        scanf("%d",&math[i]);
    for(j=0;j<N-1;j++)
      for(i=0;i<N-1-j;i++)
          if(math[i]<math[i+1])
          {
              t=math[i]; math[i]=math[i+1]; math[i+1]=t;
          }
      printf(" 多个同学的成绩排序为：");
      for(i=0;i<10;i++)
          printf("%3d", math[i]);
    printf("\n");
}
```

 **相关知识**

1．求最高分

【例4-14】求本班同学的最高分，并将它与第一个数互换。

分析：第一步输入10个成绩给math[0]～math[9]（为了程序运行方便，假设只有10个同学），第二步是比较math[0]与math[1]，如果math[0]<math[1]，则math[0]与math[1]两数互相交换。第三步是比较math[0]与math[2]，如果math[0]<math[2]，则math[0]与math[2]两数互相交换。

不断重复，直到math[0]与math[9]比较，如果math[0]<math[9]，则math[0]与math[9]两数互相交换。

经过上述过程后的math[0]就是最高分了。

例4-14程序流程图如图4-14所示。

参考程序如下：

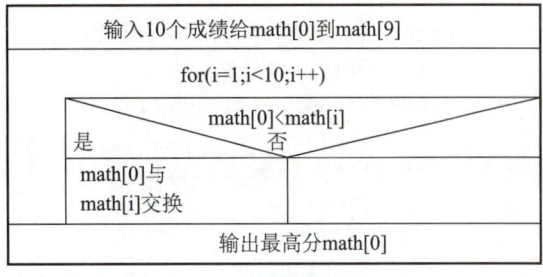

图4-14　例4-14程序流程图

```c
#include "stdio.h"
main()
{
    int i,math[10],t;
    printf(" 请输入本班同学的成绩：");
    for(i=0;i<10;i++)
      scanf("%d",&math[i]);
    for(i=1;i<10;i++)
      if(math[0]<math[i])
      {
          t=math[0]; math[0]=math[i]; math[i]=t;
      }
    printf(" 本班同学的最高分：");
    printf("%d\n", math[0]);
}
```

例4-14程序运行结果如图4-15所示（假设只有10个学生）。

请输入本班同学的成绩：76 77 67 88 91 72 83 82 83 81
本班同学的最高分：91

图4-15　例4-14程序运行结果

2．排序

【例4-15】多个学生一门成绩的排序（比较法）。

分析：例4-14已求出了多个学生成绩的最高分，显然，在剩下的数中执行程序即可，则可以求出次高分。

```
for(i=2;i<10;i++)
    if(math[1]<math[i])
            {t=math[1]; math[1]=math[i]; math[i]=t;}
```

若原先有 10 个数，则重复 9 次就可以达到排序的目的，也就是再嵌套一个循环，所以多个学生成绩的排序可写成（这种方法，叫比较法）：

```
#include "stdio.h"
main()
{
    int i,math[10],t,j;
    printf(" 请输入多个同学的成绩：");
    for(i=0;i<10;i++)
      scanf("%d",&math[i]);
    for(j=0;j<9;j++)                  // 循环九次，就可以分离出前九个数
      for(i=j+1;i<10;i++)             // 分离第 j 个数，则一定与第 j+1 个至最后一个数比较
          if(math[j]<math[i])
          {
              t=math[j]; math[j]=math[i]; math[i]=t;
          }
    printf(" 多个同学的成绩排序为：");
    for(i=0;i<10;i++)
      printf("%3d", math[i]);
    printf("\n");}
}
```

例 4-15 程序运行结果如图 4-16 所示。

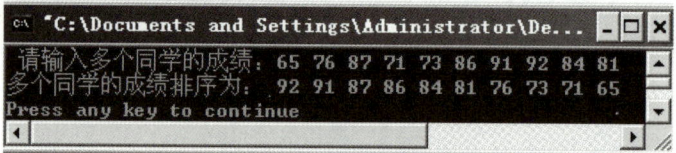

图4-16 例4-15程序运行结果

【例 4-16】多个学生一门成绩的排序（用冒泡法排序）。

分析：冒泡法，顾名思义，像水中冒泡一样，水泡越大，则它浮出水面的速度就越快。

思路：将相邻两个数比较，将小的数调到后头。如对 18，9，1，2，6 按从大到小的顺序排序。

方法为：

① 先将 18，9 比较，因为 18>9，所以 18 与 9 不交换，即数还是 18，9，1，2，6。

② 将 9 与 1 比较，因为 9>1，所以 9 与 1 不交换，即数还是 18，9，1，2，6。

③ 将 1 与 2 比较，因为 1<2，所以 1 与 2 交换，即 18，9，2，1，6。

④ 将 1 与 6 比较，因为 1<6，所以 1 与 6 交换，即 18，9，2，6，1。

经过以上四步，就将最小数 1 沉在最下面了，而完成以上四步的程序可表示成：

```
for(i=0;i<4;i++)
    if(a[i]<a[i+1]){t=a[i];a[i]=a[i+1];a[i+1]=t;}
```

接下来所要做的就是在剩下的 4 个数 18，9，2，6 中挑出次小数，显然只要比较三次，就可以完成。即：

```
for(i=0;i<3;i++)
    if(a[i]<a[i+1]){t=a[i];a[i]=a[i+1];a[i+1]=t;}
```

再接下来就是在剩下的三个数 18，9，6 中挑出小数，显然只要比较两次，就可以完成。即：

```
for(i=0;i<2;i++)
    if(a[i]<a[i+1]){t=a[i];a[i]=a[i+1];a[i+1]=t;}
```

最后，在剩下的两个数 18，9 中挑出较小数就行，显然只要比较一次，就可以完成。即：

```
for(i=0;i<1;i++)
    if(a[i]<a[i+1]){t=a[i];a[i]=a[i+1];a[i+1]=t;}
```

综上所述，也就是再嵌套一个循环，即：

```
for(j=0;j<4;j++)
  for(i=0;i<4-j;i++)
  if(a[i]<a[i+1]){t=a[i];a[i]=a[i+1];a[i+1]=t;}
```

所以，多个学生成绩的排序用冒泡法程序表示成：

```
#include "stdio.h"
main()
{
  int i,math[10],t,j;
  printf(" 请输入多个同学的成绩：");
  for(i=0;i<10;i++)
    scanf("%d",&math[i]);
  for(j=0;j<9;j++)
    for(i=0;i<9-j;i++)
      if(math[i]<math[i+1])
      {
        t=math[i]; math[i]=math[i+1]; math[i+1]=t;
      }
  printf(" 多个同学的成绩排序为：");
  for(i=0;i<10;i++)
    printf("%3d", math[i]);
  printf("\n");
}
```

例 4-16 程序运行结果如图 4-17 所示。

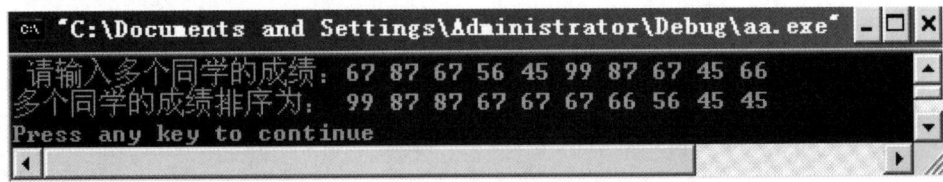

图4-17　例4-16程序运行结果

举一反三

在本任务中，我们进行了一维数组引用的训练，下面通过具体例子来巩固前面所学的知识。

【例4-17】假定一对一雌一雄的兔子，从出生后的第三个月起每月能生一雌一雄的一对小兔子，每对小兔子从出生第3个月开始也能生一雌一雄的一对小兔子。假设兔子是只生不死的，若年初时有一对小兔子，按上面的规律繁殖，并且不发生死亡等意外情况，20个月后将有多少对兔子？

分析：根据题目描述，把不满一个月的兔子称为小兔子，满一个月不满2个月的兔子为中兔子，满3个月以上的为老兔子，这样，每个月的兔子数如表4-1所示。

表4-1

第n个月	小兔子数	中兔子数	老兔子数	兔子总数
1	1	0	0	1
2	0	1	0	1
3	1	0	1	2
4	1	1	1	3
5	2	1	2	5
6	3	2	3	8
7	5	3	5	13
…	…	…	…	…

通过表格中的最后一列可以看出，前两个月的兔子数都是1，而从第3个月开始，其后每个月的兔子数都是上两个月兔子数的和。

这个数列就是著名的斐波那契数列。

分析：因为有20项，所以定义一个数组 int fa[20]，由题意知 fa[0]=1，fa[1]=1，后面的项就可以用一个循环来表示。

程序如下：

```c
main()
{
    int j,k,fa[20];
    fa[0]=1;
    fa[1]=1;
    for(j=2;j<20;j++)
        fa[j]=fa[j-1]+fa[j-2];
    for(j=0;j<20;j++)
        printf("%d,",fa[j]);
}
```

例4-17程序运行结果如图4-18所示。

1,1,2,3,5,8,13,21,34,55,89,144,233,377,610,987,1597,2584,4181,6765,

图4-18 例4-17程序运行结果

【例 4-18】从键盘上输入小明所在大组 20 个同学的成绩，输出他们的平均值及其中与平均值之差的绝对值为最小的那个同学的位置及分数。

分析：

① 定义一个数组 int a[20]，输入 20 个数组元素并将其相加到 s 中，那么平均值就是 avg=s/20。

② 接下来的问题是求最小值。先假设第一个数最接近平均数，即 min=fabs(a[0]−avg)，k=0，然后将 min 与 fabs(a[1]−avg) 相比，若大，则新的 min= fabs(a[1]−avg)；k=1，再将 min 与 fabs(a[2]−avg) 相比，若大，则新的 min= fabs(a[2]−avg)；k=2，不断重复多次，直到与 fabs(a[19]−avg) 比完为止。

③ 输出最小值。

例 4-18 程序流程图如图 4-19 所示。

参考程序如下：

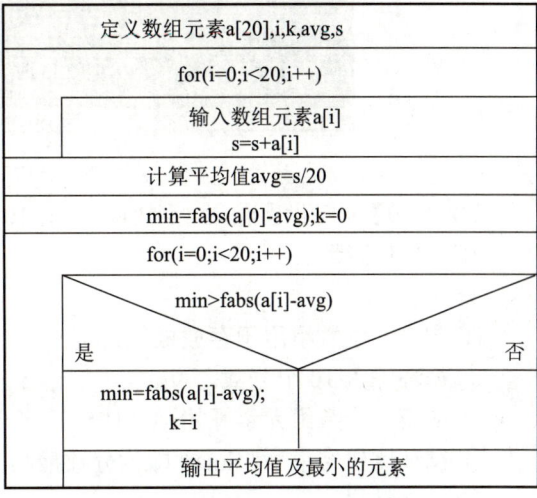

图4-19　例4-18程序流程图

```c
#include "stdio.h"
#include "math.h"
main()
{int i,k,a[20];
 float s=0,avg,min;
 printf(" 请输入 20 个同学的成绩 \n");
 for(i=0;i<20;i++)
   {
     scanf("%d",&a[i]);
     s=s+a[i];
   }
 avg=s/20;
 min=fabs(a[0]-avg);k=0;
 for(i=1;i<20;i++)
   if(min>fabs(a[i]-avg))
   {
     min=fabs(a[i]-avg);
     k=i;
   }
printf(" 平均分为 %5.1f\n",avg);
printf(" 最接近平均分的分值为 a[%d]=%d, 排在第 %d 位,分数相差:%.1f\n",k,a[k],k,min);
}
```

例 4-18 程序运行结果如图 4-20 所示。

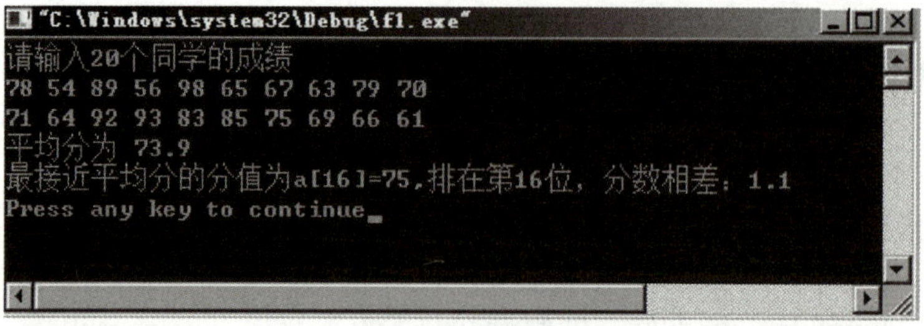

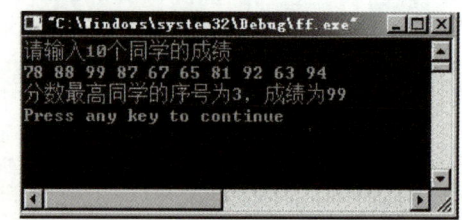

图4-20　例4-18程序运行结果

【例4-19】从键盘上输入小刚所在小组 10 个同学的成绩，求出分数最高的同学的序号（从 1 开始）及其成绩。

分析：

① 定义一维数组用于存放成绩。

② 循环输入 10 个分数。

③ 从第一个数组元素开始逐个比较，将成绩较高者的数组元素的下标存入变量 imax 中。

④ 循环比较结束后，imax 即为分数最高的同学的数组下标，加 1 即为其序号。

⑤ 输出结果。

参考程序如下：

```c
#include <stdio.h>
void main()
{
    int i;
    int a[10];
    int imax=0;
    printf("请输入 10 个同学的成绩 \n");
    for (i=0;i<10;i++)
        scanf("%d",&a[i]);
    for (i=1;i<10;i++)
        if (a[imax]<a[i])imax=i;
    printf("分数最高同学的序号为 %d，成绩为 %d\n",imax+1,a[imax]);
}
```

例 4-19 程序运行结果如图 4-21 所示。

【例4-20】用初始化的方法，把小刚所在的学习小组 10 个学生的数学成绩存储在数组中，再从键盘中输入一个考分，查找该数是否在数组中，如果查到，则输出他是小组第几位学生的成绩，如果查不到则输出相应信息。

图4-21　例4-19程序运行结果

分析：

① 定义并初始化数组 a[10]。

② 变量 k 用于存放从键盘输入的成绩。

③ 将 k 与数组 a 中的每一个元素进行对比，如果相同，则将其下标值加 1 得到他是小组第几个同学的排列，然后，退出循环；如果不同，则再与 a 的下一个元素比较。

参考程序如下：

```c
#include <stdio.h>
void main()
{
    int i;
    int a[10]={78,87,91,65,75,82,74,85,78,70};
    int k;
    printf(" 请输入要查找的考分 ");
    scanf("%d",&k);
    for (i=0;i<10;i++)
    if (k==a[i])
    {
        printf(" 学生在小组中的排列位置是 :%d\n",i+1);
        break;}
    if(i==10)printf(" 对不起，查无此人 \n");}
```

例 4-20 程序运行结果如图 4-22 所示。

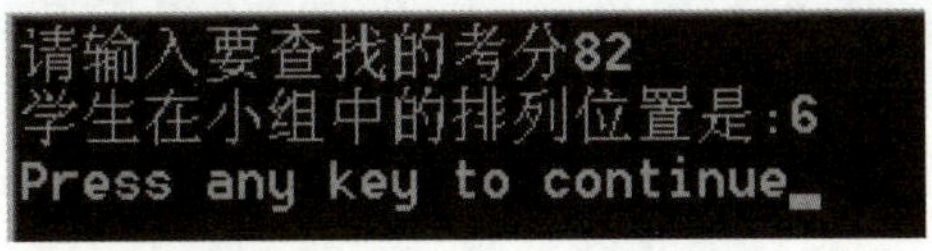

请输入要查找的考分82
学生在小组中的排列位置是:6
Press any key to continue

图4-22　例4-20程序运行结果

 **实践训练**

经过前面的学习，想必大家已熟知一维数组的应用方法。下面，请各位自己对以下的内容进行独立的思考和操作。

☆ 初级训练

1. 写出下列程序的运行结果。

```c
#include <stdio.h>
void main()
{
    int i,j;
    int a[10]={0,1,2,3,4,5,6,7,8,9};        //10 个数组元数，其初值已知
    for (i=1;i<=2;i++)
    {
        for (j=1;j<=5;j++)
            printf("%d\t",a[5*i-j]);
        printf("\n");
    }
}
```

提示：

① 对第一次外循环 i=1，要执行内循环 5 次，每次输出 a[5*1-j]，即输出 a[4]、a[3]、

a[2]、a[1]、a[0] 的值；

② 对第二次外循环 i=2，则要执行内循环 5 次，每次输出 a[5*2–j]，即输出 a[9]、a[8]、a[7]、a[6]、a[5] 的值。

2. 下面程序是对 10 个数按升序进行排序的程序，请补充完整。

```c
#include "stdio.h"
main()
{
    int a[10]={12,23,14,5,6,1,0,10,9,7};
    int i,j,t;
    for(j=0;j<_____;j++)
      for(i=0;i<9-j;i++)
         if(_____)
         {
             t=a[i];a[i]=a[i+1];a[i+1]=t;
         }
      for(i=0;i<10;_____)
          printf("%5d",_____);
}
```

3. 已知数组 a 中的元素按由小到大顺序排列。以下程序的功能是将输入的一个数插入数组 a 中，插入后，数组 a 中的元素仍然由小到大顺序排列。请补充完整程序。

```c
#include <stdio.h>
main()
{
    int a[10]={0,-1,12,96,188,249,800}; // * a[0]为工作单元，从 a[1] 开始存放数据 * /
    int x,i,j=6;                         /* j为元素个数 */
    printf("输入一个数：");
    scanf("%d",&x);
    a[0]=x;
    _____;
    while (_____)
    {
        a[i+1]=a[i];
        _____;
    }
    a[++i]=x;
    j++;
    for(i=1;i<=j;i++)
       printf("%8d",a[i]);
    printf("\n");
}
```

4. 输入 10 个同学的某门课程的成绩，打印出低于平均分的同学的学号与成绩，同学的学号与成绩清单程序运行结果如图 4-23 所示。

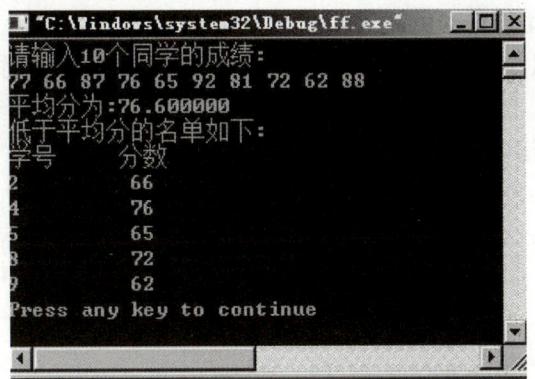

图4-23 同学的学号与成绩清单程序运行结果

提示：

① 定义一个一维数组用来存放 10 个同学的成绩 int a[10]。

② 用一个循环累加数组 a 的值。

③ 求平均分。

④ 用一个循环逐个将平均分与数组 a 中的每一个元素做比较，低于平均分的，则输出学号与成绩。

5. 输入小刚所在部门 10 个员工的工资，打印出低于平均工资的员工的工号和工资。员工工号及工资程序运行结果如图 4-24 所示。

图4-24 员工工号及工资程序运行结果

提示：

① 定义一个一维数组用来存放 10 个员工的工资 float a[10]。

② 用一个循环累加数组 a 的值。

③ 求平均分。

④ 用一个循环逐个将平均分与数组 a 中的每一个元素做比较，低于平均分的，则输出工

号与工资（注意工号数是循环变量加 1）。

6. 编程：把 a 数组中的 5 个数和 b 数组中逆序的 5 个数一一对应相加，结果存在 c 数组中，输出 c 数组的值。例如，a 数组中的值是 1、3、5、7、8，b 数组中的值是 2、3、4、5、8，运行该程序后，c 数组中存放的数据 9、8、9、10、10。

7. 小刚所在班级一门考试结束，用数组统计该门课程小组中 A、B、C、D、E 的人数，90 分以上（含 90 分）为 A，90~80(含 80 分) 为 B，80~70(含 70 分) 为 C，70~60(含 60 分) 为 D，小于 60 分为 E（为了运行方便，假设人数为 10 个）。

提示：

（1）定义一个一维数组用来存放 10 个同学的成绩 int a[10]，另一个一维数组用来存放优（A）、良（B）、中（C）、及格（D）、不及格（E）的人数 b[5]，并赋初值为 0。

（2）将 10 个同学的成绩输入到数组 a 中。

（3）用一个循环将不同分数段的人数加到数组 b 中。

（4）输出数组 b 中的值。

☆ 深入训练

1. 小张所在的部门有员工 10 人，输入每个员工的工资，要求输出员工工资单。程序运行结果如图 4-25 所示（数据可以任意输入）。

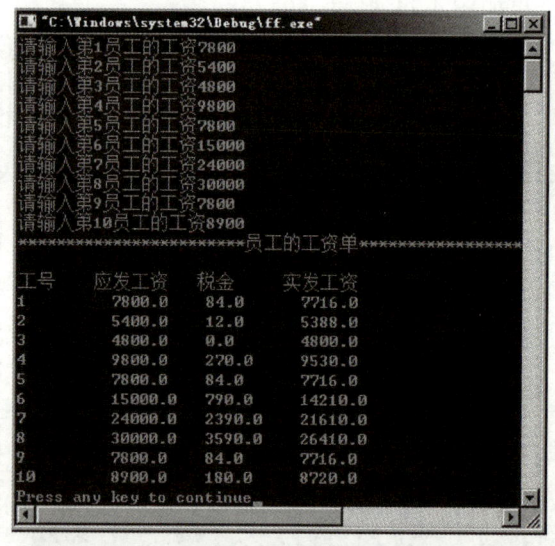

图4-25　员工工资单程序运行结果

假设纳税标准如下：

月工资小于等于5000元，则不纳税。

月工资为5000～8000元时，则超过5000元的需纳税3%。

月工资为8000～17000元时，则超过8000元的需纳税10%，5000～8000元则纳税3%。

月工资17000元以上，则超过17000元的需纳税20%，其余参照上条。

提示：

① 定义一个一维数组用来存放 10 个员工的工资。

② 用一个循环输入每个员工的月收入。

③ 用一个循环计算每个员工应纳的税，输出他们的工号（即循环变量 i+1）、应发工资、税金（应交纳的税）及实发工资（应发工资减去税金就是实发工资）。

2．某同学因事需要进行缓考，缓考过后，教师要把他的成绩插入到已从高到低进行了排序班级成绩单中，试问这个缓考成绩要怎样插入才不影响已经排好序的成绩单？试编程实现。该缓考同学的成绩程序运行结果如图 4-26 所示。

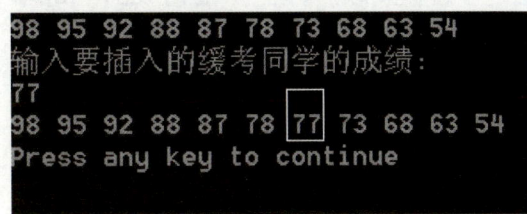

图4-26　该缓考同学的成绩程序运行结果

分析：

① 定义一个一维数组，把成绩单作为初始值，存储在数组中，注意数组元素的个数应大于成绩单个数（因为还需要插入一个同学的成绩）。

② 将输入的缓考成绩存储在变量 insert 中。

③ 用循环语句，进行逐个比较，如找到插入位置的下标 i，则退出循环。

④ 从插入位置 i 起，把以后的数据逐个后移，以备插入数据（注意，后移时，要从最后一个数字开始移）。

⑤ 把成绩 insert 插入到下标为 i 的元素中。

⑥ 输出数组，注意此时数组的个数增 1。

3．某同学因故转学，老师需要在已排好序的成绩单中删除此学生的记录，即先输入这个学生在成绩单中的位置序号（处于第几个）再删除此记录。请编程实现。

分析：

① 定义一个一维数组，把成绩单作为初始值，存储在数组中。

② 将输入的转学同学的位置序号存储在变量 k 中。

③ 从删除位置 k 起到最后一个的数据逐个前移。

④ 输出删除后的成绩单，注意此时数组的个数减 1。

4．兔子与狐狸问题。围绕着山顶有 10 个洞，一只兔子和一只狐狸住在各自的洞里，狐狸总想吃掉兔子。一天兔子对狐狸说："你想吃我有一个条件,你先把洞编号 1～10。第一次，先到第 1 号山洞找我；第二次隔一个山洞找我，即到第 3 号山洞找我；第三次隔两个洞找我，即到第 6 号找我；以后依次类推，次数不限。"若兔子被狐狸找到，则狐狸可以理所当然地吃掉兔子；否则，以后再见到兔子，也没有权限吃掉兔子。编程：要求判断狐狸是否找到了兔子，如果没找到，请问兔子躲在哪个洞里？程序中可假定狐狸找了 10000 次。

任务4-3　学生姓名的输入/输出

任务提出及实现

1. 任务提出

某班里有 40 个学生，在选举班干部时有 10 个候选人，现要求输出候选人名单。请用 C

语言编程解决此问题。

分析：此题的主要内容是学会姓名的输入/输出。

2. 具体实现（为了程序运行简单，假设只有5个同学）

```c
#include "stdio.h"
#include "string.h"
#define N 5
main()
{
    char name[N][12];
    char tt[20];
    int i,j;
    printf("请输入 %d 个候选同学的姓名:\n",N);
    for(i=0;i<N;i++)
        gets(name[i]);
    printf("--------------------\n");
    printf("输出 %d 个候选同学的姓名:\n",N);
    printf("--------------------\n");
    for(i=0;i<N;i++)
        puts(name[i]);
}
```

学生姓名输出程序运行结果如图 4-27 所示（分别用中英文姓名）。

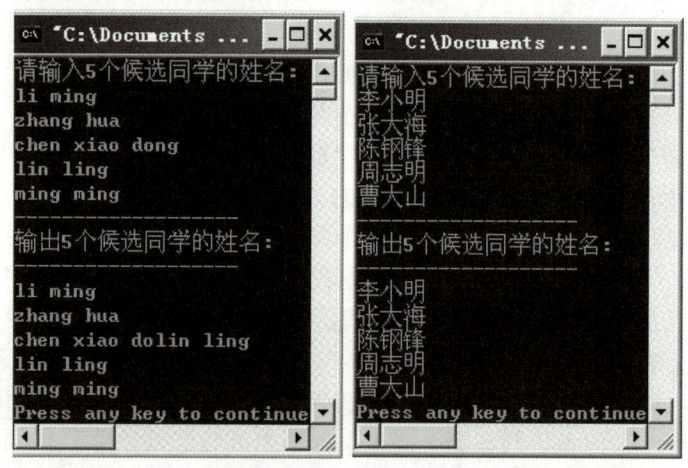

图4-27　学生姓名输出程序运行结果

本任务需要掌握的知识点是：字符数组的输入/输出，同时在知识扩展中讲授字符串复制函数及字符串比较函数。

相关知识

1. 一维字符数组

（1）一维字符数组的定义

定义方法同数值型数组。例如：

```
char c[10];
```

意思是定义一个字符数组c，它有10个元素。各元素赋值如下：

c[0]='I';c[1]=' □ ';c[2]='a';c[3]='m';c[4]=' □ ';c[5]='h';c[6]='a';c[7]='p';c[8]='p';c[9]='y'。

该数组的下标从 0 到 9，数组元素值存储如下：

I	□	a	m	□	h	a	p	p	y

（2）一维字符数组的初始化

① 定义时将字符逐个地赋给数组中的各元素。

char c[5]={'c','h','i','n','a'};

② 可省略数组长度。

char c[ ]={'c','h','i','n','a'};

系统根据初值个数确定数组的长度，数组 c 的长度自动为 5。

③ 字符数组可以用字符串来初始化。存储如下：

char c[6]="china"

c	h	i	n	a	\0

char c[10]={"china"}　/* 加不加花括号都没关系 */

c	h	i	n	a	\0	\0	\0	\0	\0

（3）一维字符数组的引用

方法 1：用 %c 格式符逐个输入 / 输出。

```
char c[6];
for(i=0;i<6;i++)
{scanf("%c",&c[i]);
 printf("%c",c[i]);}
```

方法 2：用 %s 格式符进行字符串的输入 / 输出。

```
char c[6];
scanf("%s",c);
printf("%s",c);
```

①输出时，遇 '\0' 结束，且输出的字符中不包含 '\0'。

②采用 "%s" 格式符输入时，遇空格或回车结束，但获得的字符中不包含回车及空格本身，而且在字符串末尾添 '\0'。

```
char c[10];
scanf("%s",c) ;
```

输入数据"How are you"，结果仅"How"被输入数组 c 中。

③ 一个 scanf 函数可以输入多个字符串，输入时以空格键作为字符串间的分隔。

```
char s1[5],s2[5],s3[5];
scanf("%s%s%s",s1,s2,s3);
```

输入数据"How are you"，s1，s2，s3 获得的数据如图 4-29 所示。

s1:	H	o	w	\0	\0
s2:	a	r	e	\0	\0
s3:	y	o	u	\0	\0

图4-29　获得的数据示例

④使用 "%s" 格式符输出时，若数组中包含一个以上 \0'，则遇第一个 \0' 时结束。

【例 4-21】三个同学姓名的输入 / 输出。

```c
#include "stdio.h"
main()
{
    char name1[10],name2[10],name3[10];
    printf(" 请输入姓名 :\n");
    scanf("%s%s%s",name1,name2,name3);
    printf(" 输出的姓名为 :\n");
    printf("%s,%s,%s\n",name1,name2,name3);
}
```

例 4-21 程序运行结果如图 4-29 及图 4-30 所示。

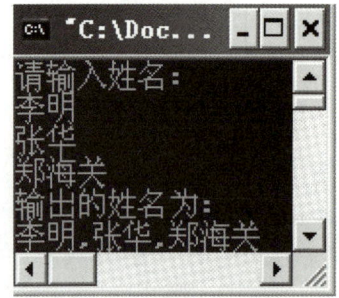

图4-29　例4-21程序运行结果（汉字名）　　图4-30　例4-21程序运行结果（英文名）

（4）常用的字符串处理函数

① 输入字符串函数——gets()

格式：**gets(字符数组);**

例如，

```c
char s[12];
gets(s);
```

功能：从键盘上输入 1 个字符串，允许输入空格。

【例 4-22】将例 4-20 改为用 gets() 输入。

```c
#include "stdio.h"
main()
{
    char name1[10],name2[10],name3[10];
    printf(" 请输入姓名 :\n");
    gets(name1);
    gets(name2);
```

```
    gets(name3);
    printf(" 输出的姓名为 :\n");
    printf("%s,%s,%s\n",name1,name2,name3);
}
```

例 4-22 程序运行结果如图 4-31 所示。

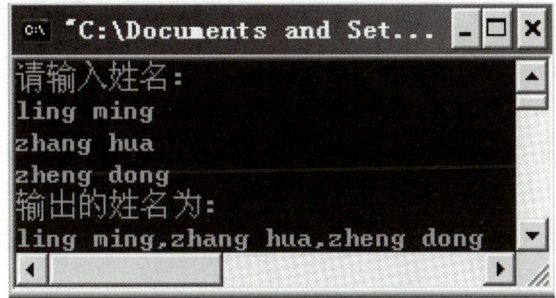

图4-31 例4-22程序运行结果

② 输出字符串函数

格式 : puts(字符数组);

例如 :

```
char s[6]="china";
puts(s);
```

功能 : 把字符数组中所存的字符串,输出到标准输出设备中,并用 '\n' 代替 '\0'。

【例 4-23】将例 4-21 改为用 gets()、puts() 函数实现。

```
#include "stdio.h"
main()
{
    char name1[10],name2[10],name3[10];
    printf(" 请输入姓名 :\n");
    gets(name1);
    gets(name2);
    gets(name3);
    printf(" 输出的姓名为 :\n");
    puts(name1);
    puts(name2);
    puts(name3);
}
```

例 4-23 程序运行结果如图 4-32 所示。

2. 二维字符数组

(1)二维字符数组的定义

char str[10][8];

定义一个二维字符数组 str,共有 10 行 8 列共 80 个元素。

图4-32 例4-23程序运行结果

（2）二维字符数组的初始化

① char s1[3][3]={{'a','b','c'},{'d','e','f'},{'1','2','3'}};

数组形式如下所示：

$$
\begin{pmatrix}
a\ b\ c \\
d\ e\ f \\
1\ 2\ 3
\end{pmatrix}
$$

② char s1[3][3]={"abc123"};

（3）二维字符数组的引用

比如输入/输出二维字符数组中第 i 行（假设 i=2），其有两种方法实现。

方法1

```
char name[10][12];
gets(name[2]);
puts(name[2]);
```

意思是：输入/输出二维字符数组中第2行的值。

方法2

```
char name[10][12];
scanf("%s",name[2]);
printf("%s",name[2]);
```

注意

"gets(name[2]);"与"scanf("%s",name[2]);"输入时有些不相同。"gets(name[2]);"将空格当作普通字符看待，但是"scanf("%s",name[2]);"将空格当作两个字符串中的分隔符或结束符。

例如：

gets(name[2]);

printf("%s\n",name[2]);

程序运行时，输入 zhang ming，则输出 zhang ming，如图 4-33 所示。而

scanf("%s",name[2]);

printf("%s\n",name[2]);

则程序运行时输入 zhang ming，输出 zhang，如图 4-34 所示。

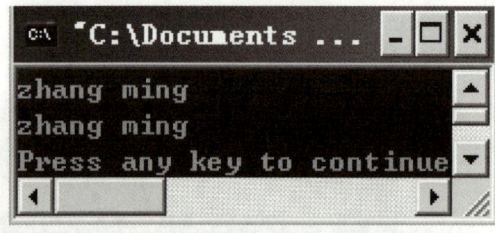

图4-33　程序运行结果（输出为全名）

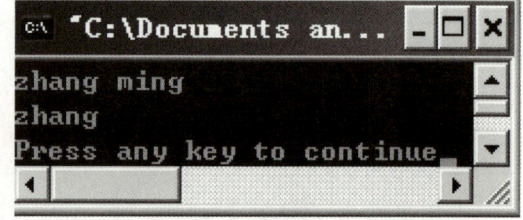

图4-34　程序运行结果（只输出姓）

知识扩展

1. 字符串比较函数strcmp()

　　格式：strcmp(字符串 1，字符串 2);

　　其中字符串 1、字符串 2 可以是字符串常量，也可以是一维字符数组。例如：

strcmp(str1,str2);

strcmp("China","English");

strcmp(str1,"beijing")

　　功能：比较两个字符串的大小。

　　如果字符串 1> 字符串 2，则函数大于 0；如果字符串 1= 字符串 2，则函数值为 0；如果字符串 1< 字符串 2，则函数值小于 0。

　　注意

　　不能用关系比较符"=="来比较字符串，只能用strcmp函数来处理。

2. 复制字符串函数strcpy()

　　格式：strcpy(字符数组 1，字符串);

　　其中字符串可以是字符串常量，也可以是字符数组。例如：

```
char c[30];
strcpy(c,"Good moning");
```

　　功能：将字符串完整地复制到字符数组 1 中，字符数组 1 中原有内容被覆盖。

　　【例 4-24】输入三个同学的姓名，按 ASCII 码从大到小的顺序排序。

```
#include "stdio.h"
#include "string.h"            /* 因为用到 strcmp() 和 ctrcpy() 函数 */
main()
{
    char name1[10],name2[10],name3[10];
    char tt[20];
    printf(" 请输入姓名 :\n");
    gets(name1);
    gets(name2);
    gets(name3);
    if( strcmp(name1,name2)<0)
    {
        strcpy(tt,name1);strcpy(name1,name2);strcpy(name2,tt);
    }
    if( strcmp(name1,name3)<0)
    {
        strcpy(tt,name1);strcpy(name1,name3);strcpy(name3,tt);
    }
    if( strcmp(name2,name3)<0)
```

```
    {
        strcpy(tt,name2);strcpy(name2,name3);strcpy(name3,tt);
    }
    printf(" 输出的姓名为 :\n");
    puts(name1);
    puts(name2);
    puts(name3);
}
```

例 4-24 程序运行结果如图 4-35 所示（分别用中文和英文名字表示）。

 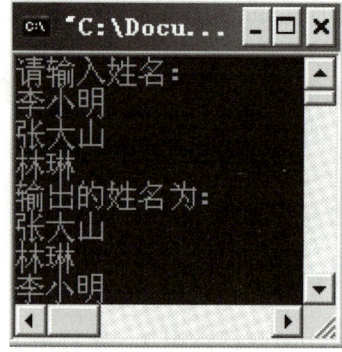

图4-35　例4-24程序运行结果

 举一反三

在本任务中，我们介绍了字符数组的定义、输入 / 输出，下面通过实例来巩固前面所学的知识。

【例 4-25】下面程序中有错，请指出错误。

```
#include "stdio.h"
main()
{
    char c[]="BASIC\ndBASE";
    printf("%s\n",c[]);
}
```

分析：在本例的 printf 函数中，使用的格式字符串为 "%s"，表示输出的是一个字符串，则在输出表列中给出数组名即可。即，不能写为 printf("%s\n",c[])，应改为 printf("%s\n",c)。例 4-25 程序运行结果如图 4-36 所示。

```
BASIC
dBASE
Press any key to continue
```

图4-36　例4-25程序运行结果

【例 4-26】下面程序运行时要注意什么？

```
#include "stdio.h"
main()
{
    char st[15];
    printf(" 请输入字符串 :\n");
```

```
    scanf("%s",st);
    printf(" 输出字符串 st\n");
    printf("%s\n",st);
}
```

分析：本例中由于定义数组长度为 15，因此输入的字符串长度必须小于 15，以留出 1 字节用于存放字符串结束标志 '\0'。应该说明的是，对一个字符数组，如果不作初始化赋值，则必须说明数组长度。还应该特别注意的是，当用 scanf 函数输入字符串时，字符串中不能含有空格，否则将以空格作为字符串的结束符。如图 4-37 所示为输入方式不同时程序运行结果。

请输入字符串:
asdfghj123
输出字符串st
asdfghj123
Press any key to continue
请输入字符串:
Thank you!
输出字符串st
Thank
Press any key to continue

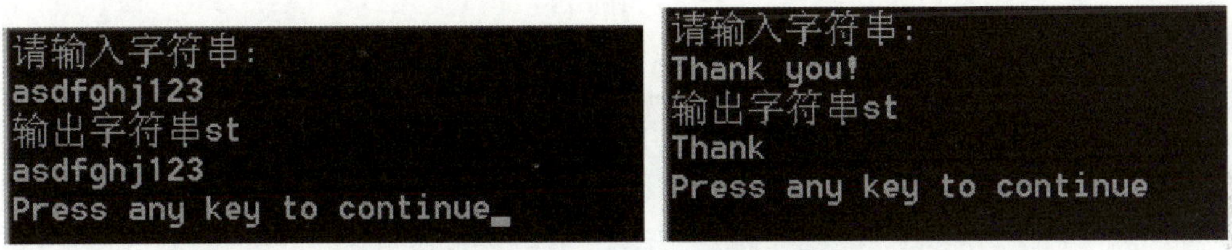

图4-37　输入方式不同时程序运行结果

【例 4-27】从键盘输入一串字符（以回车键结束），统计字符数。

分析：因为不知道会输入一串多长的字符，所以刚开始定义一个足够大的字符数组 char str[80]，然后从键盘输入的字符将会放在 str[0] 至 str[k] 中，而 str[k+1] 将存放回车符，如下所示：

str[0]	…	Str[k]	\0				

所以，从 str[0] 开始找，只要没找到 '\0'，则继续找下一个。

程序如下：

```
#include "stdio.h"
#define N 80
main()
{
    char str[N],i,t;
    printf(" 输入字符串 \n");
    gets(str);
    i=0;
    while(str[i]!='\0')
      i++;
    printf(" 字符数为 %d",i);
    printf("\n");
}
```

例 4-27 程序运行结果如图 4-38 所示。

【例 4-28】输入 10 个候选同学的姓名，按 ASCII 码从大到小的顺序排序。

分析：首先要输入 10 个候选同学的姓名，所以要定义一个二维字符数组 name[10][12]，表示一共可以寄放 10 个同学的姓名，而每个同学的姓名最长可以放 12 个字符。接下来用一个循环输入

"C:\Documents and Se...
输入字符串
asdf123rty
字符数为10

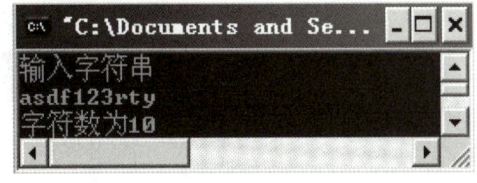

图4-38　例4-27程序运行结果

10个同学的姓名。然后可以用冒泡法或选择法对该10个同学的姓名进行排序。最后输出排序后的姓名。

例4-28程序流程图如图4-39所示。

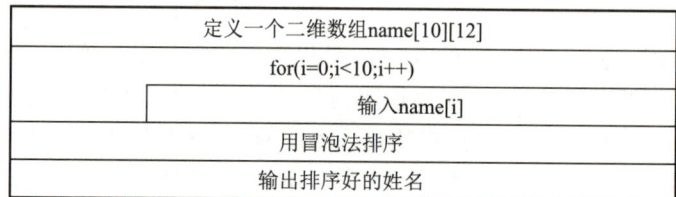

图4-39　例4-28程序流程图

程序如下：

```
#define N 5                      // 为了程序运行简单，所以定义了 5 位同学
#include "stdio.h"
#include "string.h"
main()
{
    char name[N][12];
    char tt[20];
    int i,j;
    printf(" 请输入 %d 个候选同学的姓名 :\n",N);
    for(i=0;i<N;i++)
        gets(name[i]);
    for(i=0;i<N-1;i++)
        for(j=0;j<N-1-i;j++)
            if( strcmp(name[j],name[j+1])<0)
            {
            strcpy(tt,name[j]);strcpy(name[j],name[j+1]);strcpy(name[j+1],tt);
            }
    printf(" 输出 5 个候选同学的姓名（按 ASCII 码排序）:\n");
    for(i=0;i<N;i++)
        puts(name[i]);
}
```

例4-28程序运行结果如图4-40所示（用中英文姓名）。

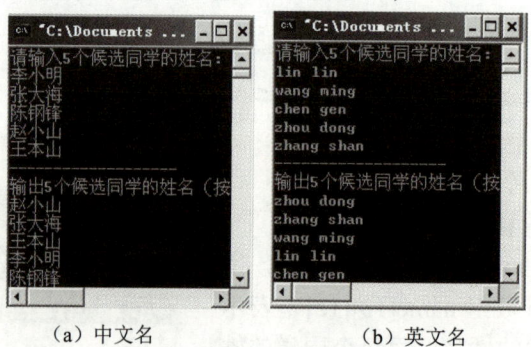

（a）中文名　　　　（b）英文名

图4-40　例4-28程序运行结果

实践训练

经过前面的学习，大家已熟知字符数组的用法。下面请各位自己动手对以下内容进行独立思考和操作。

☆ 初级训练

1．小张所在的小组共有员工 6 人，请输出他们的花名册。如图 4-41 所示为员工花名册程序运行结果。

分析：

① 6 个员工的姓名应由一个二维字符数组来处理，因此定义一个二维数组并进行赋初值。

② 用一个循环输出 6 个员工的花名册。

2．将上题改为从键盘上输入员工的姓名，输出他们的花名册。从键盘输入员工花名册程序运行结果如图 4-42 所示。

分析：

① 6 个员工的姓名应由一个二维字符数组来处理，故定义一个二维数组。

② 用一个循环输入 6 个员工的花名册。

③ 用一个循环输出 6 个员工的花名册。

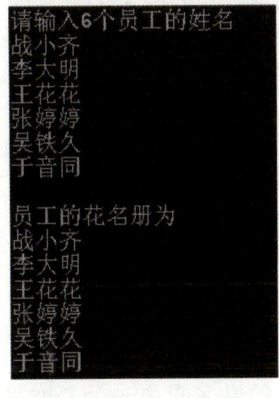

图4-41　员工花名册程序运行结果　　图4-42　从键盘输入员工花名册程序运行结果

3．从键盘输入一个字符串并存入数组 a 中，统计字符串中字母的个数及非字母的个数。

```c
#include <stdio.h>
main()
{
    char a[80];
    int i=0,k1=0,k2=0;
    _____
    while(a[i]!='\0')
    {
        if(a[i]>='a' && a[i]<='z'||a[i]>='A' && a[i]<='Z' )
            _____;
        else
            k2++;
```

```
            _____;
    }
    printf("该字符串字母数为%d个，非字母线为%d个 ",k1,k2);
}
```

提示：对应每个字符要进行判断，看是字母还是非字母。

☆ 深入训练

1. 输入 5 个国家的名称并按字母顺序排列输出。国家排名程序运行结果如图 4-43 所示。

提示：

① 5 个国家名应由一个二维字符数组来处理。

② C 语言规定可以把一个二维数组当成多个一维数组处理。因此本题又可以按 5 个一维数组处理，而每个一维数组就是一个国家名字符串，所以输入 5 个国家名。

③ 用字符串函数比较其一维数组的大小，并排序，输出结果即可。

2. 输入小明所在部门 6 个员工的姓名，要求按逆序输出他们的花名册。逆序输出员工花名册程序运行结果如图 4-44 所示。

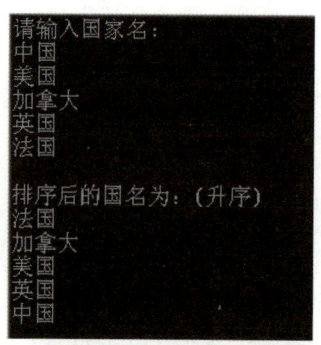

图4-43 国家排名程序运行结果

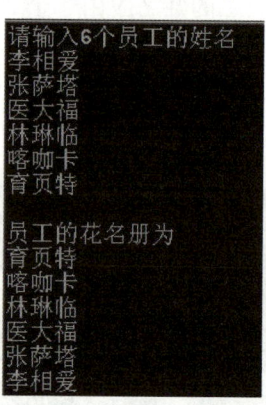

图4-44 逆序输出员工花名册程序运行结果

提示：

① 6 个员工的姓名应由一个二维字符数组来处理，故定义一个二维数组。

② 用一个循环输入 6 位员工的花名册。

③ 用一个循环逆序输出 6 位员工的花名册。

3. 读入一串数字，请统计其中 '0' 到 '9' 的各个数字出现的次数。该统计数字程序运行结果如图 4-45 所示。

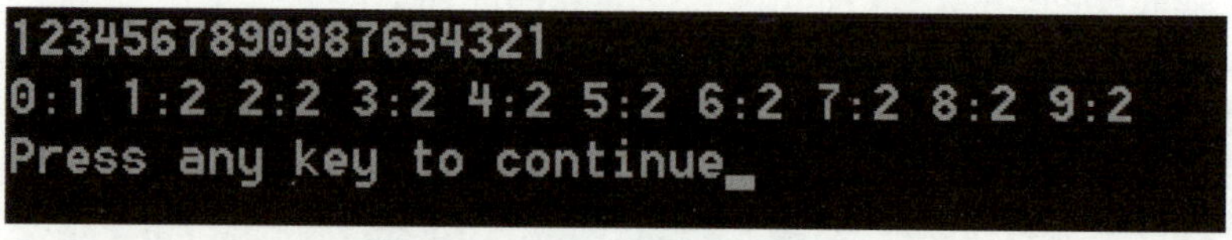

```
1234567890987654321
0:1 1:2 2:2 3:2 4:2 5:2 6:2 7:2 8:2 9:2
Press any key to continue
```

图4-45 统计数字程序运行结果

提示：

① 定义一个数组 char c1[80] 用来存放从键盘中输入的数字字符，再定义一个整型数组 a[10] 并赋初值为 0，存放数字出现的次数。

② 将从键盘上输入的 '0' 到 '9' 的各个数字赋给字符数组 c1。

③ 将 c1[i] 的值与 '0' 到 '9' 进行比较，分别加入到对应的数字中。

④ 输出 a[i]，i 为 0 ～ 9。

任务4-4 多个学生多门课成绩的排序

 任务提出及实现

1. 任务提出

某班有 40 个同学参加了三门课的考试，现要求输出按总成绩的高低排序的成绩单。成绩单的格式如下：

排序	姓名	课1	课2	课3	总分	平均分
1	张三	98	87	88	273	91
2	李四	96	86	88	270	90

......

分析：本问题要解决姓名的输入 / 输出，这个在任务 4-3 中已解决。同时也需输入 / 输出 40 个同学三门课的成绩，并进行相应的总分及平均分的计算；最后按总分的高低进行排序。所以将这一任务分解为两个小任务。一个是 40 个同学三门课成绩的输入 / 输出（其知识点是二维数组）；另一个是计算相应的平均分及总分并进行排序。

2. 具体实现（为了在程序运行时方便，所以假设只有5个学生）

```c
#include "stdio.h"
#include "string.h"
#define N 5
main()
{
    int i,j;
    int score [N][3],t;
    char name[N][10],nn[10];
    float sum[N]={0},avg[N];                          // 每个同学的总分及平均分
    printf(" 请输入五个同学三门课的成绩 :\n");
    /* 输入记录 */
    for (i=0;i<N;i++)
    {
        printf(" 第 %d 个同学的记录 :",i+1);
        scanf("%s",name[i]);
        for(j=0;j<3;j++)
        scanf("%d",&score[i][j]);}
    /* 计算每个同学的总分与平均分 */
    for(i=0;i<N;i++)
    {
```

```
    for(j=0;j<3;j++)
    sum[i]=sum[i]+score[i][j];
    avg[i]=sum[i]/3.0;}
/* 排序成绩 */
for(i=0;i<N-1;i++)
    for(j=0;j<N-1-i;j++)
    if(sum[j]<sum[j+1])
    {
        t=sum[j];sum[j]=sum[j+1];sum[j+1]=t;
        t=avg[j];avg[j]=avg[j+1];avg[j+1]=t;        // 这个同学的所有数据都要交换
        t=score[j][0];score[j][0]=score[j+1][0];score[j+1][0]=t;
        t=score[j][1];score[j][1]=score[j+1][1];score[j+1][1]=t;
        t=score[j][2];score[j][2]=score[j+1][2];score[j+1][2]=t;
        strcpy(nn,name[j]);strcpy(name[j],name[j+1]);strcpy(name[j+1],nn);
    }
    printf("----------------------------------------------------------\n");
    printf(" 输出排序后五个同学三门课的成绩 :\n");
    printf("----------------------------------------------------------\n");
    printf(" 排序 \t 姓名 \t 课 1\t 课 2\t 课 3\t 总分 \t 平均分 \n");
    for (i=0;i<N;i++)
    {
        printf(" 第 %d 名 :\t",i+1);
        printf("%s\t",name[i]);
        for(j=0;j<3;j++)
        printf("%d\t",score[i][j]);
        printf("%.0f\t%.1f\t",sum[i],avg[i]);
        printf("\n");
    }
    printf("----------------------------------------------------------\n");
}
```

多个同学多门课成绩排序程序执行如图 4-46 所示。

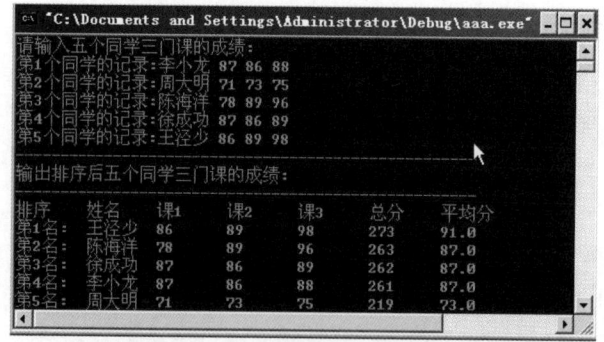

图4-46　多个同学多门课成绩排序程序运行结果

相关知识

1. 二维数组的定义

（1）二维数组定义的一般形式

类型说明符　数组名 [常量表达式][常量表达式];

例如，"int a[3][4];float b[6][7];"定义了一个 3×4（3 行 4 列）的整型数组 a，它有 12 个元素；一个 6×7（6 行 7 列）的实型数组 b，它有 42 个元素。

（2）二维数组的理解

二维数组是一种特殊的一维数组（数组的数组）。

例如，int a[3][4]，a 为数组名，先看第一维，表明它是一个具有 3 个元素的特殊的一维数组，三个元素分别为 a[0]，a[1]，a[2]。再看第二维，表明每个元素又是一个包含 4 个元素的一维数组，如 a[0] 这个元素包含 4 个元素 a[0][0]，a[0][1]，a[0][2]，a[0][3]。

2. 二维数组的引用

二维数组元素的表示形式：

数组名 [下标][下标];

例如，int a[3][4]，表示行下标值最小从 0 开始，最大为 2（=3-1）；列下标值最小为 0，最大为 4-1=3，即：

a[0][0]　a[0][1]　a[0][2]　a[0][4]

a[1][0]　a[1][1]　a[1][2]　a[1][3]

a[2][0]　a[2][1]　a[2][2]　a[2][3]

3. 二维数组的初始化

二维数组初始化的方法如下。

① 分行给二维数组赋初值。

int a[3][4]={{1,2,3,4},{4,5,6,7},{6,7,8,9}};

② 将所有数据写在一个花括弧内，按数值排列的顺序对各元素赋初值。

int a[3][4]={1,2,3,4,5,6,7,8,9,10,11,12}

③ 可以对部分元素赋初值。

int a[3][4]={{1,2},{4},{6,7,8}};

a 数组分布如下所示。

$$\begin{pmatrix} 1 & 2 & 0 & 0 \\ 4 & 0 & 0 & 0 \\ 6 & 7 & 8 & 0 \end{pmatrix}$$

④ 如果对全部数组元素赋值，则第一维的长度可以不指定，但必须指定第二维的长度，全部数据写在一个大括号内。例如下面的数组第一维长度 4 就省略了。

int a[][3]={1,2,3,4,5,6,7,8,9,10,11,12};

4. 二维数组的应用

【例4-29】输入五个同学三门课的成绩并输出。

```c
#include "stdio.h"
#define N 5
main()
{
   int i,j;
   int score [N][3];
   printf(" 请输入五个同学三门课的成绩 :\n");
   for (i=0;i<N;i++)
     for(j=0;j<3;j++)
     scanf("%d",&score[i][j]);
   printf(" 输出五个同学三门课的成绩 :\n");
   for (i=0;i<N;i++)
   {
      printf(" 第 %d 位同学 :",i+1);
      for(j=0;j<3;j++)
      printf("%5d",score[i][j]);
      printf("\n");
   }
}
```

例 4-29 程序运行结果如图 4-47 所示。

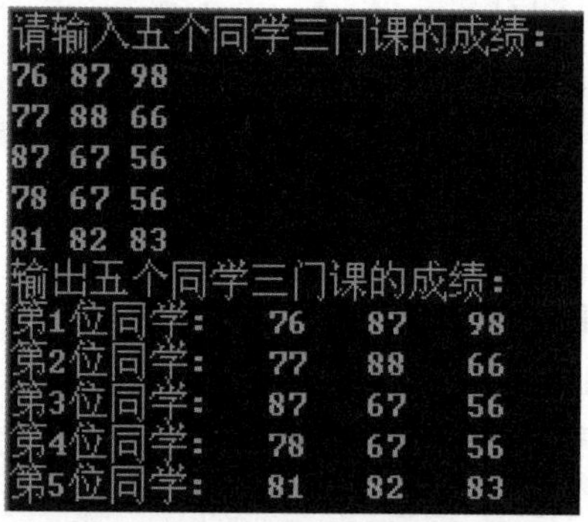

```
请输入五个同学三门课的成绩：
76 87 98
77 88 66
87 67 56
78 67 56
81 82 83
输出五个同学三门课的成绩：
第1位同学：    76    87    98
第2位同学：    77    88    66
第3位同学：    87    67    56
第4位同学：    78    67    56
第5位同学：    81    82    83
```

图4-47　例4-29程序运行结果

【例4-30】输入 5 个同学三门课的成绩，计算各门课的总分及平均分，并输出。

```c
#include "stdio.h"
#define N 5
main()
{
   int i,j;
   int score [N][3],sum[3]={0},avg[3];
   printf(" 请输入五个同学三门课的成绩 :\n");
   for (i=0;i<N;i++)
     for(j=0;j<3;j++)
```

```
        scanf("%d",&score[i][j]);
    /* 计算每门课的总分及平均分 */
    for(j=0;j<3;j++)
    {
        for(i=0;i<N;i++)
        sum[j]=sum[j]+score[i][j];
        avg[j]=sum[j]/N;}
    printf("------------------------\n");
    printf(" 输出五个同学三门课的成绩 :\n");
    for (i=0;i<N;i++)
    {
        printf(" 第 %d 位同学 :",i+1);
        for(j=0;j<3;j++)
        printf("%5d",score[i][j]);
        printf("\n");
    }
    printf("------------------------\n");
    printf(" 总分为 :");
    for(j=0;j<3;j++)
        printf("%5d",sum[j]);
        printf("\n");
    printf(" 平均分为 : ");
    for(j=0;j<3;j++)
        printf("%5d",avg[j]);
        printf("\n");
}
```

例 4-30 程序运行结果如图 4-48 所示。

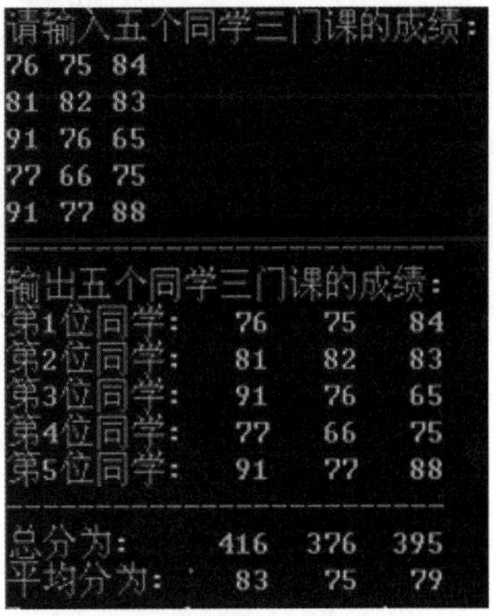

【例 4-31】在例 4-30 的基础上再进一步，即输入 5 个同学三门课的成绩，计算各门课的总分及平均分，同时进行排序并输出。

分析：其实此题的关键是排序，显然应该按同学的总分进行排序。运用的方法还是冒泡法，只是当总分进行交换时，还应该将此同学的课目成绩及平均分进行交换。所以交换的数据比较多，显得比较烦琐，如果用到项目 7 中的结构体数组就会简单一些（详见后面章节）。

参考程序如下 ：

图4-48　例4-30程序运行结果

```
#include "stdio.h"
#define N 5
main()
{
    int i,j;
```

```
int score [N][3],t;
float sumc[3]={0},avgc[3];                    // 每门课程的总分及平均分
float sumr[N]={0},avgr[N];                     // 每位同学的总分及平均分
printf("请输入五个同学三门课的成绩:\n");
/* 输入成绩 */
for (i=0;i<N;i++)
{
    printf("第%d个同学:",i+1);
    for(j=0;j<3;j++)
        scanf("%d",&score[i][j]);
}
    /* 计算每门课程的总分与平均分 */
        for(j=0;j<3;j++)
        {
        for(i=0;i<N;i++)
            sumc[j]=sumc[j]+score[i][j];
        avgc[j]=sumc[j]/N;
        }
    /* 计算每个同学的总分与平均分 */
    for(i=0;i<N;i++)
        for(j=0;j<3;j++)
            sumr[i]=sumr[i]+score[i][j];
        avgr[i]=sumr[i]/3.0;}
    /* 排序成绩 */
    for(i=0;i<N-1;i++)
        for(j=0;j<N-1-i;j++)
            if(sumr[j]<sumr[j+1])
                    {t=sumr[j];sumr[j]=sumr[j+1];sumr[j+1]=t;
                    t=avgr[j];avgr[j]=avgr[j+1];avgr[j+1]=t;// 这个同学的所有
                                            数据都要交换
                    t=score[j][0];score[j][0]=score[j+1][0];score[j+1][0]=t;
                    t=score[j][1];score[j][1]=score[j+1][1];score[j+1][1]=t;
                    t=score[j][2];score[j][2]=score[j+1][2];score[j+1][2]=t;
                    }
    printf("-----------------------------------\n");
    printf("输出排序后五个同学三门课的成绩:\n");
    printf("-----------------------------------\n");
    printf("排序        课1  课2  课3 总分 平均分\n");
    for (i=0;i<N;i++)
    {printf("第%d名同学:",i+1);
      for(j=0;j<3;j++)
          printf("%5d",score[i][j]);
      printf("%5.0f%5.1f",sumr[i],avgr[i]);
      printf("\n");
    }
printf("-----------------------------------\n");
```

```
printf(" 总分为:    ");
for(j=0;j<3;j++)
  printf("%5.0f",sumc[j]);
printf("\n");
printf(" 平均分为: ");
for(j=0;j<3;j++)
  printf("%5.1f",avgc[j]);
printf("\n");
}
```

例 4-31 程序运行结果如图 4-49 所示。

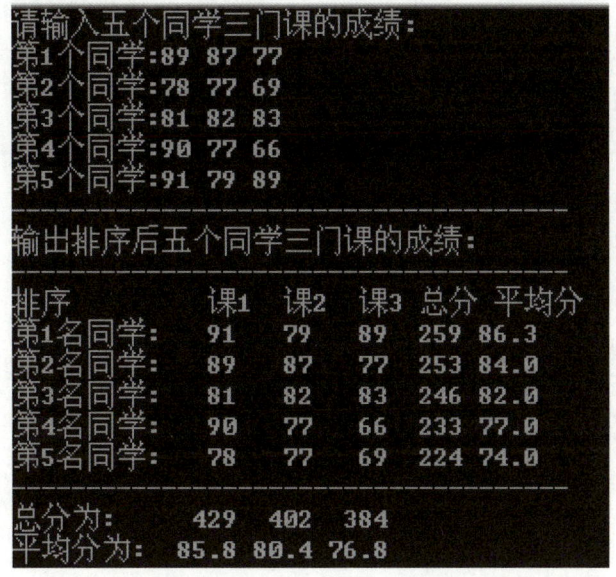

图4-49　例4-31程序运行结果

如果要解决问题情景中的任务，则还需要定义一个字符数组用于存放每个同学的姓名，同时，在排序时还要对姓名进行交换，输出时，还需要输出姓名。请大家想一想，如何修改能达到目的？其实，我们在本任务的具体实现中已给出相应的程序。

 **举一反三**

在本任务中介绍了二维数组的定义、引用及应用，下面通过例子来巩固前面所学的知识。

【例 4-32】输出如下的杨辉三角形，要求输出 10 行 10 列。

```
              1
              1  1
              1  2  1
              1  3  3  1
              1  4  6  4  1
              1  5 10 10  5  1
              1  6 15 20 15  6  1
              ……
```

分析：从上图中可以看出，杨辉三角形的规律是：第一列的元素其值为1，主对角线上的元素其值也为1，其他元素的值都是其前一行的前一列与前一行的本列的值相加。所以有：

```
/* 给每一列及主对角元素赋值 */        /* 计算其他列的值 */
for(i=0;i<10;i++)                    for(i=2;i<10;i++)
    {a[i][0]=1;                         for(j=1;j<I;j++)
     a[i][i]=1;}                            a[i][j]=a[i-1][j-1]+a[i-1][j];
```

程序如下：

```c
#include "stdio.h"
main()
{
    int a[10][10],i,j;
    /* 给每一列及主对角元素赋值 */
    for(i=0;i<10;i++)
    {
        a[i][0]=1;
        a[i][i]=1;
    }
    /* 计算其他列的值 */
    for(i=2;i<10;i++)
      for(j=1;j<i;j++)
        a[i][j]=a[i-1][j-1]+a[i-1][j];
    printf(" 杨辉三角形的图形为：\n");
    for(i=0;i<10;i++)
    {
      for(j=0;j<=i;j++)
        printf("%5d",a[i][j]);
      printf("\n");
    }
}
```

例 4-32 程序运行结果如图 4-50 所示。

【例 4-33】在二维数组 a 中选出各行最大的元素组成一个一维数组 b。例 4-33 程序运行结果如图 4-51 所示。

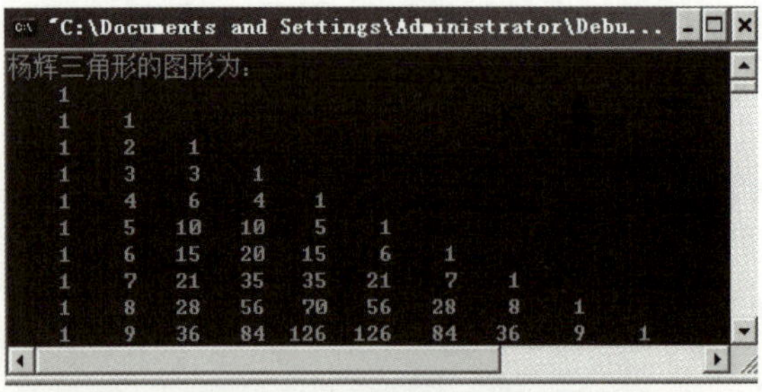

图4-50　例4-32程序运行结果

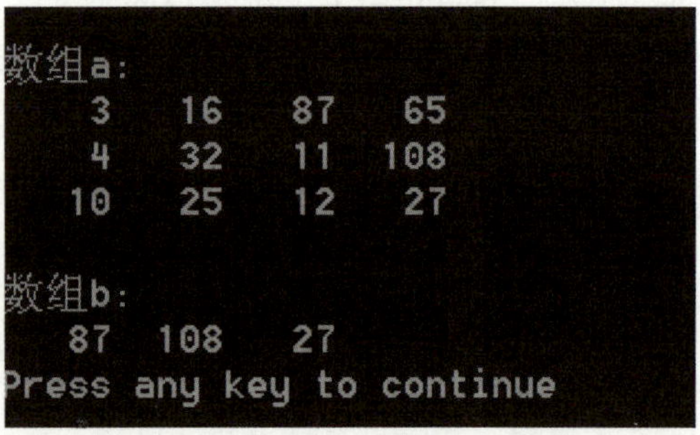

图4-51　例4-33程序运行结果

分析：

本题的编程思路是在数组 a 的每一行中寻找最大的元素，找到之后把该值赋予数组 b 相应的元素即可。

参考程序如下：

```c
#include "stdio.h"
main()
{
    int a[][4]={3,16,87,65,4,32,11,108,10,25,12,27};
    int b[3],i,j,l;
    for(i=0;i<=2;i++)
    {
        l=a[i][0];
        for(j=1;j<=3;j++)
            if(a[i][j]>l) l=a[i][j];
        b[i]=l;
    }
    printf("\n 数组 a:\n");
    for(i=0;i<=2;i++)
    {
        for(j=0;j<=3;j++)
            printf("%5d",a[i][j]);
        printf("\n");}
        printf("\n 数组 b:\n");
    for(i=0;i<=2;i++)
        printf("%5d",b[i]);
    printf("\n");
}
```

实践训练

经过前面的学习，大家已熟知二维数组的用法。下面，请各位对以下的内容进行独立的思考和操作。

☆ 初步训练

1. 输出小明所在小组 6 个员工的姓名、工资，即输出他们的工资单。员工工资单程序运行结果如图 4-52 所示。

分析：

① 定义一个二维字符数组 name[6][10]，并对它进行赋初值。

② 定义一个工资数组 gz[6]，并对它赋初值。

③ 用一个循环，输出其工号、姓名、工资。

工号	姓名	工资
1	李小明	4300
2	王小芳	5100
3	张大铁	3800
4	黄小华	3700
5	张刚印	3900
6	郑好妙	4300

Press any key to continue

图4-52　员工工资单程序运行结果

2．将上题改为输入姓名及工资，输出他们的工资单，工资单输出程序运行结果如图4-53所示。

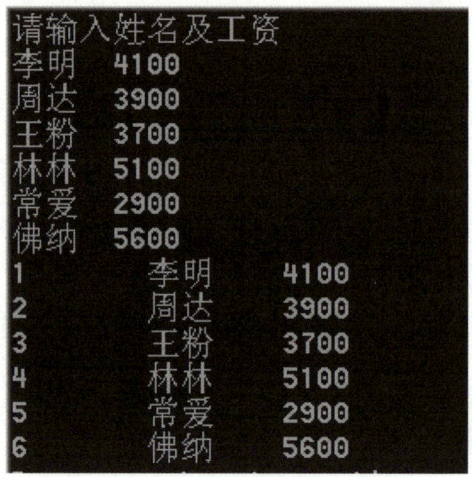

图4-53　工资单输出程序运行结果

分析：

①定义一个二维字符数组 name[6][10]。

②定义一个工资数组 gz[6]。

③用一个循环，输入姓名及工资。

④用一个循环，输出姓名及工资。

3．给出以下程序运行后的输出结果。

```c
#include"stdio.h"
main()
{
    int i,j,row,col,max;
    static int a[3][4]={1,3,5,7,2,4,8,10,-10,12,5,6};
    max=a[0][0];
    for (i=0;i<3;i++)
      for (j=0;j<4;j++)
        if (a[i][j]>max)
        {
            max=a[i][j];
            row=i;
            col=j;
        }
    printf("最大数为%d,行号为%d,列号为=%d",max,row,col);
}
```

4．输出小明所在小组 6 个员工的姓名、基本工资、奖金，即输出他们的工资单。输出工资单程序运行结果如图 4-54 所示。

"C:\Windows\system32\Debug\ff.exe"
*******　员工的工资单　*********
工号　姓名　基本工资　奖金:
1　张小明　4300　300
2　李刚　5100　500
3　黄小华　6800　800
4　张小芳　18000　300
5　周洁　17000　400
6　李青青　9800　700
Press any key to continue

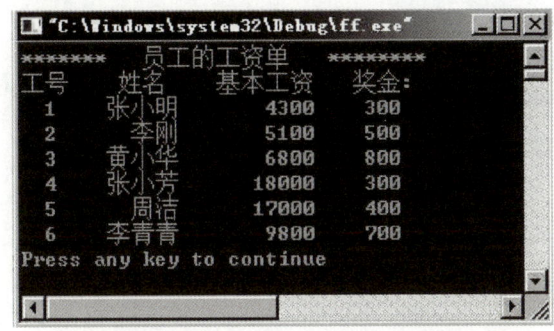

图4-54　输出工资单程序运行结果

分析：

① 定义一个二维字符数组 name[6][10]，并对它进行赋初值。

② 定义一个工资数组 gz[6][2] 用于存放基本工资及奖金，并对它赋初值。

③ 用一个循环，输出其工号、姓名、基本工资、奖金。

☆ 深入训练

1．输出小明所在小组 6 个员工的姓名、基本工资、奖金、工资总和，即输出他们的工资单。小组工资单程序运行结果如图 4-55 所示。

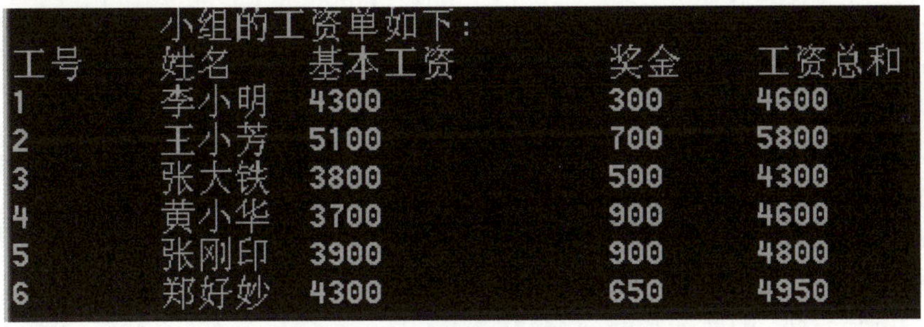

小组的工资单如下：
工号　姓名　基本工资　奖金　工资总和
1　李小明　4300　300　4600
2　王小芳　5100　700　5800
3　张大铁　3800　500　4300
4　黄小华　3700　900　4600
5　张刚印　3900　900　4800
6　郑好妙　4300　650　4950

图4-55　小组工资单程序运行结果

分析：

① 定义一个二维字符数组 name[6][10]，并对它进行赋初值。

② 定义一个工资数组 gz[6][2]，用于存放基本工资及奖金，并对它赋初值。

③ 用一个循环，输出其工号、姓名、基本工资、奖金、工资总和。

2．设某小组有 6 个学生，每个学生选修三门课，编写程序，输入 6 个学生三门课的成绩，计算每个学生的平均成绩，最后输出每个学生三门课的成绩及平均成绩。

注：此题主要请大家练习二维数组的输入 / 输出。

综合练习四

一、选择题

1. 在 C 语言中，引用数组元素时，其数组下标的数据类型允许是（　　）。

A. 整型常量　　B. 整型表达式

C. 整型常量或整型表达式　　D. 任何类型的表达式

2. 在 C 语言中，数组名代表（　　　）。

A. 数组全部元素的值　　　　　　　　B. 数组首地址

C. 数组第一个元素的值　　　　　　　D. 数组元素的个数

3. 以下对一维整型数组 a 的正确说明是（　　　）。

A. int a(10);　　　　　　　　　　　B. int n=10,a[n];

C. int n;　　　　　　　　　　　　　D. #define SIZE 10

　scanf("%d",&n);　　　　　　　　　　int a[SIZE];

　int a[n];

4. 下面的 定义中，合法的是（　　　）。

A. int a[]="string"　　　　　　　　B. int a[5]={1,2,3,4,5};

C.char a="string";　　　　　　　　D. char a[]={0,1,2,3,4,5};

5. 以下能对二维数组 x 进行初始化的语句是（　　　）。

A. int x[2][]={{1,0,1},{5,2,3}};　　　B. int x[ ][3]={{1,0,1},{5,2,3}};

B. int x[2][4]={{1,2,3},{5,2},{6}};　　D. int x[ ][3]={{1,0,1,8},{ },{1,1}};

6. 以下各组选项中，均能正确定义二维实型数组 s 的选项是（　　　）。

A. float s[3][4];　　　　　　　　　　B. float s(3)(4);

　float s[ ][4];　　　　　　　　　　　float s[ ][ ]={{1},{0}};

　float s[3][ ]={{1},{0}};　　　　　　float s[3][4];

C. float s[3][4];　　　　　　　　　　D. float s[3][4];

　float s[ ][4]={{0},{0}};　　　　　　float s[3][ ];

　float s[ ][4]={{0},{0},{0}};　　　　float s[ ][4]={{0},{0}{0}};

7. 若有定义和语句"char s[10];s="abcd";printf("%s",s);"，则输出的是（　　　）。

A. abcd　　　　　B. abc　　　　　C. ab　　　　　D. 编译出错

8. 若有以下定义和语句，则输出结果是（　　　）。

chars1[ ]="12345",s2[]="aaa";

printf("%d\n",strlen(strcpy(s1,s2)));

A. 3　　　　　　　B. 5　　　　　　C. 8　　　　　D. 10

9. 在以下对二维数组 a 的初始化中，不正确的是（　　　）。

A. int a[2][3]={0};　　　　　　　　B. int a[][3]={{1.2},{0}};

C. int a[2][3]={{1,2},{3,4},{5,6}};　　D. int a[][3]={1,2,3,4,5,6};

10. 下面是对 s 的初始化，其中不正确的是（　　　）

A. char[5]={"abc"};　　　　　　　　B. char s[5]={'a','b','c'};

C. char s[]="";　　　　　　　　　　D. char s[5]="abcde";

二、填空题

1. 有下面程序段，上机运行，将输出的结果是（　　　）。

```
char a[3],b[]="China";
a=b;
```

2. 执行以下程序的结果是（　　　）。

```
#include "stdio.h"
main()
{int a[6][6],i,j;
for(i=1;i<6;i++)
    for(j=1;j<6;j++)
            a[i][j]=(i/j)*(j/i);
for(i=1;i<6;i++)
  {for(j=1;j<6;j++)
    printf("%2d",a[i][j]);
    printf("\n");
  }
}
```

3. 当运行以下程序时，从键盘输入 aa bb< 回车 >cc dd < 回车 >，则下面程序的运行结果是（　　）。

```
#include "stdio.h"
main()
{char a1[5],a2[5],a3[5],a4[5];
scanf("%s%s",a1,a2);
gets(a3);
gets(a4);
puts(a1);
puts(a2);
puts(a3);
puts(a4);
}
```

4. 阅读程序，输入数据：1 2 3 4 5 6 7 8 9 10，写出运行结果（　　）。

```
#include "stdio.h"
main()
{int a[10],i;
  for(i=0;i<10;i++)
      scanf("%d",&a[i]);
  while(i>0)
      {printf("%3d",a[--i]);
       if(!(i%5))
          printf("\n");
      }
  }
```

5. 执行下面程序的结果是（　　）。

```
#include "stdio.h"
main()
  {int a[2][3]={{1,2,3},{4,5,6}};
  int b[3][2],i,j;
  printf("array a:\n");
```

```
    for(i=0;i<=1;i++)
      {for(j=0;j<=2;j++)
          {printf("%5d",a[i][j]);
          b[j][i]=a[i][j];
          }
      printf("\n");
      }
printf("array b:\n");
for(i=0;i<=2;i++)
    {for(j=0;j<=1;j++)
        printf("%5d",b[i][j]);
    printf("\n");
    }
}
```

6. 执行下面程序的结果是（　　　）。

```
#include "stdio.h"
main()
{int a[3][3]={{1,2,4},{4,5,6},{7,8,9}};
 int i,j,sum1=0,sum2=0;
 printf("array a:\n");
 for(i=0;i<=2;i++)
   {for(j=0;j<=2;j++)
      {printf("%5d",a[i][j]);
       }
    printf("\n");
    }
for(i=0;i<=2;i++)
    for(j=0;j<=2;j++)
      if(i==j)sum1=sum1+a[i][j];
    for(i=0;i<=2;i++)
      for(j=2;j>=0;j--)
         if(i+j==2)sum2=sum2+a[i][j];
     printf("sum1=%d\n",sum1);
     printf("sum2=%d\n",sum2);
}
```

7. 执行下面程序的结果是（　　　）。

```
    #include "stdio.h"
    main()
    {int a[6]={1,2,3,4,5,6},i,j,k,m;
    for (i=5;i>=0;i--)
       {k=a[5];
        for(j=4;j>=0;j--)
           a[j+1]=a[j];
           a[0]=k;
```

```
        for(m=0;m<6;m++)
    printf("%2d",a[m]);
        printf("\n");
        }
    }
```

三、编程题

1. 输入 10 个数放在一维数组中，输出最小的数及其下标。

2. 数列的第 1、2 项均为 1，此外各项均为该前两项之和。该程序用来计算数列前 30 项的和。

3. 数组元素 x[i],y[i] 表示平面上某点坐标，统计 10 个点中处于圆（圆方程是（x-1）*(x-1)+(y-0.5)* (y-0.5)=25）中的点数 k。

4. 用数组的方法实现打印乘法九九乘法口诀表。

5. 编程统计某地区 5 月份空调销售量参考程序。空调销售数据如下：

```
#include "stdio.h"
main()
{int i,j,s=0;
 int m[3]={0};
  int amount[3][4]={{52,34,40,40},{60,65,67,56},{45,56,65,66}};
  int brand[4]={0};
  printf("  某地区 3 个商店一个月内空调销售总量 \n");
  printf(" 商店代号  格力  海尔  美的  奥克斯  \n");
.........
```

```
}
```

题 5 程序运行结果如图 4-56 所示。

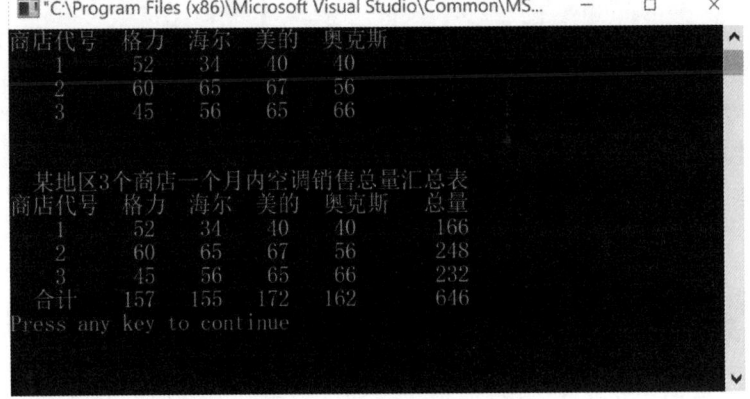

图4-56 题5程序运行结果

根据条件进行学生成绩汇总

知识目标

1. 掌握函数的定义。
2. 掌握函数参数传递的方式。
3. 掌握函数调用的方法和规则，以及函数嵌套调用和递归调用的执行过程。
4. 掌握数组作为函数参数的使用方法。

技能目标

1. 能编写和阅读模块化结构的程序能力。
2. 具有运用函数完成程序设计任务分解，实现模块化程序设计的能力。

课程思政

1. 通过模块化的程序分析，培养学生工程项目分析能力和管理能力，同时加强学生的团队精神及合作能力。

2. 通过形、实参数的不同传递方法，得到不同的程序结果，让学生明白"授之以鱼不如授之以渔"的道理，懂得不仅要学习知识内容，更要掌握学习的方法，才能跟上时代进步。

3. 通过递归函数的定义，说明言传身教、榜样示范的重要性及力量。

项目要求

某班有 40 个学生（分成 5 个组，但每个组的人数不同）参加了期终考试（考了三门课，分别是数学、语文、英语）。老师统计信息：① 统计小组一门课程的总分及平均分；② 统计小组若干门课程的总分及平均分；③ 输出排序后小组三门课成绩单。统计小组一门课程的总分及平均分如图 5-1 所示；统计小组若干门课程的总分及平均分如图 5-2 所示；输出小组排序后三门课的成绩单如图 5-3 所示。

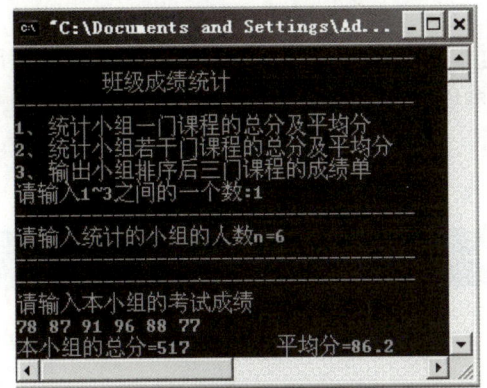

图5-1　统计小组一门课程的总分及平均分

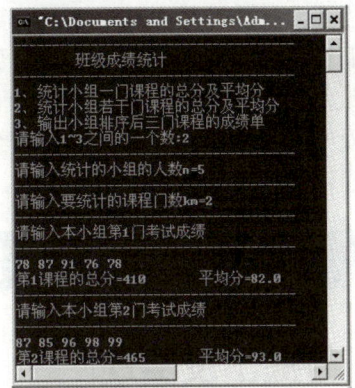

图5-2　统计小组若干门课程的总分及平均分

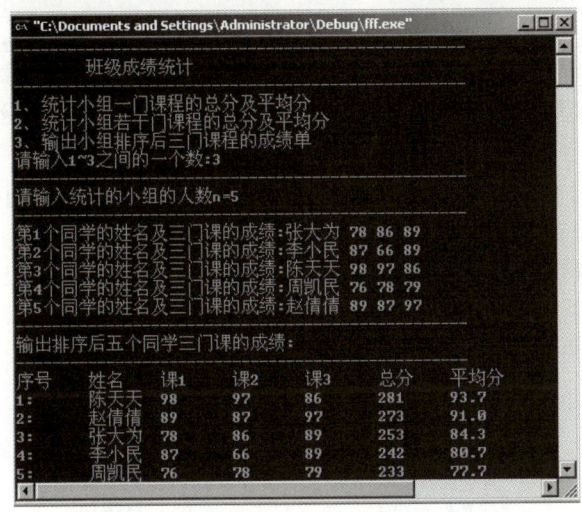

图5-3　输出小组排序后三门课的成绩单

项目分析

本项目要完成的功能相对比较多，为了使程序的结构清晰，我们可以将此项目进行分解：A 统计小组一门课程的总分及平均分；B 统计小组若干门课程的总分及平均分；C 输出小组排序后三门课程的成绩单；M 总负责，即制作菜单并根据需要调用相应的函数。

而 C 这个任务又比较多，所以将它分解为：d 输入记录；e 计算每个同学的总分及平均分，f 排序；g 输出排序后的记录。

这样的编程方式结构清晰，特别是对功能复杂的程序。

我们将 A、B、C、d、e、f、g 称为函数，M 称为主函数。一个完整的 C 语言程序是由一个 main() 函数及若干个其他函数组成的。在前面各项目中介绍的程序都只有一个主函数 main()，但实用程序往往由多个函数组成。

如图 5-4 所示的是本项目中函数调用的示意图。

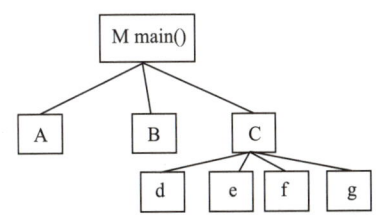

图5-4　根据条件进行成绩汇总函数调用示意图

如果需要，其他函数也可以调用函数。

从上面这段程序可分析出：第一，要了解函数的定义；第二，要懂得函数的调用；第三，要了解函数的其他知识。所以，将本项目可以分解成三个任务：任务 5-1 是统计小组一门课程的总分及平均分；任务 5-2 是统计小组若干门课程的总分及平均分；任务 5-3 是输出排序后小组三门课的成绩单。

任务5-1　统计小组一门课程的总分及平均分

 任务提出及实现

1. 任务提出

某班有 40 个学生（分成 5 个组，但每个组的人数不同）参加了期终考试（考了三门课，分别是数学、语文、英语），请用菜单的方式：求小组一门课程的总分及平均分，即完成本项目中的第一个要求。

分析：由图 5-1 可分析出主函数的功能是设计一个菜单，由所选择的菜单调用相应的函数，但为了界面清晰，所以程序的执行过程中多次用一条线来划界。因此，问题就归结为制作一条线的函数及求一门课程的总分及平均分。

2. 具体实现

```
#include "stdio.h"
void ppp()
{
    printf("-------------------------------------\n");
}
float avg1(int n)
{
    int x,i;
    float s=0;
    ppp();
    printf(" 请输入本小组的考试成绩 \n");
    for(i=1;i<=n;i++)
    {
        scanf("%d",&x);
        s+=x;
    }
    return s;
}
main()
{
    int k,n,km;
    float sum,average;
```

```
    char ch;
    ppp();
    printf("\t 班级成绩统计 \n");
    ppp();
    printf("1、统计小组一门课程的总分及平均分 \n",n);
    printf("2、统计小组若干门课程的总分及平均分 \n");
    printf("3、输出小组排序后三门课程的成绩单 \n");
    printf(" 请输入 1~3 之间的一个数 :");
    scanf("%d",&k);
    ppp();
    if (k==1)
    {
        printf(" 请输入统计的小组的人数 n=");
        scanf("%d",&n);
        ppp();
        sum=avg1(n);
        average=sum/n;
        printf(" 本小组的总分 =%.0f\t 平均分 =%.1f\n",sum,average);
        ppp();
    }
}
```

程序的运行结果见图 5-1。

分析此程序，所需要学习的内容是以下两个代码段（函数）。

```
void ppp()
{
    printf("--------------------------------------\n");
}
```

```
float avg1(int n)
{
    int x,i;
    float s=0;
    ppp();
    printf(" 请输入本小组的考试成绩 \n");
    for(i=1;i<=n;i++)
    {
        scanf("%d",&x);
        s+=x;
    }
    return s;
}
```

　　而在 C 语言中 ppp() 称为无参函数，float avg1(int n) 是有参函数，所以本任务就涉及无参函数、有参函数的定义及调用等知识。

 相关知识

1. 无参函数

无参函数的一般形式为

类型说明符 函数名（）

{ 声明部分

语句

}

"类型说明符"为函数的类型，即函数返回值的类型，可以是整型、实型等类型；"函数名"的命名规则等同变量名的命名规则；小括号是空的，没有任何参数；花括号是函数体，用于实现该函数的功能。

函数体主要由三部分组成：

> 声明部分 //定义一些变量。
>
> 若干语句 //实现该函数的功能。
>
> return 语句 /* 带回一个返回值，返回值的类型与函数类型要一致。如果函数没有返回值，则可以省略 return 语句，同时类型说明符可以写成 void。*/

函数名具体调用形式有以下两种。

函数类型 函数名（）
{函数体；}
main()
{语句；
函数名（）；
语句；}

①

函数类型 函数名（）；
main()
{语句；
函数名（）；
语句；}
函数类型 函数名（）
{函数体；}

②

若所调用的函数位置放在被调用的函数后，则需要有函数说明语句（请注意下面程序段的斜体字）。

【例 5-1】输出 10 行 10 列的星号（要求用函数调用方式解决）。

方法 1（主函数在前）

```c
#include "stdio.h"
void pp();
main()
{
    int i;
    for(i=1;i<=10;i++)
        pp();
}
void pp()
{
```

```
      printf("**********\n");
   }
```

方法2（主函数在后）

```
#include "stdio.h"
void pp()
{
printf("**********\n");
   }


main()
{
    int i;
    for(i=1;i<=10;i++)  pp();
}
```

例5-1程序运行结果如图5-5所示。在程序中，void
表示这个函数无返回值；pp是函数名。

【例5-2】用菜单的形式分别选择百钱买百鸡、九九
口诀表、水仙花数。

分析：百钱买百鸡、九九口诀表、水仙花数分别在项
目3的例3-10、例3-28、例3-22中介绍过。本题就是将例3-10、
例3-28、例3-22改为函数形式，然后在主函数中调用即可。
所以本程序中有3个无参函数，即sxhs()、jjb()、bqmbj()分
别用来求水仙花数、求九九口诀表、求百钱买百鸡。

程序如下：

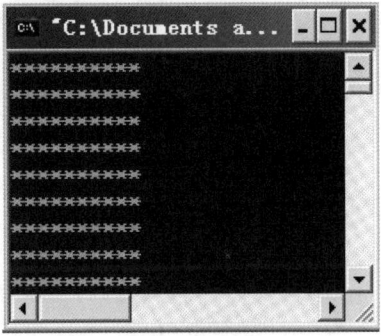

图5-5 例5-1程序运行结果

```
#include "stdio.h"
void sxhs();
void jjb();
void bqmbj();
main()
{
  int i;
  printf("1.水仙花数 \n");
  printf("2.乘法九九表 \n");
  printf("3.百钱买百鸡 \n");
  printf(" 请选择 1~3 的菜单:");
  scanf("%d", &i);
  if (i==1)sxhs();          // 当 x=1，调用求水仙花数的函数
  if (i==2)jjb();           // 当 x=2，调用乘法九九表的函数
  if (i==3)bqmbj();         // 当 x=3，调用百钱买百鸡的函数
}
/* 水仙花数 */
void sxhs()
{
```

```
    int i, a, b, c;
    printf("\n下列数字为水仙花数：\n");
    for(i=100;i<=999;i++)
    {
        a=i/100;
        b=(i-a*100)/10;
        c=i-a*100-b*10;
        if (i==a*a*a+b*b*b+c*c*c)
            printf("%d \n", i);
    }
}
/* 乘法九九表 */
void jjb()
{
    int i, j;
    printf("\n乘法九九表 \n");
    for(i=1;i<=9;i++)
    {
        for(j=1;j<=i;j++)
        {
            printf("%-5d", i*j);
        }
        printf("\n");
    }
}
/* 百钱买百鸡 */
void bqmbj()
{
    int x, y, z;
    printf(" 公鸡数  母鸡数  小鸡数 \n");
    for(x=1;x<=50;x++)
        for(y=1;y<=33;y++)
        {
        z=100-x-y;
        if(2*x+3*y+0.5*z==100)printf("%4d   %4d   %4d\n", x, y, z);
        }
}
```

例 5-2 程序运行结果如图 5-6 所示（分别选择 1~3 的值）。

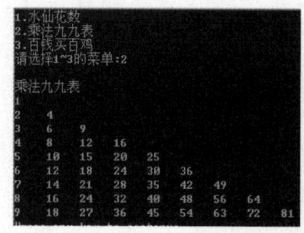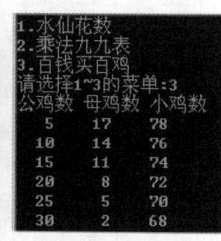

图5-6　例5-2程序运行结果

2. 空函数

空函数的一般形式如下：

类型说明符　函数名（ ）

{

}

小括号中是空的，花括号中也是空的。此函数没有任何功能，只是占一个位置而已。这样做的好处是方便将来扩充新的功能。

3. 有参函数

（1）有参函数的一般形式

类型说明符　函数名 (形参类型 形参名，形参类型 形参名，……，形参类型 形参名)

{ 声明部分

语句

return　语句

}

小括号中的形参可以有一个，也可以有多个。函数体中的最后一条语句，通常是 return 语句，其作用是带回一个返回值。若没有返回值，则可以省略 return 语句。

（2）有参函数的调用

有参函数的调用与无参函数类似，只不过有参函数需要有形参，即函数名（实参列表）。具体调用方式有以下两种：

```
函数类型 函数名（形参列表）
{函数体；}
main()
  {语句；
  函数名（实参列表）；
语句；}
```

```
函数类型 函数名（形参列表）；
main()
{语句；
    函数名（实参列表）；
    语句；}
函数类型 函数名（形参列表）
{函数体；}
```

①   ②

【例 5-3】求 $C_m^n = m!/(n!(m-n)!)$（注：程序中用 Cmn 表示）

分析：如果有一个函数 jc(k)，其功能是求 k!，即 jc(5) 就是 5！，jc(8) 就是 8！，jc(10)就是 10！，显然对 m!/(n!(m-n)!) 来说，就是 jc(m)/(jc(n)*jc(m-n))。下面进行函数 jc(k) 的编写。函数的首部如下：

int   jc   (int   k)

函数类型   函数名   形参类型   形参名

参考以下两种程序。

```
#include "stdio.h"                    #include "stdio.h"
int jc(int k); /* 函数说明语句 */      /* 阶乘的函数 */
main()                                int jc(int k)
{int m,n,c;                           {int i;
 printf(" 请输入 m，n 的值 :");         int t=1;
 scanf("%d%d",&m,&n);                  for(i=1;i<=k;i++)
 c=jc(m)/(jc(n)*jc(m-n));                 t=t*i;
 printf("Cmn 的值为 %d\n",c);           return t;
}                                     }
/* 阶乘的函数 */                       /* 主函数 */
int jc(int k)                         main()
{int i;                               {int m,n,c;
 int t=1;                              printf(" 请输入 m，n 的值 :");
 for(i=1;i<=k;i++)                     scanf("%d%d",&m,&n);
    t=t*i;                            c=jc(m)/(jc(n)*jc(m-n));
 return t;                            printf("Cmn 的值为 %d\n",c);
}                                     }
```

等价

例 5-3 程序运行结果如图 5-7 所示。

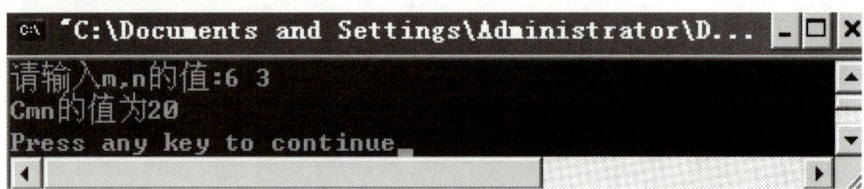

图5-7　例5-3程序运行结果

C 语言规定，实参变量对形参变量的数据传递是"值传递"，即单向传递。下面用例 5-4 来充分说明值传递的含义。

【例 5-4】调用函数时的数据传递。输入两个数 x，y，求两个数中值较大的数。

```
#include "stdio.h"
int max(int x,int y)
{
   int t,max;
   if(x<y)
     {t=x;x=y;y=t;}
   max=x;
   printf(" 在函数中的 x,y 的值为 x=%d,y=%d\n",x,y);
   return max;
}

main()
{
   int x,y,mm;
   printf(" 请输入 x,y 的值 :");
   scanf("%d,%d",&x,&y);
   printf(" 调用函数前 x,y 的值为 x=%d,y=%d\n",x,y);
   mm=max(x,y);
```

```
    printf("mm 的值为 %d\n",mm);
    printf(" 调用函数后 x,y 的值为 x=%d,y=%d\n",x,y);
}
```

例 5-4 程序运行结果如图 5-8 所示。

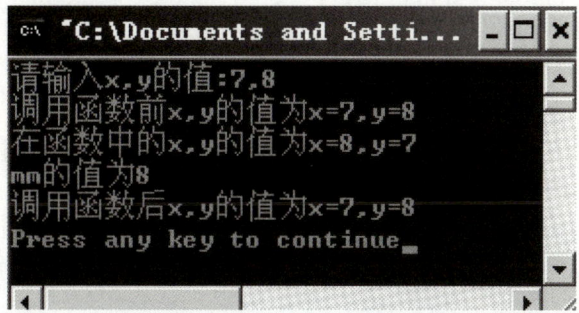

图5-8　例5-4程序运行结果

尽管在主函数和 max() 函数中都定义了名为 x，y 的变量，但它们属于不同的实体，仅名称相同而已，就好比有两个人都叫"李小芳"，但一个是计算机班的"李小芳"，另一个是国贸班的"李小芳"。所以，当主函数中的 x，y 的值传递到函数 max() 中时，x，y 的值发生了交换，但这只是发生在 max() 函数内部的事，与主函数一点关系都没有，即主函数调用了 max() 函数后，其 x，y 的值保持不变，还是原值。

现在回头分析本任务中的具体实现。

（1）函数 ppp()

```
void ppp()
{
    printf("--------------------------------------\n");
}
```

该函数功能是输出一条线。

（2）函数 avg1()

```
float avg1(int n)
{
    int x,i;
    float s=0;
    ppp();
    printf(" 请输入本小组的考试成绩 \n");
    for(i=1;i<=n;i++)
    {
        scanf("%d",&x);
        s+=x;
    }
    return s;
}
```

float avg1(int n) 中的 float 表示函数的返回值是单精度型的，其功能是计算并返回 n 个同学的总分。

举一反三

在本任务中介绍了无参函数的定义及调用、有参函数的定义及调用。下面通过具体例子来巩固前面所学的知识。

【例5-5】请仿照例5-2编写一个用菜单的形式分别选择1～100的奇数和（请看任务3-1的初步训练题2）及韩信点兵问题（韩信点兵问题请看例3-25）。

分析：1～100的奇数和、韩信点兵分别在项目3中的实践训练、例3-25中介绍过。本题就是将它改为用函数实现，然后在主函数中调用即可。所以本程序中有两个无参函数，即hxdb()、sum()，分别实现韩信点兵、1～100的奇数和。

```c
#include "stdio.h"
void hxdb()                    // 韩信点兵
{
    long i;
    for(i=1;;i++)
      if(i%3==2&&i%5==2&&i%7==4&&i%13==6&&i%17==2&&i%19==10)
       break;
    printf(" 韩信统领的兵数有：%ld\n",i);
}
void sum()                     //1～100的奇数和
{
    int i,s=0;
    for(i=1;i<=100;i=i+2)
       s=s+i;
    printf("1-100 奇数的和为 %d\n",s);
}

main()
{
    int i;
    printf("1. 韩信点兵 \n");
    printf("2.1-100 的奇数和 \n");
    printf(" 请选择 1~2 的菜单：");
    scanf("%d",&i);
    if (i==1)hxdb();        // 当 x=1，调用韩信点兵函数
    if (i==2)sum();         // 当 x=2，调用 1～100 的奇数和函数
}
```

【例5-6】编写一个函数 x！，在主函数中调用它。

参考程序如下：

```c
#include "stdio.h"
int jc(int x)
{
    int i,t=1;
```

```
        for(i=1;i<=x;i++)
            t=t*i;
        return t;
}
main()
{
        int n;
        printf(" 请输入 n 的值 ");
        scanf("%d",&n);
        printf("%d!=%d\n",n,jc(n));
}
```

【例 5-7】编写一个函数：求两个数的最大公约数，在主函数中调用它。

参考程序如下：

```
#include "stdio.h"
int gy(int x,int y)
{
        int i;
        for(i=x;i>=1;i--)
            if(x%i==0 && y%i==0)return i;
}
main()
{
        int n,m;
        printf(" 请输入 n、m 的值 ");
        scanf("%d%d",&n,&m);
        printf("%d 与 %d 的最大公约数 =%d\n",n,m,gy(n,m));
}
```

【例 5-8】编写一个函数：输出一排星号，在主函数中调用它，使之输出图形如下。
```
*
**
***
****
*****
******
```
参考程序如下：

```
#include "stdio.h"
void xh(int n)
{
        int i;
        for(i=1;i<=n;i++)
            printf("*");
}
```

```
main()
{
    int m,i;
    printf("请输入 m 的值 ");
    scanf("%d",&m);
    for(i=1;i<=m;i++)
    {
        xh(i);
        printf("\n");
    }
}
```

【例 5-9】用函数编写加减乘的运算，每次出 5 题，并给出训练成绩（这里不考虑除法运算，原因是担心两个数除不尽）。

```
#include<stdio.h>
#include<stdlib.h>        /* 用到了产生随机数的库函数 rand()，所以要包含 stdlib.h*/
#include <time.h>         /* 用到了产生随机种子 time()，所以要包含 time.h*/
void jia();               // 加法函数
void jian();              // 减法函数
void  cheng();            // 乘法函数

main()
{
    int ysf;                         // 运算符
    printf("加法训练请选择 1\n");
    printf("减法训练请选择 2\n");
    printf("乘法训练请选择 3\n");
    scanf("%d",&ysf);
    if(ysf==1)jia();
    if(ysf==2)jian();
    if(ysf==3)cheng();
}

void jia()
{   int x,y,z;
    int k,fs=0;;
    for(k=1;k<=5;k++)
    {   srand((unsigned)time( NULL ) );      /* 产生随机种子 */
        x=rand();                            /* 产生随机数 */
        y=rand();
        x=x%10;                                          /* 让产生的随机数变成 10 以内的数 */
        y=y%10;
        printf("%d+%d=",x,y);
        scanf("%d",&z);
        if(x+y==z)
           {printf("  正确！ \n");
```

```
                fs=fs+20;
                }
            else
            {printf("  错误！\n");
             fs=fs+0;}
        }
    printf(" 本次训练成绩为:%d\n",fs);
}
    void jian()
{ int x,y,z,t;
    int k,fs=0;;
    for(k=1;k<=5;k++)
        { srand((unsigned)time( NULL ) );      /* 产生随机种子 */
          x=rand();                             /* 产生随机数 */
          y=rand();
          x=x%10;                               /* 让产生的随机数变成 10 以内的数 */
          y=y%10;
          if(x<y){t=x;x=y;y=t;}
          printf("%d-%d=",x,y);
          scanf("%d",&z);
          if(x-y==z)
            {  printf("  正确！\n");
               fs=fs+20;
            }
          else
            {printf("  错误！\n");
             fs=fs+0;}
        }
    printf(" 本次训练成绩为:%d\n",fs);
}
void cheng()
{  int x,y,z;
   int k,fs=0;;
   for(k=1;k<=5;k++)
        { srand((unsigned)time( NULL ) );      /* 产生随机种子 */
          x=rand();                             /* 产生随机数 */
          y=rand();
          x=x%10;                               /* 让产生的随机数变成 10 以内的数 */
          y=y%10;
          printf("%d*%d=",x,y);
          scanf("%d",&z);
          if(x*y==z)
            {printf("  正确！\n");
             fs=fs+20;
            }
          else
            {  printf("  错误！\n");
               fs=fs+0;}
```

```
    }
    printf(" 本次训练成绩为 :%d\n",fs);
}
```

例 5-9 程序运行结果如图 5-9 所示。

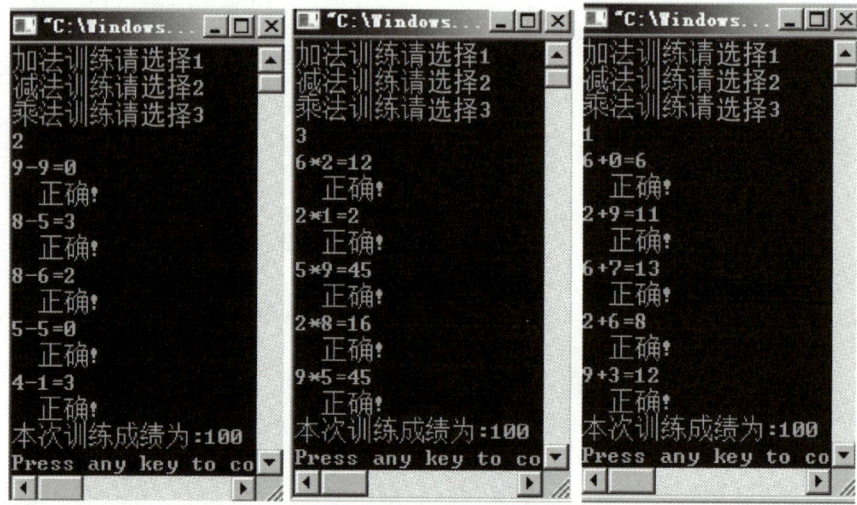

图5-9　例5-9程序运行结果

如果考虑训练题量由用户来决定，则如何修改？请试之。

 **实践训练**

经过前面的学习，大家已了解了无参函数、有参函数的一般用法。下面让各位同学一展身手，自己动手解决一些问题。

☆ 初级训练

1．写出以下程序的运行结果。

（1）

```c
#include "stdio.h"
int fun(int x,int y)
{
    return x+y;
}
main()
{
    int a=2,b=3,c=8;
    int x,y;
    x=fun(a+c,b);
    y=fun(x,a-c);
    printf("%5d\n",y);
}
```

（2）

```
#include "stdio.h"
fun(int x,int y,int a)
{
    a=x+y;
}
main()
{
    int a=31;
    fun(5,2,a);
    printf("%d\n",a);
}
```

2. 在 main 函数中调用 3 个无参函数 jx( )、sjx( )、zsjx( )，其功能是输出不同形状的星形图。不同形状星形图程序运行结果如图 5-10 所示。

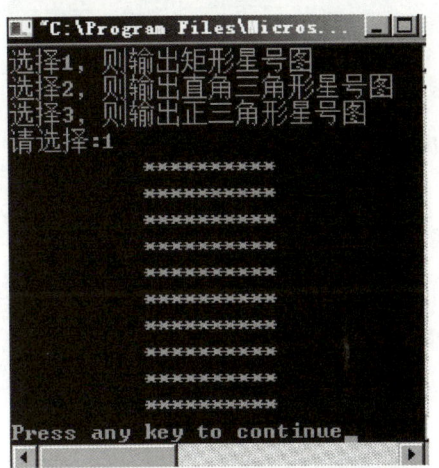
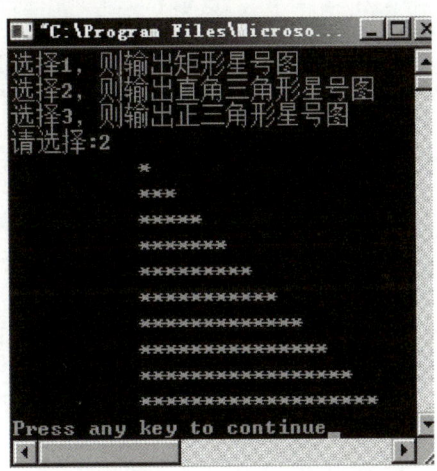

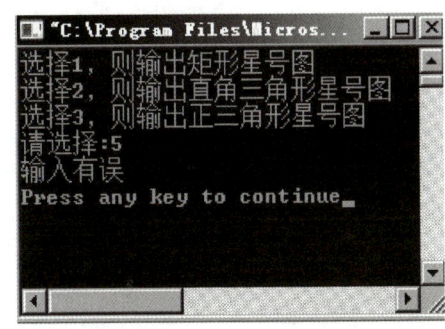

图5-10　不同形状星形图程序运行结果

请将下列程序补充完整：

```c
#include "stdio.h"
void jx()                  // 输出矩形星号图形的函数
{
   int i,j;
   for(j=1;_____;j++)
   {
     for(i=1;i<=10;i++)
         printf(" ");
     for(i=1;i<=10;i++)
         _____;
         _____;
    }
}
void sjx( )                // 输出直角三角形星号图形的函数
{
   int i,j;
   for(j=1;j<=10;j++)
   {
     for(i=1;i<=10;i++)
         _____;
     for(i=1;_____;i++)
         printf("*");
     printf("\n");
    }
}
void zsjx( )               // 输出正三角形星号图形的函数
{
   int i,j;
   for(j=1;j<=10;j++)
     {
       for(i=1;_____;i++)
          printf(" ");
       for(i=1;_____;i++)
          _____;
          _____;
      }
}
main()
{
   int k;
   printf("选择 1，则输出矩形星号图 \n");
   printf("选择 2，则输出直角三角形星号图 \n");
   printf("选择 3，则输出正三角形星号图 \n");
   printf("请选择 :");
   scanf("%d",&k);
   if(_____)jx( );
```

```
    else
        if(k==2)_____;
    else
        if(k==3)zsjx( );
    else
        printf(" 输入有误 \n");
}
```

3. 在 main 函数中输入 3 个数，并调用 fun 函数，fun 函数的功能是判断输入的 3 个数能否组成三角形，输出判断结果。能否构成三角形程序运行结果如图 5-11 所示。

图5-11 能否构成三角形程序运行结果

请将下列程序补充完整：

```
#include "stdio.h"
int fun(int a,_____)
{
    if(a+b>c _____)return 1;
    return 0;
}
main()
{
    int x,y,z;
    printf(" 请输入三角形三边的值 ");
    scanf("%d%d%d",&x,&y,&z);
    if(_____)printf(" 输入的三个数可以构成三角形 \n");
    else
        printf(" 输入的三个数不能构成三角形 \n");
}
```

4. 编写一个判断素数的函数，主函数中输入一个整数，输出是否是素数的信息。判断素数函数程序运行结果如图 5-12 所示。

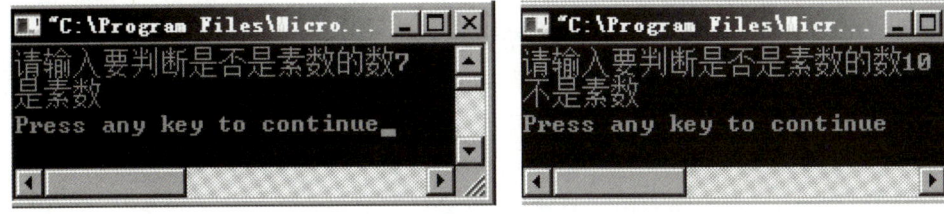

图5-12 判断素数函数程序运行结果

请将下列程序补充完整：

```c
#include "stdio.h"
int ss(int a)
{
   int i;
   for(i=2;i<=_____;i++)
      if(_____)return 0;
   return 1;
}
main()
{
   int x;
   printf(" 请输入要判断是否是素数的数 ");
   scanf("%d",&x);
   if(_____)printf(" 是素数 \n");
   else
        printf(" 不是素数 \n");
}
```

5. 在 main 函数中输入两个数，并调用 gb 函数，gb 函数的功能是求两个数的最小公倍数。最小公倍数程序运行结果如图 5-13 所示。

图5-13 最小公倍数程序运行结果

请将下列程序补充完整：

```c
#include "stdio.h"
int gb(int a,_____)                  // 求两个数的公倍数的函数
{
   int i;
   for(i=a;i<=_____;i++)
     if(_____)return i;
}
main()
{
   int x,y,z;
   printf(" 输入要求最小公倍数的 2 个整数，以空格隔开 ");
   scanf("%d%d",&x,&y);
   z=_____;
   printf("%d 与 %d 的最小公倍数为 %d\n",_____);
}
```

6. 在 main 函数中输入小王所在小组 6 位员工的工资，并调用 avg 函数，avg 函数的功能是求小王所在小组的员工的平均工资。员工平均工资程序运行结果如图 5-14 所示。

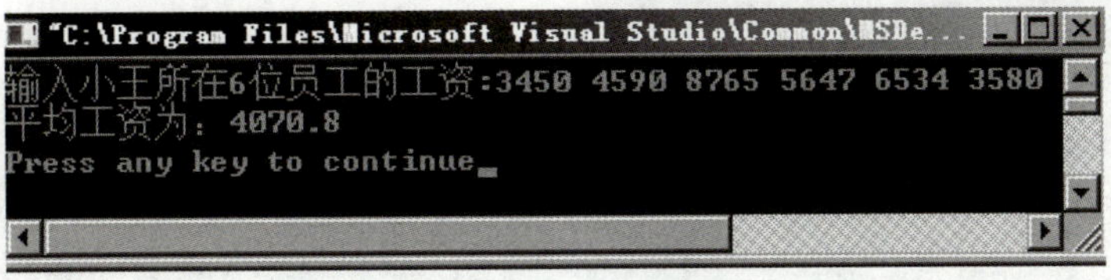

"C:\Program Files\Microsoft Visual Studio\Common\MSDe...
输入小王所在6位员工的工资:3450 4590 8765 5647 6534 3580
平均工资为: 4070.8
Press any key to continue

图5-14 员工平均工资程序运行结果

请将下列程序补充完整：

```
#include "stdio.h"
float avg( )                    // 求 6 位员工平均工资的函数
{
   float s=0,t,x;
   int i;
   for(i=1;i<=6;i++)
   {
         ______________;
         s=s+x;
   }
   ________________;
   return t;
}
main()
{
   float x;
   printf(" 输入小王所在 6 位员工的工资 :");
   printf(" 平均工资为：%5.1f\n",________);
}
```

☆ 深入训练

1. 在main函数中调用3个有参函数jx(n)、sjx(n)、zsjx(n)，其功能是输出不同形状的星形图。星形图的行数由 n 决定，如图 5-15 所示。

"C:\Program Files\Micr...
选择1, 则输出距形星号图
选择2, 则输出直角三角形星号图
选择3, 则输出正三角形星号图
请选择:1
请选择要输出的星号的行数:6
******
******
******
******
******
******
Press any key to continue
"C:\Program Files\Micro...
选择1, 则输出距形星号图
选择2, 则输出直角三角形星号图
选择3, 则输出正三角形星号图
请选择:2
请选择要输出的星号的行数:6
*
***
*****
****
****
****
Press any key to continue

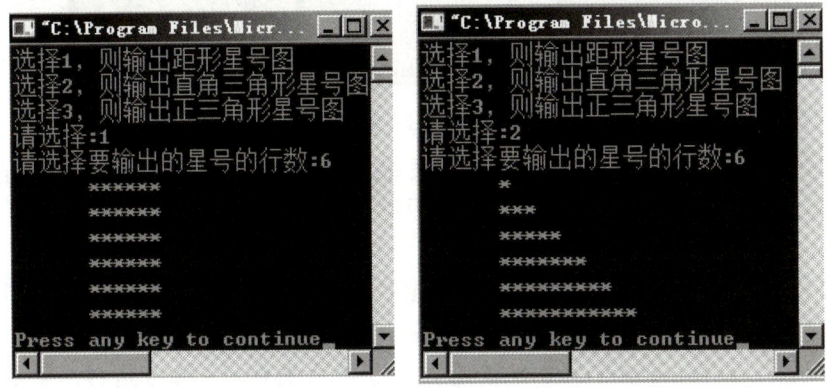

图5-15 星形图程序运行结果

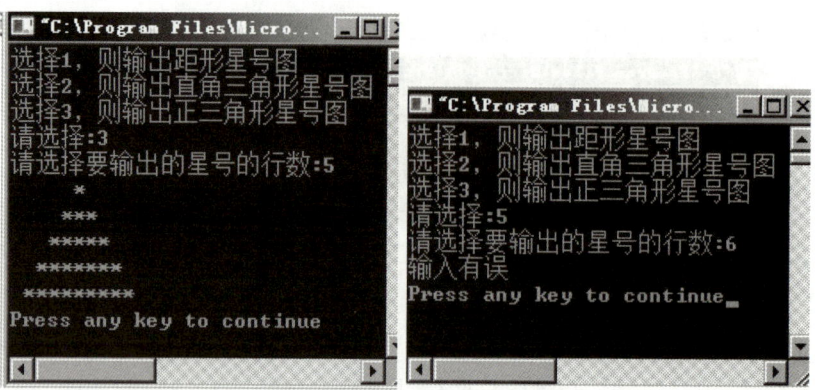

图5-15　星形图程序运行结果（续）

2．编写一个判断素数的函数，主函数中输出 2 ～ 100 的所有素数，要求每行输出 5 个。
2 ～ 100 素数程序运行结果如图 5-16 所示。

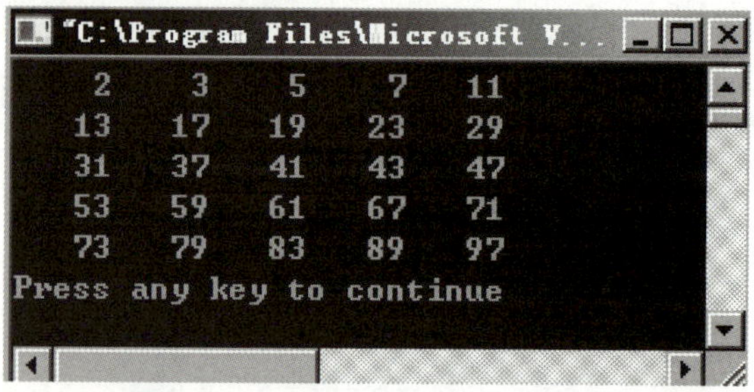

图5-16　2～100素数程序运行结果

提示：与初级训练中的第 4 题不同的是，此处给定整数的范围，所以可将 scanf 语句改为循环，同时注意每行只能输出 5 个素数。

3．在 main() 函数中输入小王所在小组员工的工资（人数由键盘输入），并调用 avg 函数，avg 函数的功能是求小王所在小组的员工的平均工资。小王所在组员工平均工资程序运行结果如图 5-17 所示。

图5-17　小王所在组员工平均工资程序运行结果

4．编写函数 computNum(int num)，它的功能是计算任意输入的一个正整数的各位数字之和，结果由函数返回（如输入数据是 123，返回值为 6）。

要求：num 由主函数输入，调用该函数后，在主函数内输出结果。

5．程序说明：编写两个函数分别求两个整数的最大公约数和最小公倍数，用主函数调用这两个函数，并输出结果，两个整数由键盘输入。

6．编写函数 mulNum(int a,int b)，该函数功能是用来确定 a 和 b 是否是整数倍的关系。如果 a 是 b 的整数倍，则函数返回值为 1，否则函数返回值为 0。

要求：

① 在主函数中输入一对数据 a 和 b，调用该函数后，输出结果并加以相应的说明。如在主函数中输入 10，5，则输出 10 是 5 的倍数。

② 分别输入下面几组数据进行函数的正确性测试：1 与 5、5 与 5、6 与 2、6 与 4、20 与 4、37 与 9 等，并对测试信息加以说明。

任务5-2　统计小组若干门课程的总分及平均分

 任务提出及实现

1. 任务提出

某班有 40 个学生（分成 5 个组，但每个组的人数不同）都参加了期终考试（考了三门课，分别是数学、语文、英语），请用菜单的方式求小组若干门课程的总分及平均分（即完成本项目中的第二个要求）。

分析： 由图 5-2 可分析出主函数的功能是设计一个菜单，由所选择的菜单调用相应的函数，但为了界面清晰，所以在程序的执行过程中出现求小组的若干门成绩的平均分及总分的函数时又调用了一条线的函数 ppp()。

2. 具体实现

```c
#include "stdio.h"
/* 输出线条函数 */
ppp()
{
    printf("-------------------------------------\n");
}
/* 某个小组若干门课程的平均分与总分函数 */
void avgevery(int n,int km)
{
    int x,i,j;
    float s,avg;
    for(j=1;j<=km;j++)
    {
        s=0;
        printf(" 请输入本小组第 %d 门考试成绩 \n",j);
        ppp();
        for(i=1;i<=n;i++)
        {
            scanf("%d",&x);
            s+=x;
        }
        avg=s/n;
```

```
        printf(" 第 %d 课程的总分 =%.0f\t 平均分 =%.1f\n",j,s,avg);
        ppp();
    }
}
/* 主函数 */
main()
{
    int k,n,km;
    char ch;
    ppp();
    printf("\t 班级成绩统计 \n");
    ppp();
    printf("1、统计小组一门课程的总分及平均分 \n",n);
    printf("2、统计小组若干门课程的总分及平均分 \n");
    printf("3、输出小组排序后三门课程的成绩单 \n");
    printf(" 请输入 1~3 之间的一个数 :");
    scanf("%d",&k);
    ppp();
    if(k==2)
    {
        printf(" 请输入统计的小组的人数 n=");
        scanf("%d",&n);
        ppp();
        printf(" 请输入要统计的课程门数 km=");
        scanf("%d",&km);
        ppp();
        avgevery(n,km);
    }
}
```

运行结果见图 5-2。

分析此程序，发现主函数调用 avgevery() 函数，而 avgevery() 函数又调用 ppp() 函数，这就是在本任务中要解决的问题，即函数的嵌套调用。

 **相关知识**

1. 嵌套函数

在调用一个函数的过程中，可以再调用一个函数。

C 语言的函数定义都是平行的、独立的。也就是说，在定义一个函数时，该函数体内不能再定义另一个函数。即 C 语言不允许嵌套定义函数，但是允许嵌套调用函数，即在调用一个函数的过程中，可以再调用一个函数。函数嵌套调用示意图如图 5-18 所示。

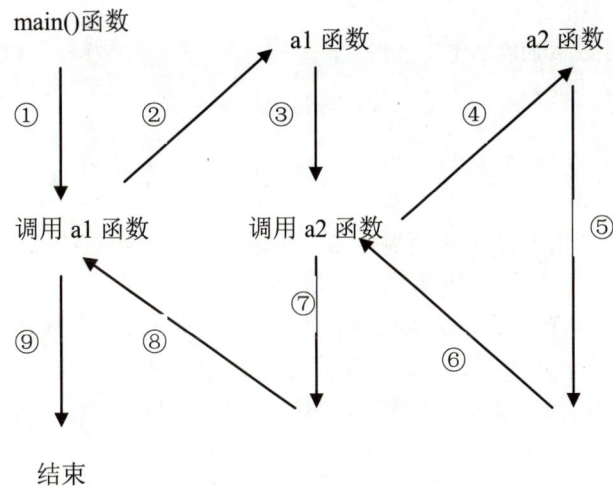

图5-18　函数嵌套调用示意图

图 5-18 表示了两层嵌套调用的情形。其执行过程是：执行 main() 函数中调用 a1 函数时，即转去执行 a1 函数；在 a1 函数中调用 a2 函数时，又去执行 a2 函数；a2 函数执行完毕返回 a1 函数断点继续执行；a1 函数执行完毕返回 main() 函数的断点继续执行，直至程序执行结束。

2. 嵌套函数的应用

【例 5-10】函数的嵌套调用。求 $C_m^n = m!/(n!(m-n)!)$，要求用函数的嵌套方式完成。

分析：假设有 3 人参加，C 负责计算 jc(k)，B 向 C 要 jc(k)，然后计算 C_m^n()；A 负责输入 m、n 两个数，然后直接向 B 要 C_m^n 的结果（注：程序中 C_m^n 用 Cmn 表示）。

参考程序如下：

```
#include "stdio.h"
/*C 的程序 */
int jc(int k)
{
    int i;
    int t=1;
    for(i=1;i<=k;i++)
    t=t*i;
    return t;
}
/*B 的程序 */
int cmn(int m,int n)
{
    int z;
    z= jc(m)/(jc(n)*jc(m-n));
    return z;}
/*A 的程序 */
main()
```

```
{
    int m,n,c;
    printf(" 请输入 m, n 的值 :");
    scanf("%d%d",&m,&n);
    c=cmn(m,n);
    printf("Cmn 的值为 %d\n",c);
}
```

这个程序就是 A 要调用 B，而 B 要调用 C，所以这就称为函数的嵌套调用。

现在回头分析本任务中的具体实现，它比第一个任务更复杂主要表现在：① 函数 avgevery(int n,int km) 有两个参数，故需要传递两个值，即小组的人数及课程门数；② 为了界面清晰，所以在 avgevery() 函数中又调用了 ppp() 函数，即主函数调用 avgevery() 函数，而 avgevery() 函数又调用 ppp() 函数，即属于函数的嵌套调用。

 ## 知识扩展

1. 递归函数

当你往镜子前面一站，镜子里面就有一个你的像。但你试过两面镜子一起照吗？如果甲、乙两面镜子相互面对面放着，你往中间一站，嘿，两面镜子中都有你的千百个"化身"！为什么会有这么奇妙的现象呢？原来，甲镜子里有乙镜子里的像，乙镜子里也有甲镜子的像，而且这样反反复复，就会产生一连串的"像中像"。这是一种递归现象。

函数的递归调用就是在调用一个函数的过程中，又出现直接或间接地调用该函数本身。

一个函数在其函数体内调用它自身成为递归调用，这种函数称为递归函数。

在递归函数中，由于存在自身调用过程，程序控制将反复地进入它的函数体，为防止自引用过程无休止地继续下去，在函数体内必须设置某种条件。这种条件通常用 if 语句来控制。当条件成立时终止自身调用过程，并使程序控制逐渐从函数中返回。

2. 递归函数的应用

【例 5-11】猜年龄。5 位小朋友排着队做游戏。第 1 位小朋友 10 岁，其余的年龄一位比一位大 2 岁，第 5 位小朋友的年龄是多大？

分析：

要知道第 5 位小朋友的年龄，则一定要知道第 4 位小朋友的年龄；

要知道第 4 位小朋友的年龄，则一定要知道第 3 位小朋友的年龄；

要知道第 3 位小朋友的年龄，则一定要知道第 2 位小朋友的年龄；

要知道第 2 位小朋友的年龄，则一定要知道第 1 位小朋友的年龄；

而第一位小朋友的年龄是已知的，即 10 岁，这样倒推就能知道第 5 位小朋友的年龄。若用 age(n) 表示第 n 位小朋友的年龄，则有公式：

$$age=\begin{cases} 10 & (n=1) \\ age(n-1)+2 & (n>1) \end{cases}$$

```
#include "stdio.h"
int age( int  n )
{
    int c;
    if (n==1) c=10;
    else
        c=age(n-1)+2;
    return c;
}
main()
{
        printf(" 第五位小朋友的年龄为%d\n",age(5));
}
```

运行结果如下：

第五位小朋友的年龄为18

以上递归调用的执行和返回情况，可以借助图 5-19 来说明。

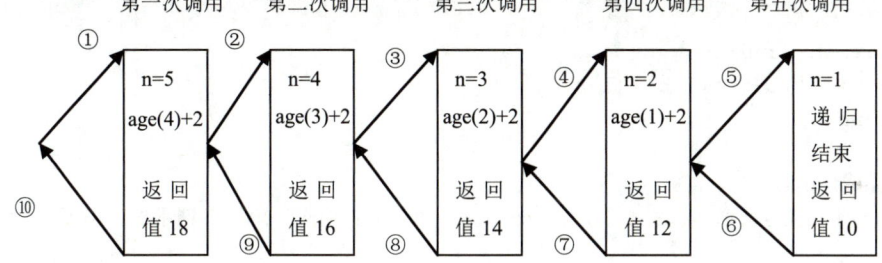

图5-19　例5-11的函数调用过程

【例 5-12】求 1+2+3+⋯+n 的和。

分析：可写成

$$sum(n)=\begin{cases} 1 & (n=1) \\ sum(n-1)+n & (n>1) \end{cases}$$

程序如下：

```
#include "stdio.h"
int sum(int n)
{
    int y;
    if(n==1)y=1;
    else
        y=sum(n-1)+n;
    return y;
}
main()
{
```

```
    int n;
    scanf("%d",&n);
    printf("%d\n",sum(n));
}
```

 举一反三

在本任务中介绍了函数的嵌套调用、函数的递归调用，下面通过实例来巩固前面所学的知识。

【例 5-13】试编程利用海伦公式求三角形面积。程序由三部分构成：B 负责判断能否构成三角形；C 负责计算三角形的面积；而 A 是总负责，其职责是输入三个数，调用函数 B 判断输入的三个数是否能构成三角形，若能，则调用 C。

```
#include "stdio.h"
#include "math.h"
/*C 所完成的函数 */
float area(int a,int b,int c)              // 计算三角形面积
{
    float s,l;
    l=(a+b+c)/2.0;
    s=sqrt(l*(l-a)*(l-b)*(l-c));
    return s;
}
/*B 所完成的函数 */
int istriangle(int a,int b,int c)        // 若能否构成三角形，调用求三角形面积函数
{
    int t;
    if(a+b>c && a+c>b && b+c>a)t=area(a,b,c);
    else
        t=0;
    return t;
}

/*A 所完成的函数 */
main()
{
    int a,b,c;
    float s;
    printf(" 请输入三角形 a,b,c 的值 \n");
    scanf("%d,%d,%d",&a,&b,&c);
    s= istriangle(a,b,c);
    if (s!=0)
        printf(" 三角形的面积为 %.1f\n",s);
    else
        printf(" 对不起，构不成三角形 \n");
}
```

【例 5-14】用递归求 n!。

分析：

若 n=6，则 6!=5!*6，5!=4!*5，4!=3!*4，3!=2!*3，2!=1!*2，而 1!=1，所以，可以写成：

$$n!=\begin{cases} 1 & (n=1) \\ (n-1)!*n & (n>1) \end{cases}$$

参考程序如下：

```c
#include <stdio.h>
long jc(int n)
{
   int i;
   long t;
   if (n==1)t=1;
   else
      t=jc(n-1)*n;
   return t;
}
void main()
{
   int n;
   scanf("%d",&n);
   printf("%d!=%ld\n",n,jc(n));
}
```

【例 5-15】1202 年，意大利数学家斐波那契出版了他的《算盘全书》，在书中第一次提到了著名的 Fibonacci 数列：1，1，2，3，5，8，13，21，…定义如下：

$$Fibonacci(n)=\begin{cases} 1 & (n=1) \\ 1 & (n=2) \\ Fibonacci(n-1)+Fibonacci(n-2) & (n>2) \end{cases}$$

请输出 Fibonacci 数列的前 n 项，程序运行结果如图 5-20 所示。

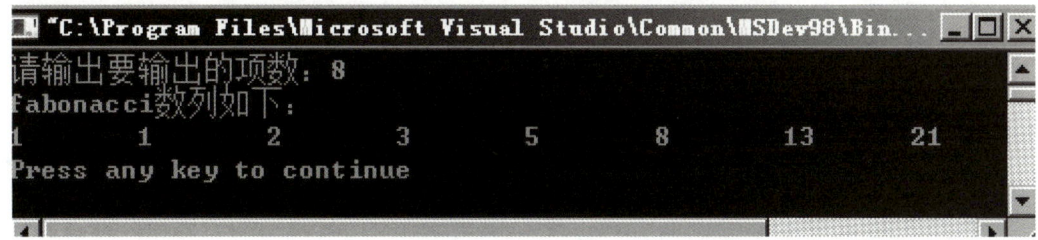

图5-20　斐波那契数列前n项程序运行结果

程序如下：

```
#include <stdio.h>
long fab(int n)
{
    int i;
    long t;
    if (n==1 || n==2)t=1;
    else
        t=fab(n-1)+fab(n-2);
    return t;
}
void main()
{
    int n,i;
    printf(" 请输出要输出的项数：");
    scanf("%d",&n);
    printf("fabonacci 数列如下：\n");
    for(i=1;i<=n;i++)
    printf("%-8d",fab(i));
    printf("\n");
}
```

 实践训练

☆ 初级训练

1. 编写求一元二次方程 $ax^2+bx+c=0$ 的方程根的程序，用两个函数分别求出当 b*b-4a*c 大于零、等于零和小于零时根的情况。要求从主函数输入 a，b，c 的值并输出结果。求方程根程序运行结果如图 5-21 所示。

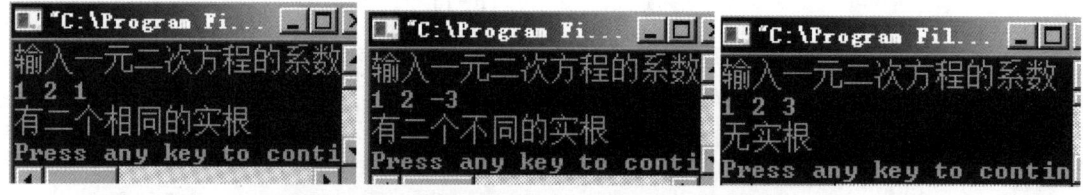

图5-21　求方程根程序运行结果

程序补充完整，请在空白处补写代码：

```
#include "stdio.h"
int  dd(int a, int b, int c)
{
    int  t;
    t=b*b-4*a*c;
    if(t>_____)
      return t;
    else
      if  (t==0)
```

```
            return 0;
      else   return -1;
}
void fcj(int a,int b,int c)
{
   if(_____)
      printf(" 有两个不同的实根 \n");
   if(dd(a,b,c)==0)
      printf(" 有两个相同的实根 \n");
   if(_____)
   printf(" 无实根 \n");
}
int main()
{
   int a,b,c;
   printf(" 输入一元二次方程的系数 \n");
   scanf("%d%d%d",&a,&b,&c);
   _____;
}
```

提示：dd 函数的功能是求 b*b−4*a*c 是否大于 0，若大于 0，则返回 b*b−4*a*c 的值；若等于 0，则返回 0 值；若小于零，则返回负值。fcj 函数的功能是根据函数 dd 的值，返回有不同实根、相同实根、无实根的信息。主函数的功能是输入一元二次方程的根，调用 fcj 函数。

2. 输入小王所在组 6 个员工的平均工资，要求用嵌套函数完成，其中 sum 函数用于输入 6 个员工的工资，求他们的总工资；avg 函数用于调用 sum 函数，求小王所在组员工的平均工资；主函数用于调用 avg 函数，输出小王所在组员工的平均工资。输出员工平均工资程序运行结果如图 5-22 所示。

图5-22　输出员工平均工资程序运行结果

请在下列空白处填写代码，补充完整程序：

```
#include "stdio.h"
int sum( )                    // 计算员工的总工资
{
   int s=0,gz,i;
   printf(" 请输入员工的工资 :\n");
   for(i=1;i<=6;i++)
   {
```

```
        scanf("%d",&gz);
        s=_____;
    }
    return _____;
}
float avg()                      // 计算员工的平均工资
{
    float pj;
    pj=_____;
    return pj;
}
main()                           // 调用avg（）函数，输出平均工资
{
    float average;
    average=_____;
    printf(" 小王所在 6 个员工的平均工资为 %.2f\n",_____);
}
```

3. 求 $1^k+2^k+3^k+\cdots+n^k$。1~5 的 2 次方的和程序运行结果如图 5-23 所示。
请在下列空白处填写代码，补充程序完整：

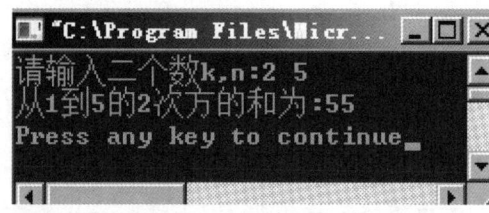

图5-23 1~5的2次方的和程序运行结果

```
#include "stdio.h"
int sumPower(int k,int n);
_____;
main()
{
    int total=0;
    int k,n;
    printf(" 请输入二个数 k,n:");
    scanf("%d%d",&k,&n);
    total=_____;
    printf(" 从 1 到 %d 的 %d 次方的和为 :%d\n",n,k,total);
}
    int sumPower(int k,int n)               // 求 1k+2k+…+nk
{
    int i,sum=0;
    for(i=1;i<=n;i++)
    {
        sum+=_____;
```

```
        return sum;
}
int power(int m,int n)                          // 求 nm
{
    int i,product=1;
    for(i=1;i<=n;i++)
    {
        _____;
    }
    return product;
}
```

提示：power 函数的功能是求 n^k（n 的 k 次方）；sumPower 函数功能是求 1 的 k 次方加 2 的 k 次方一直加到 n 的 k 次方；主函数的功能是输入 k，n，输出 1 的 k 次方加 2 的 k 次方一直加到 n 的 k 次方的和。

4. 已知一个数列的前三项分别为 0，0，1，以后的各项都是其相邻的前三项之和。写一函数，其功能是计算并输出该数列前 n 项的平方根之和 s。n 的值通过形参传入。该数列程序运行如图 5-24 所示。

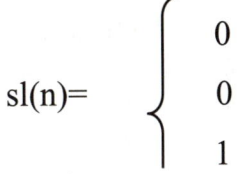

图5-24　数列程序运行结果

提示：

每一项的值可以用递归函数表示为：

$$
sl(n)=
\begin{cases}
0 & n=1 \\
0 & n=2 \\
1 & n=3
\end{cases}
$$

请在空白处填写代码，程序补充完整：

```
#include "stdio.h"
#include "math.h"
float sl(int n)
{
    float t;
    int i;
    if (_____)t=0;
    else if(n==3)_____;
        else
            t=_____;
    return t;
}
main()
{
```

```
    int i,n;
    float s=0;
    printf(" 请输入 n:");
    scanf("%d",&n);
    for(i=1;i<=n;i++)
        s=_____;
    printf("s=%f\n",s);
}
```

5. 楼梯有 n 阶台阶，上楼可以一步上 1 阶，也可以一步上 2 阶，编一程序计算共有多少种走法。

提示：

有 1 阶台阶时，只有 1 种走法：一步上 1 阶。

有 2 阶台阶时，有 2 种走法：一步上 1 阶地走或一步上 2 阶地走。

有 n 阶台阶时，有 f(n) 种走法，可以分为两种情况：最后 1 步是迈 1 阶台阶，还是迈 2 阶台阶。如果最后 1 步是迈 1 阶台阶，那么前 n−1 阶的走法数就是 f(n−1)；如果最后 1 步是迈 2 阶，那么前 n−2 阶的走法数就是 f(n−2)。因此，可以得到如下递推公式：

$$f(n)=\begin{cases} 1 & n=1 \\ 2 & n=2 \\ f(n-1)+f(n-2) & n>2 \end{cases}$$

因此可以编写递归函数来实现。

☆ 深入训练

1. 任意输入 3 个数，利用函数的嵌套调用，求出这 3 个数中的最小值。即 min2 函数的功能是求两个数中的小数，min3 函数的功能是调用 min2 函数（先求任意两个数中的小数，然后再次调用 min2 函数，求前面调用的小数与第 3 个数比较后的最小数），求出 3 个数中的最小数。主函数是任意输入 3 个数，调用 min3 函数，输出最小数。

2. 用函数嵌套方法求：输入某年某月某日，判断这一天是这一年的第几天。要求用 rn 函数实现，根据输入的年份，判断是否闰年；用 ts 函数实现，求这一天是这一年的第几天，显然，若是闰年，则在 2 月后的天数要比非闰年多一天，所以要调用 rn 函数。在主函数中输入某年某月某日，调用 ts 函数，输出某年某月某日是这一年的第几天。

3. 将任务 5-2 初级训练中的第 2 题进行改进，题意还是输入小王所在组 6 个员工的平均工资，要求用嵌套函数完成，其中 sum 函数用于输入小王所在组 6 个员工工资，返回他们的总工资，avg 函数用于调用 sum 函数，返回小王所在组员工的平均工资；hx 函数的功能是画一条线。主函数用于调用 avg 函数，输出小王所在组员工的平均工资。用递归函数输出小王所在组员工平均工资程序运行结果如图 5-25 所示。

4. 用递归函数解决猴子吃桃问题。猴子第一天摘下若干个桃子，当即吃了一半，还不过瘾，又多吃了一个。第二天早上又将剩下的桃子吃掉一半，又多吃了一个。以后每天早上都吃了前一天剩下的一半零一个。到第 10 天早上想再吃时，就只剩一个桃子了。求第一天共摘多少桃子。

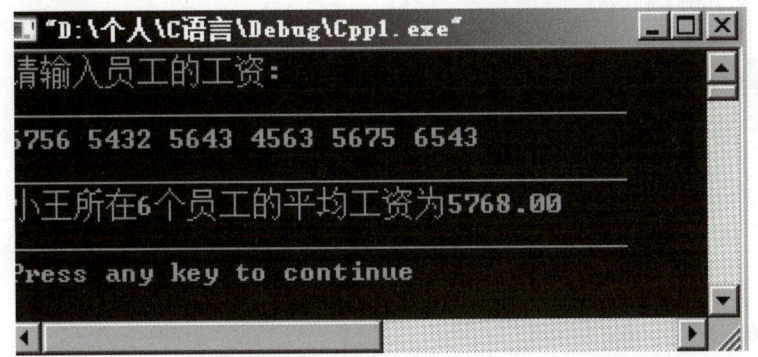

图5-25 用递归函数输出小王所在组员工平均工资程序运行结果

分析：

要知道第 1 天的桃子数，则一定要知道第 2 天桃子数；

要知道第 2 天的桃子数，则一定要知道第 3 天桃子数；

要知道第 3 天的桃子数，则一定要知道第 4 天桃子数；

…

要知道第 9 天的桃子数，则一定要知道第 10 天桃子数；

而第 10 天的桃子数是 1 个，这样倒推就能知道第 1 天的桃子数。若用 peach(n) 表示第 n 天的桃子数，则有公式：

$$peach=\begin{cases} 1 & (n=10) \\ (peach(n-1)+1)*2 & (n<10) \end{cases}$$

所以，可以用递归解决。

任务5-3 输出排序后小组三门课的成绩单

 任务提出及实现

1. 任务提出

某班有 40 个学生参加了期终考试（考了三门课），请输出学生排序后的成绩单。

分析：本项目要完成的功能相对比较多，为了使程序的结构清晰，我们可以将此项目进行分解：A 完成三门课成绩的输入；B 计算每个同学的总分与平均分；C 对三门课的成绩进行排序；D 输出函数；E 总负责，调用 A、B、C、D 即可。

2. 具体实现（假设本小组只有5个同学）

```
#include "stdio.h"
#include "string.h"
#define N 5
/* 输出线条函数 */
ppp()
{
```

```
        printf("------------------------------------------------------\n");
}
/* 输入函数 */
void input(int score[N][3],char name[N][10])
{
    int i,j;
    for (i=0;i<N;i++)
    {
        printf(" 第%d个同学的姓名及三门课的成绩:",i+1);
        scanf("%s",name[i]);
        for(j=0;j<3;j++)
            scanf("%d",&score[i][j]);
    }
}
/* 计算每个同学的总分与平均分 */
void sumavg(int score[N][3],float sum[],float avg[])
{
    int i,j;
    for(i=0;i<N;i++)
    {
        for(j=0;j<3;j++)
            sum[i]=sum[i]+score[i][j];
        avg[i]=sum[i]/3.0;
    }
}
/* 排序函数 */
void px(int score[][3],float sum[],float avg[],char name[][10])
{
    int i,j;
    float t;
    char nn[10];
    for(i=0;i<N-1;i++)
     for(j=0;j<N-1-i;j++)
       if(sum[j]<sum[j+1])
       {
          t=sum[j];sum[j]=sum[j+1];sum[j+1]=t;
          t=avg[j];avg[j]=avg[j+1];avg[j+1]=t;         // 这个同学的所有数据都要交换
          t=score[j][0];score[j][0]=score[j+1][0];score[j+1][0]=t;
          t=score[j][1];score[j][1]=score[j+1][1];score[j+1][1]=t;
          t=score[j][2];score[j][2]=score[j+1][2];score[j+1][2]=t;
          strcpy(nn,name[j]);strcpy(name[j],name[j+1]);strcpy(name[j+1],nn);
       }
}
/* 输出函数 */
void print(int score[ ][3],float sumr[ ],float avgr[ ],char name[ ][10])
{
```

```
    int i,j;
    ppp();
    printf(" 输出排序后五个同学三门课的成绩 :\n");
    ppp();
    printf(" 序号 \t 姓名 \t 课 1\t 课 2\t 课 3\t 总分 \t 平均分 \n");
    for (i=0;i<N;i++)
    {
        printf("%d:\t",i+1);
        printf("%s\t",name[i]);
        for(j=0;j<3;j++)
            printf("%d\t",score[i][j]);
        printf("%.0f\t%.1f\t",sumr[i],avgr[i]);
        printf("\n");
    }
    ppp();
}
/* 主函数 */
main()
{
    int i,j;
    int score[N][3],t;
    char name[N][10],nn[10];
    float sumr[N]={0},avgr[N];           // 每个同学的总分及平均分
    /* 调用输入记录函数 */
    input(score,name);
    /* 调用计算总分与平均分的函数 */
    sumavg(score ,sumr,avgr);
    /* 调用排序函数 */
    px(score,sumr,avgr,name);
    /* 调用输出函数 */
    print(score,sumr,avgr,name); }
```

输出排序后小组三门课成绩单程序运行结果如图 5-26 所示（假设只有 5 个学生）。

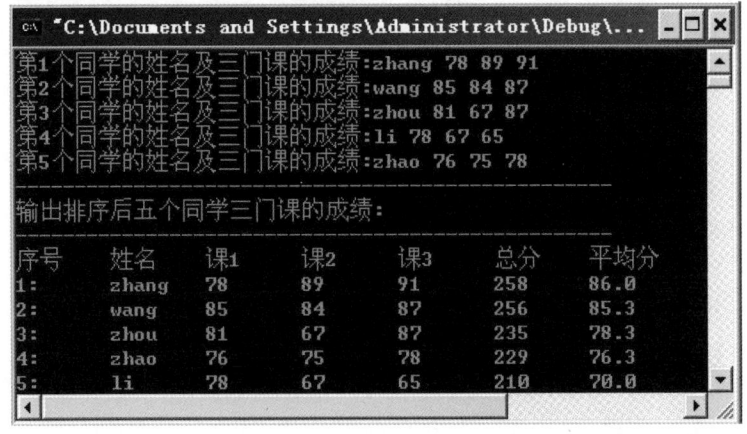

图5-26 输出排序后小组三门课成绩单程序运行结果

213

分析此程序，其中新的知识点是：数组作为函数名时是如何被传递的。

 相关知识

1. 数组名作为函数参数

使用数组名作为函数参数时，实参与形参都应使用数组名（或指针变量，见项目6）。当数组名作为函数实参时，不是把数组的值传递给形参，而是把实参数组的起始地址传递给形参数组，实参和形参的地址是相同的，即当形参的值发生变化时，实参的值也发生了变化。

【例5-16】有两个学生 A，B 合力完成，求20个学生的平均成绩。他们的分工是这样的：B 完成20个数的平均值，不负责数据的输入；A 完成20个数的输入，然后向 B 要20个数的平均值后输出。

分析：

B 所做的是利用 average() 函数求平均值：已经有20个数，放在数组 a[20] 中，现在只要将这20个数相加后除以20，然后将结果交给 A 即可。

A 所做的是利用主函数 main() 输入20个数，并将其放在数组中，调用 B 所做的函数，将输入的20个数传递给 B，然后接过 B 的结果，并将其输出。

```c
#include "stdio.h"
/*B 所完成的程序 */
float average(int b[20])            //b[20] 表示从 A 中拿到的20个数
{
    int i,s;
    float avg;
    s=0;
    for (i=0;i<20;i++)
        s=s+b[i];                   // 将20个数相加
    avg=s/20.0;
    return avg;                     // 结果交给对方
}
/*A 所完成的程序 */
main()
{
    int i,a[20];                    // 定义20个数，将存放20个数据
    float avg;
    printf(" 请输入20个同学的成绩 \n");
    for (i=0;i<20;i++)
        scanf("%d",&a[i])           // 输入20个数据
    avg=average(a);                 /* 调用 average() 函数，将数组 a 的值传给 average
                    并接过 average 的结果，将其放在 avg 中 */
    printf(" 这些同学的平均分为 %.1f\n",avg);
}
```

例5-16程序运行结果如图5-27所示。

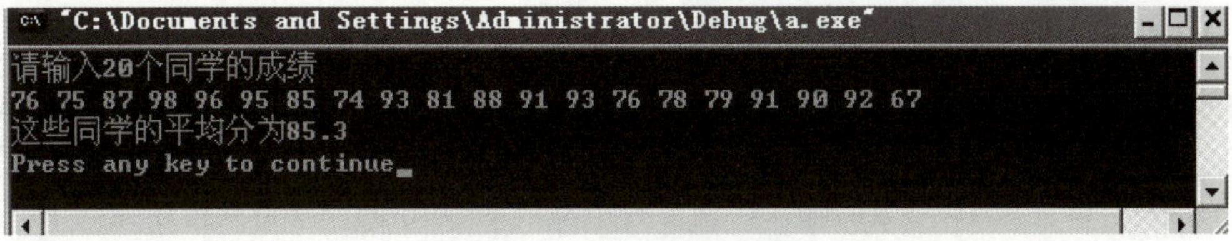

图5-27   例5-16程序运行结果

注意

① 数组名作为函数参数，应该在主调函数和被调函数中分别定义数组，如上面程序中的 B 是形参数组，A 是实参数组，分别在其所在的函数中定义。

② 实参数组与形参数组类型应相同，如果不同，将会出错。如上面程序中的形参数组 B 的类型是整型，实参数组 A 的类型也必须是整型。

③ 实参数组与形参数组大小可以不同也可以相同，C 语言对形参数组大小不做检查，只是将实参数组的首地址传递给形参数组。如上面程序中的 float average(int b[20]) 改为 float average(int b[10])，并不影响程序的正常运行，最后的结果也是相同的，我们甚至可以写成 float average(int b[ ])，即只要 b 是数组即可。

④ 形参数组也可不指定大小，或者在被调函数中另设一个参数，来传递数组的大小。如上面的程序可改为：

```c
#include"stdio.h"
float average(int b[ ],int n)
{
  int i,s;
  float avg;
  s=0;
  for (i=0;i<n;i++)
    s=s+b[i];                 // 将 20 个数相加
  avg=(float)s/n;
  return avg;                 // 结果交给对方
}


main()
{
  int i,a[20];                           // 定义 20 个数，用存放 20 个数据
  float avg;
  printf(" 请输入 20 个同学的成绩 \n");
  for (i=0;i<20;i++)
    scanf("%d",&a[i])         // 输入 20 个数据
  avg=average(a, 20);         /* 调用 average() 函数，将数组 a 的值传给 average
                                 并接过 average 的结果，将其放在 avg 中 */
  printf(" 这些同学的平均分为 %.1f\n",avg);
}
```

⑤ 形参数组与实参数组占用同一地址，所以它们的传递是地址传递，即当形参的值发生变化时，实参的值也会跟着变化。

2. 数组名作为函数参数的应用

【例 5-17】输入 10 个学生的成绩，要求用函数进行排序 (降序)。即有两个学生 A、B 合力完成下面一个问题：将 10 个学生的成绩排序（降序）。他们的分工是这样的：A 完成主函数的编写，即完成 10 个数的输入，调用 B 编写的函数 sort()，就得到排序完的 10 个数，然后进行输出。B 所编写的函数 sort() 的功能是完成 10 个数的排序，不负责数据的输入。

程序如下：

```c
#include "stdio.h"
void sort(int b[]);          // 因为主函数在前，sort( ) 函数在后，所以需有函数说明语句
main()
{
    int a[10],i;
    printf(" 请输入十个同学的成绩 \n");
    for(i=0;i<10;i++)
      scanf("%d",&a[i]);
    sort(a);                            // 调用函数 sort()
    printf(" 排序后的成绩为 :\n");
    for(i=0;i<10;i++)
      printf("%3d",a[i]);
    printf("\n");
}


void sort(int b[])              // 函数的功能就是选择法进行排序
{
    int i,j,t;
    for (i=0;i<9;i++)
      for(j=i+1;j<10;j++)
        if(b[i]<b[j])
        {
            t=b[i];b[i]=b[j];b[j]=t;
        }
}
```

例 5-17 程序运行结果如图 5-28 所示。

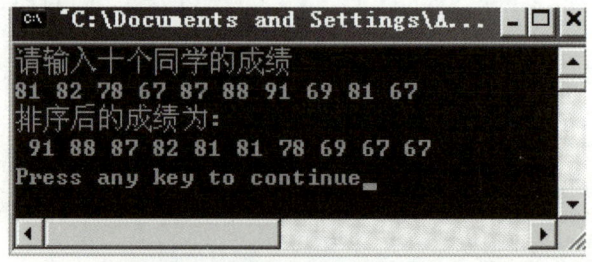

图5-28　例5-17程序运行结果

如果将此题改成：将 n 个同学的成绩排序，n 是从键盘输入的，那么该如何做呢？请同学们想一想。

现在回头分析一下本任务具体实现中的程序编写。

```
① /* 输入函数 */
void input(int score[N][3],char name[N][10])
{
    int i,j;
    for (i=0;i<N;i++)
    {
        printf("第 %d 个同学的姓名及三门课的成绩 :",i+1);
        scanf("%s",name[i]);
        for(j=0;j<3;j++)
            scanf("%d",&score[i][j]);
    }
}
```

其功能是将姓名及成绩分别放在数组score[N][3]、name[N][10]中。

```
② /* 计算每位同学的总分与平均分 */
void sumavg(int score[N][3],float sum[],float avg[])
{
    int i,j;
    for(i=0;i<N;i++)
    {
        for(j=0;j<3;j++)
            sum[i]=sum[i]+score[i][j];
        avg[i]=sum[i]/3.0;
    }
}
```

其功能是计算每个同学的总分及平均分，并将它们放在数组sum[ ]及avg[ ]中。

```
③ /* 排序函数 */
void px(int score[][3],float sum[],float avg[],char name[][10])
{
    int i,j;
    float t;
    char nn[10];
    for(i=0;i<N-1;i++)
        for(j=0;j<N-1-i;j++)
            if(sum[j]<sum[j+1])
            {
            t=sum[j];sum[j]=sum[j+1];sum[j+1]=t;
            t=avg[j];avg[j]=avg[j+1];avg[j+1]=t;        // 这个同学的所有数据都要交换
            t=score[j][0];score[j][0]=score[j+1][0];score[j+1][0]=t;
            t=score[j][1];score[j][1]=score[j+1][1];score[j+1][1]=t;
            t=score[j][2];score[j][2]=score[j+1][2];score[j+1][2]=t;
            strcpy(nn,name[j]);strcpy(name[j],name[j+1]);strcpy(name[j+1],nn);
            }
}
```

其功能是用冒泡法进行排序，因为当总分交换时，相对应的各门课分数、平均分、姓名均要交换，所以交换语句比较多。

```c
④ /* 输出函数 */
void print(int score[][3],float sumr[],float avgr[],char name[][10])
{
    int i,j;
    ppp();
    printf("输出排序后 5 位同学三门课的成绩 :\n");
    ppp();
    printf("序号 \t 姓名 \t 课 1\t 课 2\t 课 3\t 总分 \t 平均分 \n");
    for (i=0;i<N;i++)
    {
        printf("%d:\t",i+1);
        printf("%s\t",name[i]);
        for(j=0;j<3;j++)
            printf("%d\t",score[i][j]);
        printf("%.0f\t%.1f\t",sumr[i],avgr[i]);
        printf("\n");
    }
    ppp();
}
```

其功能是输出成绩单。

```c
⑤ main()
{
    int i,j;
    int score[N][3],t;
    char name[N][10],nn[10];
    float sumr[N]={0},avgr[N];                    // 每位同学的总分及平均分
    /* 调用输入记录函数 */
    input(score,name);
    /* 调用计算总分与平均分的函数 */
    sumavg(score ,sumr,avgr);
    /* 调用排序函数 */
    px(score,sumr,avgr,name);
    /* 调用输出函数 */
    print(score,sumr,avgr,name);
}
```

其功能是调用相应的函数，解决任务。

 举一反三

在本任务中介绍了数组作为函数参数的相关知识，下面通过例子来巩固前面所学的知识。

【例 5-18】将例 5-17 改成：在函数中进行 n 个学生成绩从高到低排名。即有两个学生 A，B 合力完成下面一个问题，即将 n 个学生的成绩进行排序（降序）。他们的分工是这样的：A

完成主函数的编写，即完成 n 个数的输入，调用 B 编写的函数 sort()，就得到排序后的 n 个数，然后进行输出。B 所编写的函数 sort() 的功能是完成 n 个数的排序，不负责数据的输入。

程序如下：

```c
#include "stdio.h"
void sort(int b[],int n);          // 因为主函数在前，sort( ) 函数在后，所以有函数说明语句
main()
{
   int a[100],i,n;
   printf(" 请输入参加排序的学生数 n=");
   scanf("%d",&n);
   printf(" 请输入 %d 个同学的成绩 \n",n);
   for(i=0;i<n;i++)
     scanf("%d",&a[i]);
   sort(a,n);                    // 调用函数 sort()
   printf(" 排序后的成绩为 :\n");
   for(i=0;i<n;i++)
     printf("%3d",a[i]);
   printf("\n");
}
void sort(int b[],int n)    // 函数的功能就是选择法进行排序
{
    int i,j,t;
    for (i=0;i<n-1;i++)
      for(j=i+1;j<n;j++)
        if(b[i]<b[j])
        {
           t=b[i];b[i]=b[j];b[j]=t;
        }
}
```

【例 5-19】 将例 5-18 改成：在函数中进行 n 个学生成绩排名，到底是按升序还是按降序排列，由函数中的 style 参数决定。

分析: 在编写的函数 sort( ) 中加入一个参数 style，若 style 的值为 'a'，则排列方式为升序；若 style 的值为 'd'，则排列的方式为降序。

```c
#include"stdio.h"
void sort(int b[],int n,char style);
main()
{
   int a[100],i,n;
   char style;
   printf(" 请输入参加排序的学生数 n=");
   scanf("%d",&n);
   printf(" 请输入 %d 位同学的成绩 \n",n);
   for(i=0;i<n;i++)
```

```
        scanf("%d",&a[i]);
    getchar();                              // 吸收输入为数据的回车符
    printf("请输入排序的方式，升序输入 a，降序输入 d\n");
    scanf("%c",&style);
    sort(a,n,style);                        // 调用函数 sort()
    printf("排序后的成绩为：\n");
    for(i=0;i<n;i++)
        printf("%3d",a[i]);
    printf("\n");}

    void sort(int b[],int n,char style)     // 函数的功能就是选择法进行排序
    {
        int i,j,t;
        if (style=='d')
            { for (i=0;i<n-1;i++)
            for(j=i+1;j<n;j++)
                if(b[i]<b[j])                              降序
                {
                t=b[i];b[i]=b[j];b[j]=t;}}
        else
            { for (i=0;i<n-1;i++)
            for(j=i+1;j<n;j++)
                if(b[i]>b[j])                              升序
                {t=b[i];b[i]=b[j];b[j]=t;
                }
            }
    }
}
```

【例 5-20】用数组传递的形式，完成数学加减乘的随机训练（出 5 道题，并给出训练成绩）。
程序代码如下：

```
#include<stdio.h>
#include<stdlib.h>     /* 用到了产生随机数的库函数 rand()，所以要包含 stdlib.h*/
#include <time.h>     /* 用到了产生随机种子 time()，所以要包含 time.h*/
void jia(int x[],int y[]);               // 加法函数
void jian(int x[],int y[]);              // 减法函数
void  cheng(int x[],int y[]);            // 乘法函数
main()
{
int ysf,x[5],y[5],t,k;           // 运算符
srand((unsigned)time( NULL ) );     /* 产生随机种子 */
 for(k=1;k<=5;k++)
   {  x[k]=rand();                  /* 产生随机数 */
    y[k]=rand();
    x[k]=x[k]%10;                   /* 让产生的随机数变成 10 以内的数 */
    y[k]=y[k]%10;
```

```
                    }
    printf("加法训练请选择1\n");
    printf("减法训练请选择2\n");
    printf("乘法训练请选择3\n");
    scanf("%d",&ysf);
    if(ysf==1)jia(x,y);
    if(ysf==2)jian(x,y);
    if(ysf==3)cheng(x,y);
    }

    void jia(int x[],int y[])
    {
    int k,fs=0,z;;
        for(k=1;k<=5;k++)
        {
            printf("%d+%d=",x[k],y[k]);
            scanf("%d",&z);
            if(x[k]+y[k]==z)
                { printf("  正确！\n");
                    fs=fs+20;
                            }
            else
                {  printf("  错误！\n");
                    fs=fs+0;}
        }
      printf("本次训练成绩为:%d\n",fs);
      }

    void jian(int x[],int y[])
    { int z,t;
    int k,fs=0;;
        for(k=1;k<=5;k++)
        { if(x[k]<y[k]){t=x[k];x[k]=y[k];y[k]=t;}
            printf("%d-%d=",x[k],y[k]);
    scanf("%d",&z);
    if(x[k]-y[k]==z)
        {printf("  正确！\n");
    fs=fs+20;
        }
     else
      { printf("  错误！\n");
        fs=fs+0; }
    }
printf(" 本次训练成绩为:%d\n",fs);
    }
```

```
void cheng(int x[],int y[])
{int z;
int k,fs=0;;
    for(k=1;k<=5;k++)
        { printf("%d*%d=",x[k],y[k]);
            scanf("%d",&z);
            if(x[k]*y[k]==z)
                {printf("  正确！\n");
                fs=fs+20;
                        }
         else
        {printf("  错误！\n");
         fs=fs+0;}
    }
     printf(" 本次训练成绩为 :%d\n",fs);
}
```

 实践训练

经过前面的学习，各位同学已熟知数组作为函数参数时的使用方法。下面请大家对以下的内容进行独立的思考和操作。

☆ 初级训练

1. 写出下列程序运行结果。

```
#include <stdio.h>
void swap (int x[ ])
{
  int z;
  z=x[0];    x[0]=x[1];    x[1]=z;
}
void main( )
{
  int a[2]={1,2};
  swap (a);
  printf("a[0]=%d  a[1]=%d\n",a[0],a[1]);
}
```

提示：调用 swap 函数时，将数组 a 的首地址传过去，数组 a 和 x 共用一段内存。在 swap 函数中对数组 x 的两个元素进行交换，实际上就是交换了 main 函数中数组 a 的元素，当调用结束返回 main 函数时，发现 a[0]、a[1] 也进行了交换。

2. 输入小王所在小组 6 个员工的工资，求最高工资。要求：find 函数的功能是返回 6 个数中的最大值，主函数的功能是输入 6 个员工的工资，保存在数组中，然后调用函数，输出最高工资。在空白处补充代码。

```
#include <stdio.h>
int _____;                      // 函数声明
main( )
{
    int gz[6];
    int i,max;
    printf(" 请输入 6 个员工的工资：");
    for (i=0;i<=4;i++)
        scanf("%d",&gz[i]);
    max=_____;
    printf(" 最高工资是：%d\n",max);
}
int find(int a[])                          // 求最高分的函数
{
    int high=a[0],i;                       // 变量 high 用来保存最高工资，默认 a[0] 最大
    for (i=1;i<=5;i++)
      if (high<a[i])
          {
            high=_____;              // 用 a[i] 替换当前最高工资
          }
      return _____;
}
```

提示：实参数组 gz 和形参数组 a 共同指向员工工资的数据，找最高工资需要对数组进行遍历，首先默认第 1 个人分数最高，然后把当前的最高工资与其他人的工资进行比较，如果某员工的工资比当前最高工资还要高，就替换最高工资，否则继续比较下一个人，即得到最大值。

3．输入小王所在小组 6 个员工的工资，求他们的工资总和。要求：sum 函数的功能是返回 6 个员工的总工资，主函数的功能是输入 6 位员工的工资，保存在数组中，然后调用函数，输出他们的总工资。在下列空白处补充代码。

```
#include <stdio.h>
_____;                          // 函数声明
void main( )
{
    int gz[6];
    int i,ss;
    printf(" 请输入 6 个员工的工资：");
    for (i=0;i<=5;i++)
      scanf("%d",_____);
    ss=_____;
    printf(" 总工资是：%d\n",ss);
}
int sum(_____)                        // 求总工资的函数
{
    int i;
```

```
        int  s=0;                              // 变量 s 用来保存总工资
        for (i=0;i<=5;i++)
          s=s+_____;
        return s;
}
```

☆ 深入训练

1. 输入小王所在小组 6 个员工的工资，求他们的最高工资和最低工资。要求 maxgz 函数的功能是返回最高工资；mingz 函数的功能是返回最低工资；主函数是输入小王所在小组 6 个员工的工资，调用 maxgz 函数和 mingz 函数，输出该小组员工的最高工资和最低工资。

2. 输入小王所在小组 6 个员工的工资，求他们的平均工资。要求 average 函数的功能是返回 6 个员工的平均工资，主函数的功能是输入 6 个员工的工资，保存在数组中，然后调用 average 函数，输出他们的平均工资。平均工资程序运行结果如图 5-29 所示，员工的工资可以任意给定。

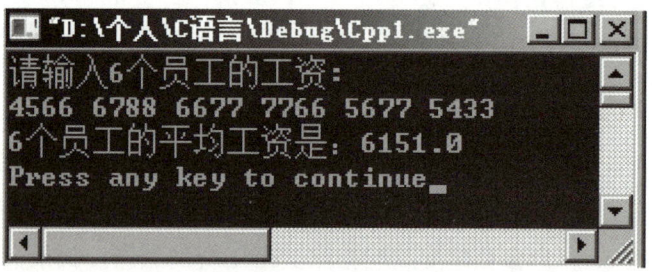

图5-29 平均工资程序运行结果

3. 输入小王所在小组 n 个员工的工资，求他们的平均工资。要求 average 函数的功能是返回 n 个员工的平均工资，主函数的功能是输入员工数及相应员工的工资，员工的工资保存在数组中，然后调用 average 函数，输出他们的平均工资（假设员工的人数不会超过 20）。n 个员工平均工资程序运行结果如图 5-30 所示，为了方便，员工的工资可以任意给定。

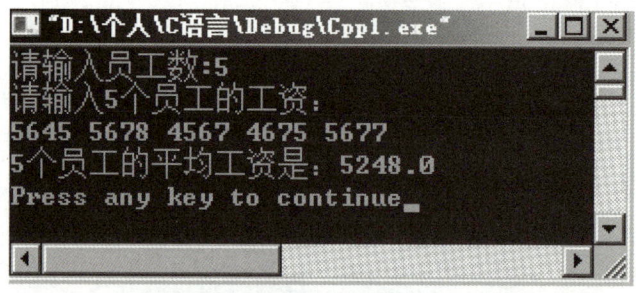

图5-30   n个员工平均工资程序运行结果

4. 输入小王所在小组 n 个员工的工资，求他们中的最高工资及最低工资。要求 maxgz 函数的功能是返回 n 个员工的最高工资，mingz 函数的功能是返回 n 个员工的最低工资，主函数的功能是输入员工数及相应员工的工资，保存在数组中，然后调用 maxgz 函数和 mingz 函数，输出该小组员工的最高工资和最低工资。假设员工的人数不会超过 20。最高工资及最低工资程序运行结果如图 5-31 所示，为了方便，员工的工资可以任意给定。

图5-31　最高工资及最低工资程序运行结果

综合训练五

一、选择题

（1）阅读下列程序：

```c
#include "stdio.h"
f(int b[], int n)
{
   int i,r;
   r=1;
   for(i=0;i<=n;i++)
     r=r*b[i];
   return r;
}
main()
{
   int x,a[]={2,3,4,5,6,7,8,9};
   x=f(a,3);
   printf("%d\n",x);
}
```

上面程序的输出结果是（　　）。

A．720　　　　　　B．120　　　　　C．24　　　　　　D．6

（2）以下程序的输出结果是（　　）。

```c
#include   "stdio.h"
int f(int a,int b)
{
   int c;
   c=a;
   if(a>b)c=1;
   else
       c=-1;
   return c;
}
main()
{
```

```
   int i=2,p;
   p=f(i,i+1);
   printf("%d",p);
}
```

A．－1   B．0   C．1   D．2

（3）以下程序的输出结果是（   ）。

```
#include <stdio.h>
long fun(int n)
{
    long s;
    if(n==1||n==2)s=2;
    else
        s=n-fun(n-1);
    return s;
}
main()
{
    printf("%ld\n",fun(4));
}
```

A．1   B．2   C．3   D．4

（4）在 C 语言程序中，若对函数类型未加显式说明，则函数的隐含类型为（   ）。

A．double   B．int   C．char   D．void

（5）建立函数的目的之一是（   ）。

A．提高程序的执行效率   B．实现模块化程序设计

C．程序编译速度快   D．减少程序文件所占内存

（6）C 语言规定，简单变量做实参时，与对应形参之间的数据传递方式是（   ）。

A．地址传递   B．单向值传递

C．由实参传给形参，再由形参传回给实参   D．由用户指定传递方式

二、填空题

1．写出下面程序的运行结果。

```
#include<stdio.h>
long f(int num)
{
    long x=1;
    int i;
    for(i=1;i<=num;i++)
        x*=i;
    return x;
}
main()
{
    int n;
```

```
    long t;
    scanf("%d",&n);
    t=f(n);
    printf("%d!=%ld",n,t);
}
```

若输入的值是 5，程序的运行结果是 _____。

2. 运行下面的程序后，程序结果是 _____。

```
#include<stdio.h>
int f(int x,int y)
{
    x=x>y?x:y;
    return(x);
}
main()
{
    int d;
    d=f(f(12,5),f(8,10));
    printf("%d\n",d);
}
```

3. 分析下面的程序，分析程序的功能。

```
#include<stdio.h>
max(int x,int y)
{
    int z;
    if(x<y)z=y;
    else
        z=x;
    return(z);
}
main()
{
    int a,b,c,d;
    scanf("%d%d%d",&a,&b,&c);
    d=max(a,b);
    d=max(d,c);
    printf("max is%d\n",d);
}
```

三、编写程序

1. 编写一个判断奇偶数的函数，要求在主函数中输入一个整数，通过被调用函数输出该数是奇数还是偶数。

2. 编写函数，计算并返回一个整数的平方。

3. 写一个函数，在主函数中输入一个整数，判断是否是素数，若为素数输出 1，否则输出 0。

4. 设有 m 个人的成绩存放在 score 数组中，请编写函数，将高于平均分的人数作为函数值返回，将高于平均分的分数放在 up 所指的数组中。

5. 程序说明：编写程序对 10 个学生 5 门课的成绩进行处理，要求分别用函数实现。函数的功能模块划分如下：① 输入学生数据；② 求每个学生的平均分；③求每门课的平均分；④ 输出平均分最高的学生成绩；⑤输出学生成绩表（包括每个学生的平均成绩和每门课的平均成绩）。

程序的运行结果如图 5-32 所示。

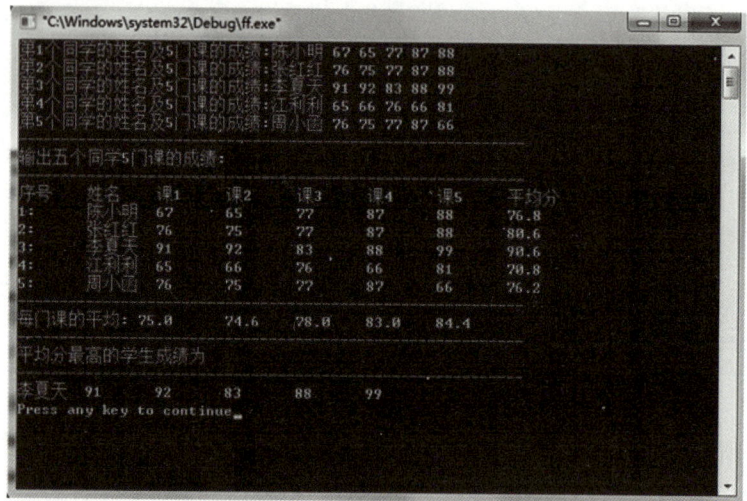

图5-32 题5的运行结果

用指针优化学生成绩排名

知识目标

1. 掌握指针和指针变量的概念。
2. 理解指针与基本数据类型、函数、数组的内在联系。
3. 掌握指针变量的定义、赋值和引用。
4. 掌握指向一维数组的指针定义、引用以及作为函数参数的传递方式。
5. 了解指向二维数组的指针定义、引用以及作为函数参数的传递方式。
6. 理解指向字符串的指针的定义、引用以及作为函数参数的传递方式。

技能目标

1. 会正确地使用指针变量。
2. 会函数指针的使用方法。
3. 能熟练应用指针编写实用小程序的能力。

课程思政

1. 通过指针的学习，让学生理解指向作用的重要性，理解新中国在共产党的领导下，所取得的伟大成绩。

2. 通过指针实现函数之间的数据传递的学习，培养同学们资源共享、团队合作、高效处理问题的意识。

3. 通过指针的学习，培养学生遵守规则、精益求精的工匠精神，要有锐意进取的拼搏精神。

项目要求

某班有 40 个学生参加了期终考试（考了三门课），请用指针优化学生成绩排名，即用指针实现数组的输入 / 输出以及数组的排序（在函数中进行）。

项目分析

要用指针优化学生成绩排名，第一，必须要了解指针的概念、引用；第二，必须会用指针实现数组的输入／输出；第三，在函数中用指针实现数组的排序，然后调用此函数。为了在介绍的时候条理清晰，所以分成 4 个任务：任务 6-1 是了解指针；任务 6-2 是用指针优化全班同学一门课成绩的输入／输出；任务 6-3 是用指针优化某班同学三门课成绩的输入／输出；任务 6-4 是用指针实现输出最高分的记录。

任务6-1　了解指针

 ## 任务提出及实现

1. 任务提出

某班进行了一次考试，现要将几个学生的成绩输入，用指针的方式输出。

2. 具体实现

```c
#include<stdio.h>
voidmain()
{
    int*p1,*p2,a,b;
    printf(" 输入 :");
    scanf("%d,%d",&a,&b);
    p1=&a;
    p2=&b;
    printf(" 输出 :\n");
    printf("a=%d,b=%d\n",a,b);
    printf("*p1=%d,*p2=%d\n",*p1,*p2);
}
```

程序运行结果如图 6-1 所示（数据可以任意输入）。

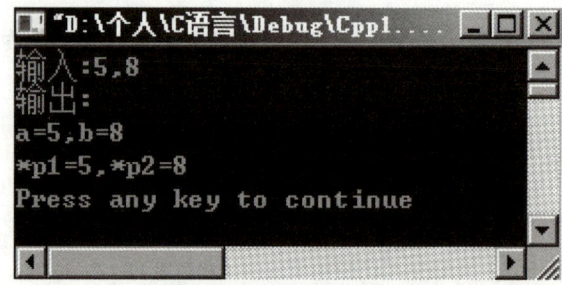

图6-1　程序运行结果

从上述这个例子可分析出要解决这个问题，必须要懂得指针的概念和指针的引用。

相关知识

1. 地址和指针的概念

指针是 C 语言中最具特色的内容，也是 C 语言重要概念和精华所在。我们说 C 语言是既具有低级语言特色又具有高级语言特色的语言，其低级语言特色的主要表现就体现在对地址的直接操作，而对地址的直接操作主要是通过指针来实现的。可以这样说，学习 C 语言如果不能正确理解和掌握 C 语言的指针内容，就不算真正掌握 C 语言。

我们知道如果要住旅馆，办完一定手续后，旅馆会提供住房号，根据住房号可以使用客房。同样，计算机内存空间是由按顺序排列的以字节为单位的存储单元，将这些存储单元从 0 开始顺序编号，这些编号就构成了每个存储单元的地址，如图 6-2 所示。每个数据都存放于从某个特定的地址开始的 1 个或若干字节单元中，这个特定的地址就被认为是该数据的存储地址。计算机对数据的存取都是通过这样的地址才得以实现的。我们知道数据是分类型的，而不同的类型在内存中所占的空间大小是不同的，以字节为单位，如整型数据占 2 字节，单精度实型数据占 4 字节。现在的问题是每字节都有地址，那么哪一个地址作为数据的地址呢？C 语言规定地址编号最小的地址作为数据（变量）的地址。

例如，int x，两个地址中最小的那一个是变量 x 的地址，如图 6-3 所示；float y，4 个地址中最小的那一个是变量 y 的地址，如图 6-4 所示。

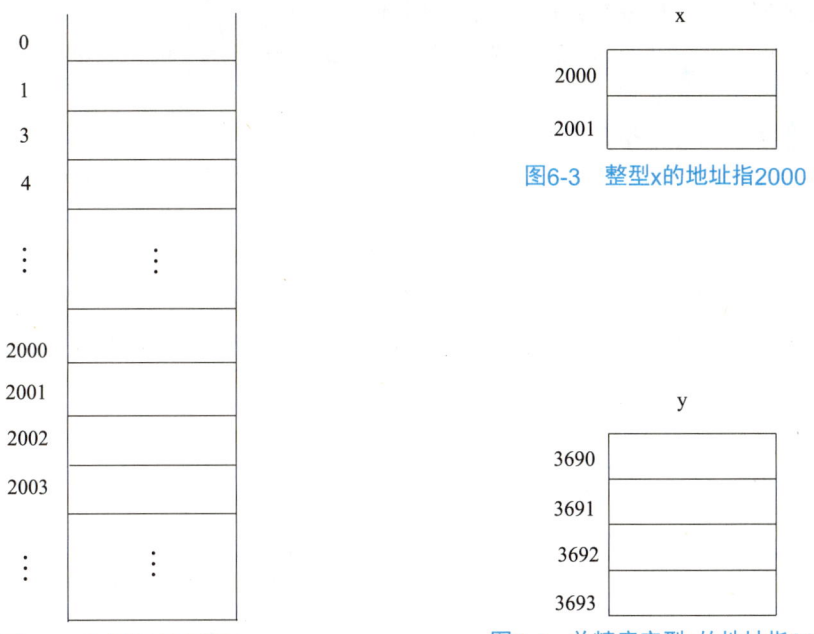

图6-2　内存地址示意图

图6-3　整型x的地址指2000

图6-4　单精度实型y的地址指3690

在前面的教学中我们对数据的存取基本上都是通过变量名进行的，没有直接与地址打交道。但每个变量名都与唯一一个地址相对应，因此我们对变量的访问实质上还是通过地址来进行数据的存取的。即在程序中一般是通过变量名来对内存单元进行存取操作的，但程序经过编译以后已将变量名转换为变量的地址，对变量值的存取都是通过地址进行的。由于编译

系统所生成的代码能够自动地根据变量名与地址的对应关系完成相应的地址操作，因而一般情况下我们并不关心一个数据的具体存储地址，也不必为如何进行地址操作而操心。

但是，在某些类型的应用中，需要先"算出"数据的存储地址，然后再通过该地址间接地访问数据。在这种情况下，地址本身被作为数据处理对象的一部分，成为一种特殊的数据。由于地址指明了数据存储的位置，因此形象地将地址称为"指针"，该地址存放的数据也形象地被称为"指针所指向的数据"。

指针与地址虽然有着密切的关系，但它们在概念上是有区别的，指针所标明的地址总是为保存特定的数据类型的数据而准备的，因此指针不但标明了数据的存储位置，而且还标明了该数据的类型，可以说指针是存储特定数据类型的地址。

指针也有类型。指针的类型就是指针所指向的数据的类型。指针的类型可以限定指针的用途，例如一个 double 型指针只能用于指向 double 型数据。不限定类型的指针为无类型的指针或者说是 void 指针，可用于指向任何类型的数据。

2．指针变量

（1）指针变量的定义

用来存放数据地址的变量叫指针变量。定义格式如下：

类型标识符 * 变量名 [= 地址表达式]

其中，类型标识符是指针变量所指向单元值的数据类型；"*"为指针变量的定义符；"变量名"的命名规则同一般变量，但表示一个地址。

例如，"int x, *pointer1; pointer1=&x ；"中的 pointer1 表示 x 的内存地址。

（2）指针变量的初始化

在定义变量的同时给指针变量赋地址值。例如：

```
int x=3；
float y；
int *pointer1=&x；
float *pointer2=&y；
```

指针的指向过程如图 6-5 所示。其中，pointer1 和 pointer2 为指针变量，&x 和 &y 为 x 和 y 变量的地址。

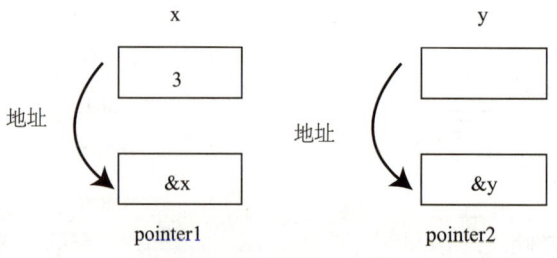

图6-5　指针的指向过程

指针变量使用之前，如果没有给指针变量赋值，即指针变量没有指向一个具体的地址，这样的指针叫空指针。空指针是"危险"的，因此如果指针变量暂时不指向一个变量地址，请给指针变量赋 NULL 值。

（3）指针变量的引用

① &：取地址运算符，用于变量名之前，表示该变量的内存地址。

② *：指针运算符（间接访问运算符），用于指针变量名之前，获取该指针所指向的目标单元值。

```
例如：int i=1,j,*p;
p=&i;j=*p
```

是把p所指向的变量i的值赋予了变量j，等价于j=i，也等价于"j=*(&i);"

```
j=*p+1；等价于 j=i+1；
*p=10；等价于 i=10；
*p=*p+1；等价于 i=i+1；
```

要注意"*"号的不同意义，在定义变量时用"*"号，表示定义了一个指针变量；在引用时用"*"号，表示间接运算。

（4）指针变量的算术运算

含义：对于地址的运算，只能进行整型数据的加、减运算。

规则：指针变量p+n（或p−n）表示将指针指向的当前位置向前（或向后）移动n个存储单元。指针变量的算术运算结果是改变指针的指向。

指针变量算术运算的过程有：

```
p=p+n;   p=p-n
```

注意

p+n/p−n不是加（减）n字节，而是加（减）n个数据单元。

（5）直接访问与间接访问

直接访问：按变量地址存取变量值。

```
例如，i=3；printf("%d",i);
```

间接访问：通过存放变量地址的变量去访问变量。

```
例如，*i_pointer=20;printf("%d",*i_pointer);
```

（6）"&"和"*"两个运算符

"&"和"*"两个运算符的优先级别是相同的，结合规律是右结合性。

若 point1=&a，则 &*point1 等价于 &a；*&a 等价于 a。

在定义指针变量时，还未规定它指向哪一个变量，此时不能用 * 运算符访问指针。只有在程序中用赋值语句具体规定后，才能用 * 运算符访问所指向的变量。例如，

```
int a;
int *p;    /* 未规定指向哪个变量 */
*p=289;
```

上述表述是错误的，这种错误称为访问悬挂指针，可以改为：

```
int a;
int *p=&a;
```

```
*p=289;
```

3. 指针变量的应用

【例 6-1】指针与地址的应用。

```
#include <stdio.h>
void main()
{
    int a,b,*pointer_1,*pointer_2;
    a=100,b=200;
    pointer_1=&a;
    pointer_2=&b;
    printf("%d,%d\n",a,*pointer_1);
    printf("%d,%d\n",b,*pointer_2);
}
```

程序运行结果：

```
100,100
200，200
```

【例 6-2】输入两个学生的成绩，按从小到大的顺序输出。

```
#include<stdio.h>
voidmain()
{
    int *p1,*p2,*p,a,b;
    printf(" 输入 :");
    scanf("%d,%d",&a,&b);
    p1=&a;p2=&b;
    if(a>b)
    {
        p=p1;p1=p2;p2=p;
    }
    printf(" 输出 :");
    printf("a=%d,b=%d\n",a,b);
    printf("min=%d,max=%d\n",*p1,*p2);
}
```

例 6-2 程序运行结果如图 6-6 所示。

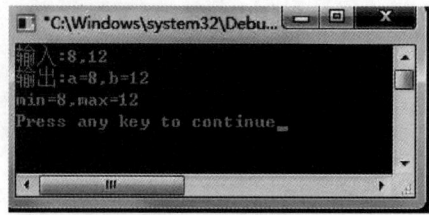

图6-6 例6-2程序运行结果

提示：

① p1=&a;p2=&b;

此语句使 p1 指向 a，p2 指向 b。

② if(a>b)
  {p=p1;p1=p2;p2=p;}

如果 a>b，则交换指针，即 p1 指向较小值，p2 指向较大值，如图 6-7 所示。

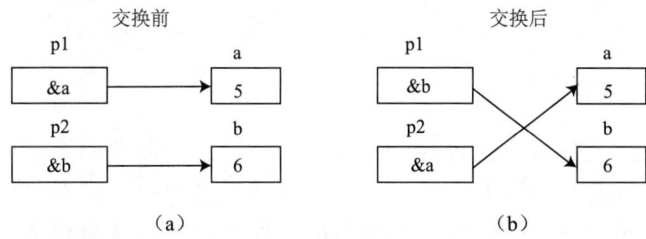

图6-7　交换指针

【例 6-3】用指针变量编程：小学加法的练习（出 10 题）。

```
#include<stdio.h>
#include<stdlib.h>    /* 用到了产生随机数的库函数 rand()，所以要包含 stdlib.h*/
#include <time.h>    /* 用到了产生随机种子 time()，所以要包含 time.h*/
main()
{ int x,y,*p1=&x,*p2=&y;          /* 存放产生的随机数 */
  int z;          /* 存放从键盘输入的数，即运算结果 */
  int ysf;        // 运算符
int i, t;      //i 为控制运算的次数，t 为随机产生的第一个数小于第二个数的交换
srand((unsigned)time( NULL ) );      /* 产生随机种子 */
for(i=1;i<=10;i++)
    {printf("%d. ",i);          // 序号
     x=rand();          /* 产生随机数 */
     y=rand();
     x=x%100;          /* 让产生的随机数变成 100 以内的数 */
     y=y%100;
if(*p1<*p2)
  {t=*p1;*p1=*p2;*p2=t;}          // 为了运算中的减法
ysf=rand()%2+1;      //ysf 的值为 1,2 分别代表加、减
switch(ysf)
{case 1:
{printf("%d+%d=",*p1,*p2);
    scanf("%d",&z);
    if(*p1+*p2==z)printf("  正确！\n");
    else
    printf("  错误！\n");
    break;
}
case 2:
    {printf("%d-%d=",x,y);
```

```
    scanf("%d",&z);
    if(x-y==z)printf("   正确！\n");
  else
    printf("   错误！\n");
      }
    }
  }
}
```

4．指针变量作为函数参数

我们在前面学过，函数可以通过 return 返回一个值，如果要函数返回多个值怎么办？显然用 return 返回语句是办不到的。同时在"值传递"过程中，实参与形参是彼此独立的存储空间，数据的传递实质上是一种数据的复制，如果形参与实参过多，势必造成内存额外开销和引起数据复制量的增大，降低效率。因此 C 语言采用了一种叫指针传递的方式来改变上述两种不足。

通过"传地址"形参指针成为实参指针的副本，于是通过形参指针也可以访问实参指针所指向的数据，因此指针参数的传递就是把实参指针所指向的数据间接地传递给被调用的函数。

【例 6-4】用指针变量作为函数参数，实现数据的交换。

```
#include <stdio.h>
void swap(int *p1,int *p2)   /* 用指针变量实现数据的交换 */
{
   int temp;
   temp=*p1;
   *p1=*p2;
   *p2=temp;
}
void main()
{
   int a,b,*pointer_1,*pointer_2;
   printf("输入 a,b 的值：");
   scanf("%d,%d",&a,&b);
   pointer_1=&a,pointer_2=&b;
   if(a<b)                                // 如果 a<b 交换两数
     swap(pointer_1,pointer_2);
   printf("调用函数后输出 a,b 的值为：");
   printf("%d,%d\n",a,b);
}
```

例 6-4 程序运行结果如图 6-8 所示。

① 指针变量作为参数，从调用函数向被调用函数传递的不是一个变量，而是变量的地址。

图6-8　例6-4程序运行结果

② 指针变量作为函数的参数，从实参向形参的数据传递仍然遵循"单向值传递"的原则，只不过此时传递的是地址，因此对形参的任何操作都相当于对实参的操作。从这个意义上讲，指针变量作函数参数的传递又具有了"双向性"，可以带回操作后的结果，如图 6-9 所示。

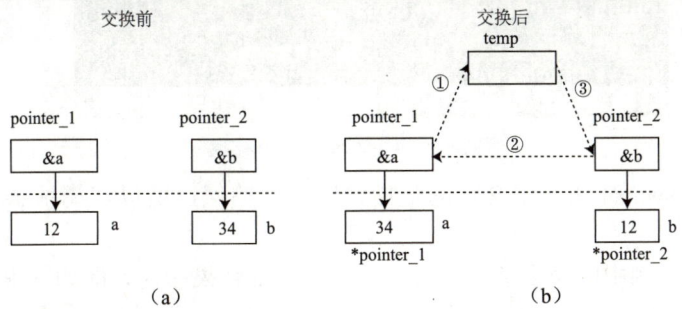

图6-9　"双向性"形、实参转向

上面例子中的语句"swap(pointer_1,pointer_2);"也可以改写为"swap(&a,&b); "。因为 pointer_1=&a，pointer_2=b。

 举一反三

在本任务中介绍了指针、指针变量的概念及引用，下面通过实例让大家进一步加深这方面的知识点。

【例 6-5】输入 3 个整数 a、b、c，按从大到小顺序输出。

```c
#include <stdio.h>
void swap(int *a,int *b)
{
    int t;
    t=*a;
    *a=*b;
    *b=t;
}

void main()
{
    int a,b,c,*p1,*p2,*p3;
    printf("请输入 3 个数，以逗号隔开:");
    scanf("%d,%d,%d",&a,&b,&c);
    p1=&a; p2=&b;p3=&c;
    if(a<b)swap(p1,p2);
    if(a<c)swap(p1,p3);
    if(b<c)swap(p2,p3);
    printf(" 从大到小的顺序为:");
    printf("%d,%d,%d\n",a,b,c);
}
```

例 6-5 程序运行结果如图 6-10 所示。

C语言程序设计项目化教程（第3版）

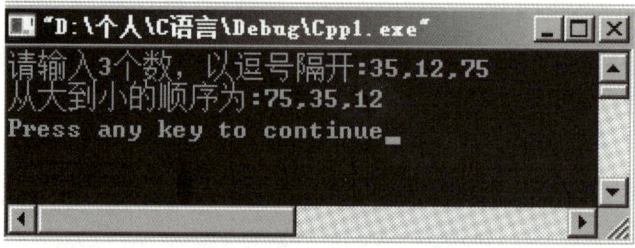

图6-10　例6-5程序运行结果

提示：因为在 swap() 函数中交换的是指针所指向的值，所以在调用 swap() 函数后会使两数交换。

【例 6-6】如果上例中的交换函数交换的是指针，则结果如何？即如下程序。

```c
#include <stdio.h>
void swap(int *p1,int *p2)
{
    int *temp;
    temp=p1;
    p1=p2;
    p2=temp;
}
void main()
{
    int a,b,*pointer_1,*pointer_2;
    printf(" 输入 a,b 的值，以逗号分隔 :");
    scanf("%d,%d",&a,&b);
    pointer_1=&a,pointer_2=&b;
    swap(pointer_1,pointer_2);
    printf(" 调用函数后输出 a,b 的值为 :");
    printf("%d,%d\n",a,b);
    printf(" 调用函数后输出 *pointer_1,*pointer_2 的值为 :");
    printf("%d,%d\n",*pointer_1,*pointer_2);
}
```

提示：因为在 swap() 函数中交换的是指针，不是指针所指向的值，所以在调用 swap() 函数后不会导致两数的交换。即 a，b 维持原值不变，同样指针变量 pointer_1，pointer_2 所指向的值也保持不变。

例 6-6 程序运行结果如图 6-11 所示。

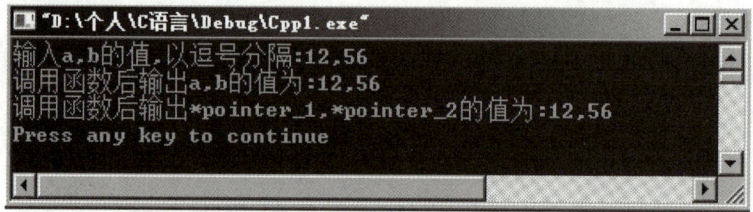

图6-11　例6-6程序运行结果

238

实践训练

经过前面的学习，大家已了解了指针的基本概念及引用，下面让各位一展身手，自己动手解决一些问题。

☆ 初级训练

1. 若有说明 int a=2,*p=&a,*q=p，则以下赋值语句中非法的是（　　）。

A. p=q;　　　　　　B. *p=*q;　　　　　　C. a=*q;　　　　D. q=a;

2. 若定义 int a=511,*b=&a，则 "printf("%d\n",*b);" 的输出结果为（　　）。

A. 无确定值　　　　B. a 的地址　　　　C. 512　　　　D. 511

3. 已有定义 int a=2,*p1=&a,*p2=&a，下面不能正确执行的赋值语句是（　　）。

A. a=*p1+*p2;　　B. p1=a;　　　　C. p1=p2;　　　　D. a=*p1*(*p2);

4. 已知在程序中定义了如下的语句：

```
int *p1,*p2;
int k;
p1=&k;p2=k;
```

则下列语句中不能正确执行的是（　　）。

A. K=*p1+*p2;　　　　　　　B. p2=K;

C. p1=p2;　　　　　　　　　D. k=*p1*(*p2)

5. 若有说明语句：int a,b,c,*d=&c，则能正确从键盘读入三个整数分别赋给变量 a，b，c 的语句是（　　）。

A. scanf("%d%d%d",&a,&b,d);　　　　B. scanf("%d%d%d",a,b,d);

B. scanf("%d%d%d",&a,&b,&d);　　　　D. scanf("%d%d%d",a,b,*d);

6. 若已定义 int a=5，下面对（1）、（2）两条语句的正确解释是（　　）。

（1）int *p=&a;　　（2）*p=a；

A.（1）和（2）中的 *p 含义相同，都表示给指针变量 p 赋值

B.（1）和（2）语句的执行结果，都是把变量 a 的地址赋给指针变量 p

C.（1）在对 p 进行说明的同时进行初始化，使 p 指向 a；（2）变量 a 的值赋给指针变量 p

D.（1）在对 p 进行说明的同时进行初始化，使 p 指向 a；（2）将变量 a 的值赋予 *p

7. 若有语句 int *p,a=10；p=&a，下面均代表地址的选择项是（　　）。

A. a，p，*&a　　　　　　　　B. &*a，&a，*p

C. *&p，*p，&a　　　　　　　D. &a，&*p，p

8. 若需要建立如下图所示的存储结构，且已有说明 double *p,x=0.2345，则正确的赋值语句是（　　）。

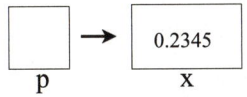

A. p=x　　　　B. p=&x　　　　C. *p=x　　　　D. *p=&x

9. 若有说明 int *p,a=1,b，以下程序段中正确的是（　　）。

A. p=&b;

scanf("%d",&p)

B. scanf("%d",&b)

*p=b

C. p=&b;

scanf("%d",*p)

D. p=&b;

*p=a;

10. 以下程序的输出结果是（　　　　）。

A. 9.000000　　　　B. 1.500000　　　C. 8.000000　　　D. 10.500000

```c
#include "Stdio.h"
void sub(float x,float *y,float *z)
{
 *y=*y-1.0;
 *z=*z+x;
}
 main()
{
 float a=2.5,b=9.0,*pa,*pb;
 pa=&a; pb=&b;
 sub(b-a,pa,pb);
 printf("%f\n",a);
}
```

☆深入训练

1. 输入小王、小张、小李的工资，用指针的方法输出他们的工资单。三人工资单输出程序运行结果如图 6-12 所示，将程序补充完整。

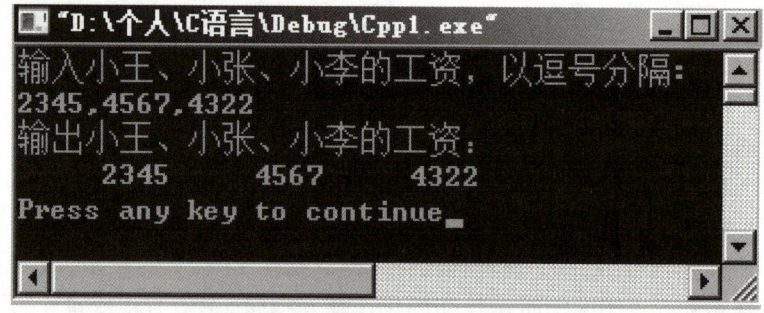

图6-12　三人工资单输出程序运行结果

方法 1

```c
#include "stdio.h"
main()
{
   int a,b,c;
   printf(" 输入小王、小张、小李的工资，以逗号分隔 :\n");
   scanf("%d,%d,%d",&a,&b,&c);
   printf(" 输出小王、小张、小李的工资 :\n");
   printf("%9d%9d%9d\n",*&a,_____);      // 要求用指针的方法
}
```

方法 2

```
#include "stdio.h"
main()
  {
     int a,b,c;
     int *aa,*bb,*cc;
     printf("输入小王、小张、小李的工资，以逗号分隔:\n");
     scanf("%d,%d,%d",&a,&b,&c);
     aa=&a;
     _____;
     _____;
     printf("输出小王、小张、小李的工资：\n");
     printf("%9d%9d%9d\n",*aa,_____);
  }
```

2．输入小王、小张、小李的工资，用指针的方法输出他们的工资单，要求按从大到小排序。三人工资按从高到低排列程序运行结果如图 6-13 所示，补充完整程序。

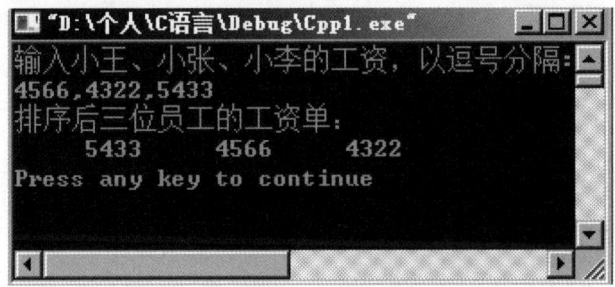

图6-13 三人工资按从高到低排列程序运行结果

方法 1

```
#include "stdio.h"
main()
  {
     int a,b,c,t;
     int *aa,*bb,*cc;
     printf("输入小王、小张、小李的工资，以逗号分隔:\n");
     scanf("%d,%d,%d",&a,&b,&c);
     aa=&a;
     bb=&b;
     cc=&c;
     if(*aa<*bb)
     {
        _____;
        _____;
        _____;
     }
     printf("111  %d,%d\n",*aa,*bb);
     if(*aa<*cc)
```

```
    {   t=*aa;
        *aa=*cc;
        *cc=t;
    }
    if(*bb<*cc)
    {
        _____;
        _____;
        *cc=t;
    }
    printf(" 排序后三位员工的工资单：\n");
    printf("%9d%9d%9d\n",*aa,_____);
}
```

方法2

```
#include"stdio.h"
main()
{
    int a,b,c;
    int *aa,*bb,*cc,*t;
    printf(" 输入小王、小张、小李的工资，以逗号分隔：\n");
    scanf("%d,%d,%d",&a,&b,&c);
    aa=&a;
    bb=_____;
    cc=_____;
    if(*aa<_____)
    {
        t=aa;
        aa=bb;
        bb=t;
    }
    if(_____)
    {
        t=aa;
        aa=cc;
        cc=t;
    }
    if(_____)
    {
        t=bb;
        bb=cc;
        cc=t;
    }
    printf(" 排序后三位员工的工资单：\n");
    printf("%9d%9d%9d\n",*aa,*bb,*cc);
}
```

方法3

```
#include <stdio.h>
void swap(int *a,int *b)
{
    int t;
    t=*a;
    _____;
    *b=t;
}

void main()
{
    int a,b,c,*p1,*p2,*p3;
    printf("请输入三位员工的工资，以逗号隔开:");
    scanf("%d,%d,%d",&a,&b,&c);
    p1=&a; p2=&b;p3_____;
    if(a<b)swap(p1,p2);
    if(a<c)swap(_____);
    if(_____)swap(p2,p3);
    printf("员工工资从高到低的顺序为:");
    printf("%d,%d,%d\n",_____);
}
```

3. 请写出以下程序的运行结果：

```
#include <stdio.h>
int *p;
pp(int a,int *b);
main()
{
    int a=1,b=2,c=3;
    p=&b;
    pp(a+c,&b);
    printf("(1)%d%d%d\n",a,b,*p);
}

pp(int a,int *b)
{
    int c=4;
    *p=*b+c;
    a=*p-c;
    printf("(2)%d%d%d\n",a,*b,*p);
}
```

4. 写出程序的运行结果（   ）。

```
#include<stdio.h>
void fun(float *a, float *b)
```

```
{
float w;
*a=*a+*a;
w=*a;
*a=*b;
*b=w;
}
int main()
{
float x=2.0,y=3.0;
float *px=&x,*py=&y;
fun(px,py);
printf("%2.0f,%2.0f\n",x,y);
}
```

5. 以下程序的输出结果是（   ）

```
#include "stdio.h"
void ast(int x, int y, int *cp, int *dp)
{ *cp=x+y; *dp=x-y; }
main( )
{ int a,b,c,d;
  a=4; b=3;
  ast(a, b, &c,&d);
  printf("%d,%d\n",c,d);
}
```

6. （多选）以下 4 个程序中不能对两个整型值进行交换的是（   ）。

A.

```
#include "stdio.h"
void swap(int *, int *);
main()
{ int a=10,b=20;
  swap(&a,&b);
  printf("%d,%d\n",a,b);
  return 0;
}

void swap(int *p, int *q)
{ int *t, a;
t=&a; *t=*p; *p=*q; *q=*t; }
```

B.

```
#include "stdio.h"
void swap(int *, int *);
int main()
```

```
{int a=10,b=20;
 swap(&a,&b);
 printf("%d,%d\n",a,b);
 return 0;
}
void swap(int *p,int *q)
{int t;
  t=*p; *p=*q; *q=t; }
```

C.

```
#include "stdio.h"
void swap(int *,int *);
int main()
{
    int *a=0,*b=0;  /* 未指向任何变量 */
    *a=10;*b=20;/* 指针未指向任何变量前不能随意赋值 */
    swap(a,b);
    printf("%d,%d\n",*a,*b);
    return 0;
}
void swap(int *p,int *q)
{
    int t;
    t=*p; *p=*q; *q=t;
}
```

D.

```
#include "stdio.h"
void swap(int *,int *);
int main()
{int a=10,b=20,*x=0,*y=0;
  *x=&a,*y=&b;
  swap(x,y);
  printf("%d,%d\n",a,b);
  return 0;
}
void swap(int *p,int *q)
{
    int t;
    t=*p; *p=*q; *q=t;
}
```

任务6-2　用指针优化全班同学一门课成绩的输入/输出

任务提出及实现

1. 任务提出

某班有 40 个同学进行了一次考试，现要用指针实现全班同学成绩的输入 / 输出。

2. 具体实现（以10个学生为例）

访问数组元素有以下 3 种方法。

方法 1（下标法，常用，很直观）

```c
#include <stdio.h>
main()
{
  int score[10],i;
  printf(" 请输入 10 个学生的成绩 \n");
  for(i=0;i<10;i++)
    scanf("%d",&score [i]);
  printf(" 输出 10 个学生的成绩为 \n");
  for(i=0;i<10;i++)
    printf("%3d", score [i]);
  printf("\n");
}
```

方法 2（用数组名访问，效率与下标法相同，不常用）

```c
#include <stdio.h>
main()
{
  int score[10],i;
  printf(" 请输入 10 个学生的成绩 \n");
  for(i=0;i<10;i++)
    scanf("%d",& score [i]);
  printf(" 输出 10 个学生的成绩为 \n");
  for(i=0;i<10;i++)
    printf("%3d", *(score+i));
  printf("\n");
}
```

方法 3（用指针变量访问，常用，效率高）

```c
#include <stdio.h>
main()
{
```

```
    int score[10],*p,i;
    printf(" 请输入 10 个学生的成绩 \n");
    for(i=0;i<10;i++)
        scanf("%d",& score [i]);
    printf(" 输出 10 个学生的成绩为 \n");
    for(p=score;p<score+10;p++)
        printf("%3d", *p);
    printf("\n");
}
```

从上述例子可分析出要解决这个问题，必须要懂得：

① 指向一维数组元素的指针。

② 一维数组元素的指针访问方式。

相关知识

一个变量有地址，一个数组有若干个元素，每个数组元素都在内存中占用存储单元，它们都有相应的地址。指针变量既然可以指向变量，当然也可以指向数组和数组元素。

1. 指向数组元素的指针

定义一个指向数组元素的指针变量的方法，与前面介绍的指向变量的指针变量相同。指向数组元素的指针变量，其类型应与数组元素相同。例如：

int a[10],*p;

float b[10];

float *pf=&b[0];

*p=&a[0];

在数组中，数组名表示该数组在内存中的起始地址。第一个元素的地址即数组的起始地址。

&a[0] 表示数组第一个元素的地址，同时 C 语言规定数组名代表数组的首地址，因此，"p=a;"或者"p=&a[0];"等价，都代表数组的首地址（注意，不是代表整个数组），如图 6-14 所示。

（1）计算两地址间数据单元的个数（指针相减）

同类型的两指针相减，其结果是一个整数，表示两地址间可容纳的相应类型数据的个数。例如：

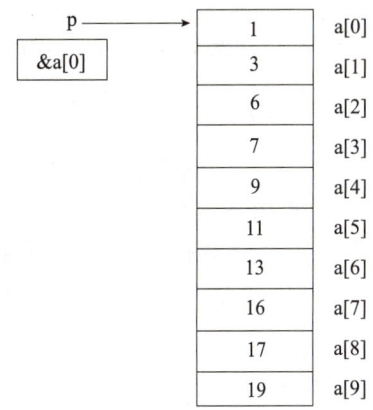

图6-14　首地址

```
int n,m[12],*p1=&m[5],*p2=&m[10];
n=p2-p1;              //n=5
```

两指针相减如图 6-15 所示。

（2）指针移动

例如，下面的语句进行了指针移动。

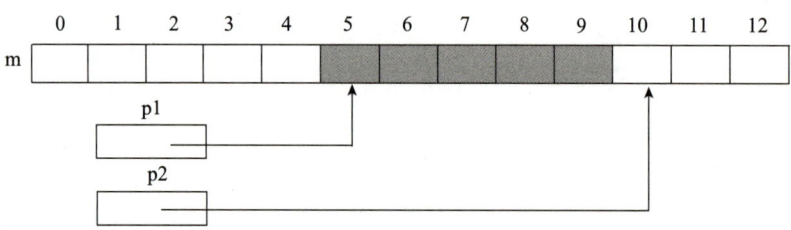

图6-15　两指针相减

```
int m[12], *p1=&m[6], *p2=&m[8], *p3;
p1-=3;                    // 指针变量 p1 指向数组元素 m[3]；
p3=p2+2;                  // 指针变量 p3 指向数组元素 m[10]。
```

指针移动如图 6-16 所示。

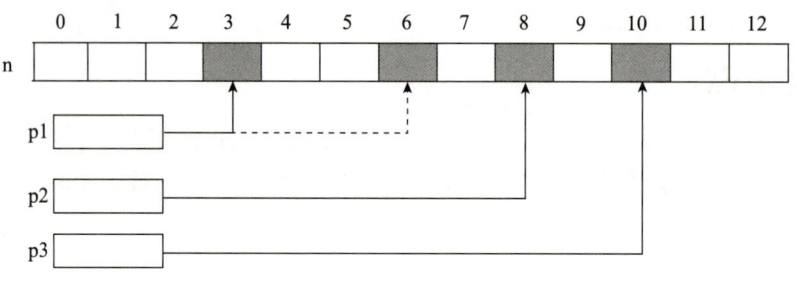

图6-16　指针移动

思考：若再执行以下语句

```
p1++;
p2--;
```

则指针变量 p1，p2 将分别指向哪个数组元素？

2. 一维数组元素的指针访问方式

一维数组的数组名实际上就是指向该数组的第一个单元的指针。一个一维数组若定义为"int a[10];"则数组名 a 的类型是 int *（数组名代表数组的首地址，因此是指针类型），并且指向第一个元素。因此 *a 和 a[0] 访问的是同一个元素，两种表达形式完全等价。这种指针表达形式不仅可以访问第一个元素，结合指针移动还可以访问数组的其他元素。例如：

```
*(a+1)                    // 等价于 a[1]；
*(a+2)                    // 等价于 a[2]；
……
*(a+i)                    // 等价于 a[i]；
```

因此访问数组元素的操作可以采用两种方法：一种叫下标法，另一种叫指针法。采用指针法比采用下标法更为简洁，执行效率也更高。

指向一维数组第一个元素的指针可以像一维数组名那样使用。例如：

```
int  a[10], *pa=a;
*(pa+1)                   // 等价于 a[1]；
*(pa+2)                   // 等价于 a[2]；
……
```

```
*(pa+i)                      // 等价于 a[i];
```

下标法与指针法的对应关系如图 6-17 所示。

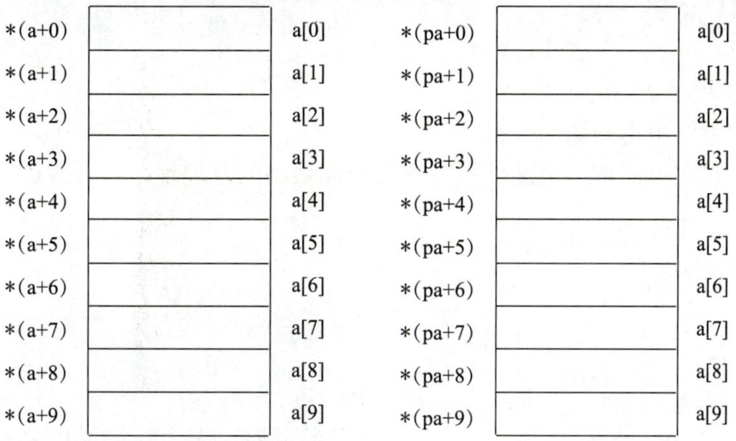

*(a+0)		a[0]		*(pa+0)		a[0]
*(a+1)		a[1]		*(pa+1)		a[1]
*(a+2)		a[2]		*(pa+2)		a[2]
*(a+3)		a[3]		*(pa+3)		a[3]
*(a+4)		a[4]		*(pa+4)		a[4]
*(a+5)		a[5]		*(pa+5)		a[5]
*(a+6)		a[6]		*(pa+6)		a[6]
*(a+7)		a[7]		*(pa+7)		a[7]
*(a+8)		a[8]		*(pa+8)		a[8]
*(a+9)		a[9]		*(pa+9)		a[9]

（a）对应关系一　　　　　　　　　（b）对应关系二

图6-17　下标法与指针法的对应关系

【例 6-7】数组元素的访问。

```
#include <stdio.h>
  void main()
  {
    int a[5]={7,9,4,3,8};
    int *pa=a;
    /* 用下标法访问各数组元素 */
    printf("%d  ",a[0]);
    printf("%d\n",a[2]);
    /* 用数组名访问数组元素的地址 */
    printf("%d  ",*a);
    printf("%d\n",*(a+2));
    /* 用指针变量访问各数组元素 */
    printf("%d  ",*pa);
    printf("%d\n",*(pa+2));
  }
```

执行结果：7 4

【例 6-8】下面的程序在输入 1 2 3 4 5 6 7 8 9 0 后的输出结果还是 1 2 3 4 5 6 7 8 9 0 吗？

```
#include <stdio.h>
void main()
{
    int a[10],*p,i;
    p=a;
    for(i=0;i<10;i++)
        scanf("%d",p++);              /* 特别要注意输入时指针的变化 */
```

```
        printf("\n");
        for(i=0;i<10;i++,p++)                /* 指针 p 的值已经发生变化 */
            printf("%d ",*p);
        printf("\n");
}
```

输入：1 2 3 4 5 6 7 8 9 0

输出：结果竟然不是预期的值！

怎样解决？其实很简单：重新使指针变量指向数组的首地址，请看改进后的例子。

```
#include <stdio.h>
void main()
{
    int a[10],*p,i;
    p=a;
    for(i=0;i<10;i++)
        scanf("%d",p++);             /* 特别要注意输入时指针的变化 */
    printf("\n");
    p=a;                              /* 使 p 指针重新指向了数组的首地址 */
    for(i=0;i<10;i++,p++)
        printf("%d ",*p);
    printf("\n");
}
```

程序运行结果为

输入：1 2 3 4 5 6 7 8 9 0

输出：1 2 3 4 5 6 7 8 9 0

小结：

① 指针变量可以实现自身值的改变，如"pa++；"，而数组名所代表的地址则不能改变，如 a++ 是错误的用法。

② 应注意指针变量的当前值。

③ 指针变量可以指向数组中各个内存单元。

 举一反三

在本任务中介绍了数组元素的指针及访问方式，下面通过实例让大家进一步掌握这方面的知识。

【例 6-9】下列程序运行结果为（　　　）。

```
#include <stdio.h>
main()
{
    int a[10]={1,2,3,4,5,6,7,8,9,10},*p=&a[3],b;
    b=p[5];
    printf("%d\n",b);
}
```

A. 5　　　　　　B. 6　　　　　C. 8　　　　　　D. 9

分析：因为 *p=&a[3]，所以 p[5] 是往下移动 5，即 a[8]，所以 b 的值为 9。

答案：D

【例 6-10】下列程序运行结果为（　　　）。

```
#include <stdio.h>
main()
{
    int arr[]={6,7,8,9,10};
    int *ptr;
    ptr=arr;
    *(ptr+2)+=2;
    printf ("%d,%d\n",*ptr,*(ptr+2));
}
```

A. 8,10　　　　　B. 6,8　　　　　C. 7,9　　　　　　D. 6,10

分析：ptr=arr，表示 ptr 是指向 arr 数组的首地址，所以 *ptr 即为 arr[0]，而 *(ptr+2)+=2 表示 *(ptr+2)=*(ptr+2)+2，其中 *(ptr+2) 即为 arr[2]，所以新的 r[2] 的值为 10。

答案：D

【例 6-11】写出程序运行结果为（　　　）。

```
#include <stdio.h>
main()
{
    int a[]={2,4,6,8,10,12},*p=a;
    printf ("%d,%d\n",*(p+1),*(a+5));
}
```

分析：因为 *p=a，说明 p 为数组 a 的首地址，即 p=&a[0]，所以 p+1 是 a[1] 的首地址，所以程序输出的值为 a[1] 和 a[5]，即输出结果为：4，12。

【例 6-12】用指向一维数组元素的指针实现小学生加减运算。

```
#include<stdio.h>
#include<stdlib.h>     /* 用到了产生随机数的库函数 rand()*/
#include <time.h>     /* 用到了产生随机种子 time()，所以要包含 time.h*/
main()
 { int a[11]={0},b[11]={0},*p1=a,*p2=b;   /* 存放产生的随机数，认为是计算机出的数 */
  int c[11],*w=c;             /* 存放从键盘输入的数，即运算结果 */
  int ysf;       // 运算符
  int i, t;     //i 为控制运算的次数，t 为随机产生的第一个数小于第二个数的交换
  int fs=0;    // 训练成绩
  srand((unsigned)time( 0 ) );       /* 产生随机种子 */
  for(i=1;i<=10;i++)
     { a[i]=rand( );              /* 产生随机数 */
      a[i]=a[i]%100;              /* 让产生的随机数变成 100 以内的数 */
      b[i]=rand( );              /* 产生随机数 */
      b[i]=b[i]%100;              /* 让产生的随机数变成 100 以内的数 */
```

```
        }
      for(i=1;i<=10;i++,p1++,p2++,w++)
    { ysf=rand()%2+1;              //ysf 的值为 1,2 分别代表加、减
     printf("%d. ",i);            // 题号
     if(ysf==1)                   // 做加法
       {printf("%d+%d=",*p1,*p2);    // 题目
        scanf("%d",w);               // 输入答案
        if(*p1+*p2==*w)
         {printf(" 正确 \n");  fs=fs+10;}
        else
         {printf(" 错误 \n");fs=fs+0;}
         }
    if(ysf==2)                    // 做减法
       {if(*p1<*p2)
        {t=*p1;*p1=*p2;*p2=t;}    // 减法时，第一个数小于第二个数，则交换
           printf("%d-%d=",*p1,*p2);    // 题目
         scanf("%d",w);               // 输入答案
        if(*p1-*p2==*w)
        {printf(" 正确 \n");fs=fs+10;}
        else
        {printf(" 错误 \n");fs=fs+0;}
        }
    }
printf(" 本次训练成绩为 %d 分 \n",fs);
}
```

请注意循环 for(i=1;i<=10;i++,p1++,p2++,w++) 中的 p1++、p2++、w++。

 实践训练

前面，我们学习了一维数组的指针指向、引用，下面通过练习加深这方面的知识点。

☆ 初级训练

1. 有以下程序

```
#include "stdio.h"
main()
{ int a[10]={1,2,3,4,5},*p=&a[1],*q;
  q=p+1;
  printf("%d\n",*p+*q);
}
```

程序运行后输出的结果是（   ）。

2. 有以下程序

```
#include "stdio.h"
main()
```

```
{ int a[ ]={1,2,3,4,5},y=0,x,*p;
  p=&a[1];
  for (x=1;x<3;x++)y=y+p[x];
    printf("y=%d\n",y);
}
```

程序运行后输出的结果是（　　　）。

3. 有以下程序：

```
#include "stdio.h"
main()
{int a[ ]={1,2,3,4,5,6,7,8,9,10},*p;
 for (p=a+2;p<a+6;p++)
 printf("%d",*p);
}
```

程序运行后输出的结果是（　　　）。

4. 有以下程序：

```
#include "stdio.h"
main()
{int a[ ]={1,2,3,4,5,6,7,8,9,10,11,12},*p=a+5,*q=a;
 *q=*(p+5);
 printf("%d  %d",*p,*q);
}
```

程序运行后输出的结果是（　　　）。

5. 以下程序的输出结果是（　　　）。

```
#include "stdio.h"
main()
{int a[ ]={1,2,3,4,5,6,7,8,9,10,11,12},*p=a;
 p++;
printf("%d ",*(p+3));
}
```

6. 有以下定义，则不移动指针 p，且通过指针 p 引用值为 98 的数组元素的表达式为（　　　）。

```
int a[ ]={1,2,3,4,5,98,7,8,9,10,11,12},*p=a;
```

7. 以下程序的输出结果是（　　　）。

```
#include "stdio.h"
main()
{int a[ ]={1,2,3,4,5,98,7,8,9,10,11,12},*p=a;
 p++;
 printf("%d ",(p+=3)[3]);
}
```

8. 以下程序的输出结果是（　　　）。

```
#include "stdio.h"
main()
{char *s="abcde";
 s++;
 printf("%c",*s);}
```

9. 以下程序的输出结果是（   ）。

```
#include "stdio.h"
main()
{char *s="abcde";
 s++;
 puts(s);
}
```

10. 以下程序的输出结果是（   ）。

```
#include "stdio.h"
main()
{int  s[]={1,2,3,4,5,6},*p=s;
 p++;
 printf("%d\n",*(p+3));
}
```

11. 以下程序的输出结果是（   ）。

```
#include "stdio.h"
main()
{int a[]={5,3,7,2,1,5,4,10};
 int s=0,k;
 for(k=0;k<8;k+=2)
   s+=*(a+k);
 printf("s=%d\n",s);
}
```

☆ 深入训练

1. 小王所在小组有10位员工，现要用指针实现全体员工工资的输入／输出。请补充代码。

```
#include <stdio.h>
main()
{
   int gz[10],*p,i;
   printf(" 请输入 10 位员工的工资 \n");
   for(i=0;i<10;i++)
     scanf("%d",&gz [i]);
   printf(" 输出的 10 位员工的工资 \n");
   for(p=gz;p<_____;p++)
     printf("%3d", _____);
   printf("\n");
```

```
}
```

2．有以下说明：

int a[]={0,1,2,3,4,5,6,7,8,9},*p=a,i;

则数值为4的表达式是（　　　）。

A．*p+3　　　　　　B．*(p+4)　　　　　　　C．*p+=3　　　　　　　D．p+3

提示："p=a；"就是让 p 存放数组 a 的首地址，是 a[0] 的内存地址，所以 *p=0。

3．写出程序运行结果（　　　）。

```
#include <stdio.h>
main()
{
    int a[]={0,1,2,3,4,5,6,7,8,9},*p=a;
    *(p+5)=22;
    p++;
    printf("%d,%d\n",*p,*(p+4));
}
```

提示：*p=a 表示 p 指向数组 a 的首地址，*(p+5) 表示 a[5]=22，p++ 表示 p 指向数组 a[1] 的首地址，所以 p+4 指向 a[5] 的首地址。

4．有以下程序，执行后的结果是（　　　）。

```
#include "stdio.h"
main()
{char s[]="program",*p=s;
 while(*p!='g')
    {
     printf("%c",*p-32);
     p++;}
    }
```

5．用指针的方法编程：从键盘上输入数据到数组中，统计其中正数的个数，并计算它们之和。

6．用指针的方法编写：小张所在的部门共有员工 12 人，请统计月薪中需要纳税的人数（月工资在 5000 元以上需要纳税）。

任务6-3　用指针优化某班同学三门课成绩的输入/输出

 ## 任务提出及实现

1. 任务提出

某班有 40 个同学进行了三门课的考试，现要用指针实现学生三门课成绩的输入 / 输出。

2. 具体实现

用指针的解决方法实现（为了使问题简单化，所以用到的是 4 个人 3 门课的成绩）。

方法 1

```c
#include <stdio.h>
void main()
{
    int s[4][3];
    int i,j,(*p)[3];
    p=s;
    for(i=0;i<4;i++)
    {
        for(j=0;j<3;j++)
            scanf("%8d",(*(p+i)+j));
    }
    for(i=0;i<4;i++)
    {
        for(j=0;j<3;j++)
            printf("%8d",*(*(p+i)+j));
        printf("\n");
    }
}
```

方法 2

```c
#include <stdio.h>
void main()
{
    int s[4][3];
    int i,j;
    for(i=0;i<4;i++)
    {
        for(j=0;j<3;j++)
            scanf("%8d",(*(s+i)+j));
    }
    for(i=0;i<4;i++)
    {
        for(j=0;j<3;j++)
            printf("%8d",*(*(s+i)+j));
        printf("\n");
    }
}
```

方法 3

```c
#include <stdio.h>
void main()
{
    int s[4][3];
    int i,j,row,col;
```

```
row=4;col=3;
for(i=0;i<row;i++)
{
    for(j=0;j<col;j++)
        scanf("%8d", (&s[0][0]+i*col+j));
}
for(i=0;i<row;i++)
{
    for(j=0;j<col;j++)
        printf("%8d",*(&s[0][0]+i*col+j));
    printf("\n");
}
}
```

这三种方法输出结果均如图 6-18 所示（假如数据是如下的话）。

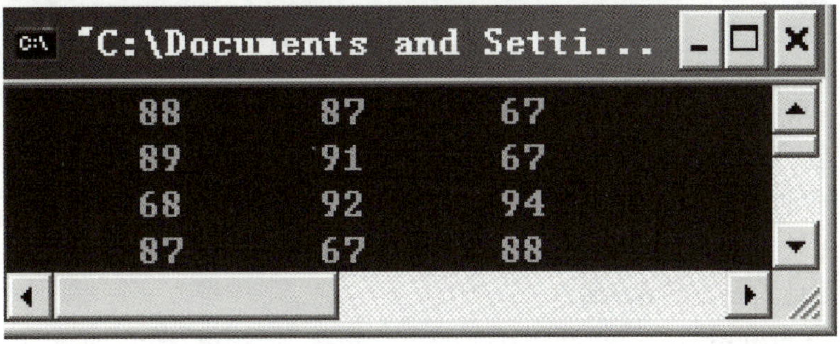

图6-18 以上三种方法程序运行结果

从上述例子可分析出要解决这个问题，必须要懂得指向二维数组元素的指针和二维数组元素的指针访问方式。

相关知识

上述关于一维数组与指针关系的结论可以推广到二维数组、三维数组等。我们以二维数组为例介绍多维数组的指针访问方式。

1. 二维数组的指针访问方式

指向二维数组的指针变量 p，可以有两种：一个是指向行的行指针，还有一个是指向数组元素的列指针。

（1）指向行的行指针

二维数组可以看成是一种特殊的一维数组，每一个二维数组元素本身又是一个有若干个数组元素的一维数组。例如，

int b[3][4];

可理解为有 3 个元素 b[0]、b[1]、b[2]，每一个元素代表一行，每一个元素又是一个包含 4 个元素的数组。把二维数组分解为一维数组 b[0]、b[1]、b[2] 之后，设 p 为指向二维数组的

指针变量，若 p=b[0]，可定义为 int(*p)[4],p=b，则 p+i 指向一维数组 b[i]，而 *(*(p+i)+j) 则是 i 行 j 列元素的值。式子 *(*p+i)+j) 是根据二维数组名计算 i 行 j 列元素的值。

还有一种直接采用首元素地址计算 i 行 j 列元素的方法。其格式如下：

*(首元素地址 + 行号 * 列数 + 列号)

例如，在实际生活中，排长"指向"班，为纵向管理，走一步就跳过 1 个班，班长"指向"战士，则为横向管理，走一步就指向下一个战士。

二维数组 a，相当于排长，一维数组 a[0]、a[1]、a[2] 相当于班长，二维数组元素 a[0][1] 就相当于战士，如图 6-19 所示。

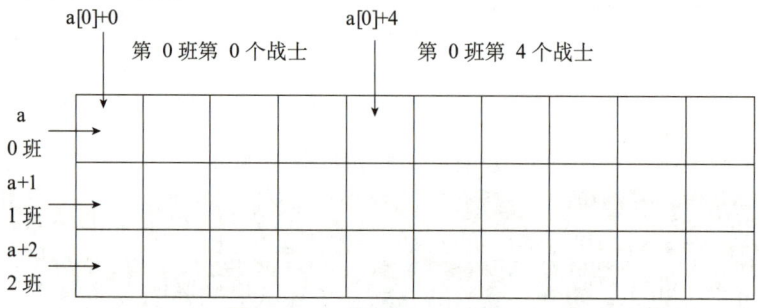

图6-19　二维数组元素示意图

第 0 行的地址为 a 或者 &a[0]；

第 1 行的地址为 a+1 或者 &a[1]；

第 2 行的地址为 a+2 或者 &a[2]。

int a[3][10]；*(p)[4]；

p=a; 也可以写为 p=&a[0]，则 *(*(p+i)+j) 表示任意一个 i 行 j 列的元素。

（2）指向数组元素的列指针

int a[3][10],*p;

p=&a[0][0]];

因为 a[0] 是第 0 行的数组名，所以 p=&a[0][0] 相当于 p=a[0]，因为 a[i][j] 前面共有 i*4+j 个元素，该二维数组的任意 i 行 j 列元素可表示为 *(p+i*4+j)，这也就是使用列指针表示每个元素的方式。

直接采用首元素地址计算 i 行 j 列元素的方法是：*（首元素地址 + 行号 * 列数 + 列号）

思考：对数组 a[3][10]，*a,*a+1,*(a+1),*(a+2)+3 表示什么？

因为 a ←→ &a[0]，所以 *a ←→ a[0] ←→ &a[0][0]。

*a 表示元素 a[0][0] 的地址；

*a+1 表示元素 a[0][1] 的地址；

*(a+1) 表示元素 a[1][0] 的地址；

*(a+2)+3 表示元素 a[2][3] 的地址。

2. 二维数组的指针访问应用

【例 6-12】用几种方法输出二维数组各元素的值。

```
#include <stdio.h>
```

```
void main()
{
    int s[3][4]={1,2,3,4,5,6,7,8,9,10,11,12};
    int i,j,(*p)[4];
    int row,col;
    p=s;
    printf("用二维数组的指针变量计算 i 行 j 列元素的方法 \n");
    for(i=0;i<3;i++)
    {
        for(j=0;j<4;j++)
            printf("%8d",*(*(p+i)+j));
        printf("\n");
    }
    printf("用二维数组的数组名计算 i 行 j 列元素的方法 \n");
    for(i=0;i<3;i++)
    {
        for(j=0;j<4;j++)
            printf("%8d",*(*(s+i)+j));
        printf("\n");
    }
    printf("用直接采用首元素地址计算 i 行 j 列元素的方法 \n");
    row=3;col=4;
    for(i=0;i<row;i++)
    {
        for(j=0;j<col;j++)
            printf("%8d",*(&s[0][0]+i*col+j));
        printf("\n");
    }
}
```

例 6-13 程序运行结果如图 6-20 所示。

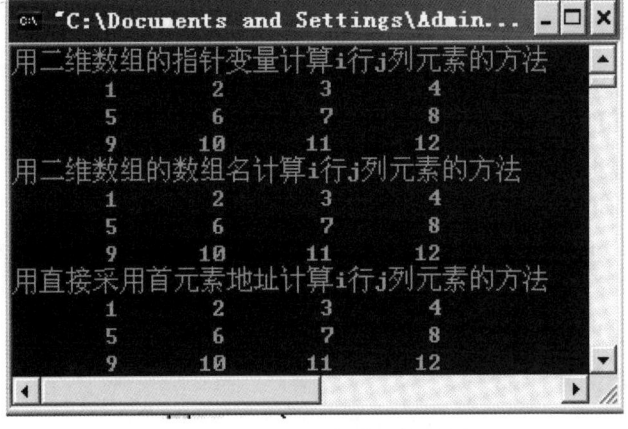

图6-20 例6-13程序运行结果

 举一反三

本任务中，介绍了指向二维数组元素的指针和二维数组元素的指针访问方式，下面用实例来加深这方面的理解。

【例6-14】写出程序运行结果。

```
#include <stdio.h>
main()
{
    int a[2][3]={2,4,6,8,10,12};
    printf("a[1][0]=%d\n",a[1][0]);
    printf("*(*(a+1)+0)=%d\n",*(*(a+1)+0));
}
```

分析：int a[2][3] 表示定义一个两行三列的二维数组。

a[0][0] a[0][1] a[0][2]   2   4   6

a[1][0] a[1][1] a[1][2]   8   10   12

所以，a[1][0] 的值为 8，*(*(a+1)+0) 表示 a[1][0]，所以也是 8。

【例6-15】写出程序运行结果。

```
#include <stdio.h>
main()
{
    int a[3][3]={1,2,3,4,5,6,7,8,9};
    int m,*p;
    p=&a[0][0];
    printf("%d\n",*p);
    printf("%d\n",*p+5);
    printf("%d\n",*p+7);
    m=(*p)*(*p+2)*(*p+4);
    printf("m=%d\n",m);
}
```

分析：int a[3][3] 表示定义为一个三行三列的二维数组。

a[0][0] a[0][1] a[0][2]   1   2   3

a[1][0] a[1][1] a[1][2]   4   5   6

a[2][0] a[2][1] a[2][2]   7   8   9

p=&a[0][0] 表示 p 指向二维数组的首地址，*p=a[0][0]，*p+5 表示第 2 行的第 3 列，即 a[1][2]，所以值为 6，*p+7 表示第 3 行的第 2 列为 a[2][1]，即 8，m=(*p)*(*p+2)*(*p+4) 表示 m=a[0][0]*a[0][3]*a[1][1]=1*3*5=15。

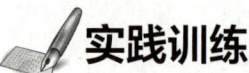 实践训练

前面，介绍了指向二维数组元素的指针和二维数组元素的指针访问方式，实践出真知，所以，下面请大家自己动手，对以下内容进行独自思考与练习。

☆ 初级训练

1. 以下能对二维数组 x 进行初始化的语句是（　　　）。

A. int x[2][]={{1,0,1},{5,2,3}};　　　　B. int int x[ ][3]={{1,0,1},{5,2,3}};

C. int x[2][4]={{1,2,3},{5,2},{6}};　　　D. int x[ ][3]={{1,0,1,8},{ },{1,1}};

2. 以下各组选项中，均能正确定义二维实型数组 s 的选项是（　　　）。

A. float s[3][4];
   float s[ ][4];
   float s[3][ ]={{1},{0}};

B. float s(3)(4);
   float s[ ][ ]={{1},{0}};
   float s[3][4];

C. float s[3][4];
   float s[ ][4]={{0},{0};
   float s[ ][4]={{0},{0}，{0}};

D. float s[3][4];
   float s[3][ ]);
   float s[ ][4]={{0},{0}{0}};

3. 用指针的方法输出一个二维数组。

方法1

```
#include "stdio.h"
main()
{int a[3][4]={{1,2,3,4},{5,6,7,8},{9,10,11,12}};
int i,j;
for(i=0;i<3;i++)
{for(j=0;j<4;j++)
     printf("%3d",_____);
printf("\n");
}
}
注意:a[i][j]==*(*(a+i)+j)
```

方法2

```
#include "stdio.h"
main()
{int a[3][4]={{1,2,3,4},{5,6,7,8},{9,10,11,12}};
int *p,i;
for(p=a[0];_____;p++)
   { i++;
   printf("%3d",_____);
   if(i%4==0)printf("\n");
   }
}
```

注意：a[0] 是元素 1 的地址，所以 *a[0] 的值为 1；

　　　a[0]+1 是元素 2 的地址，所以 *(a[0]+1) 的值为 2；

　　　...

　　　a[0]+11 是元素 12 的地址，所以 *(a[0]+11) 的值为 12。

同时，从另一个角度看：

a[0] 是元素 1 的地址，所以 a[0]+1 为元素 2 的地址；

a[1] 是元素 5 的地址，所以 a[1]+1 为元素 2 的地址；

a[2] 是元素 9 的地址，所以 a[2]+1 为元素 10 的地址；

......

以此类推。

4. 给二维数组 a 赋值，并用指针的方式，输出数组 a。

```c
#include "stdio.h"
main()
{int a[4][5]={0};
int (*p)[5]=a;
int i,j,k=0;
printf(" 给数组 a 赋值 :\n");
for(i=0;i<4;i++)
   { for(j=0;j<5;j++)
        {a[i][j]=k++;
         printf("%3d",a[i][j]);
        }
printf("\n");
}
printf(" 输出数组 a\n");
_____;
for(i=0;i<4;i++)
   {
   for(j=0;j<5;j++)
     printf("%3d",_____));
   printf("\n");
 }
}
```

5. 下列程序运行结果（   ）。

```c
#include "stdio.h"
main()
{int a[3][4]={1,2,3,4,5,6,7,8,9,10,11,12},i,j,k=0;
int (*p)[4]=a;
for(i=0;i<3;i++)
  for(j=0;j<2;j++)
     k=k+*(*(p+i)+j);
  printf("k=%d\n",k);
}
```

☆ 深入训练

1. 补充完整程序，要求程序运行结果如图 6-21 所示。

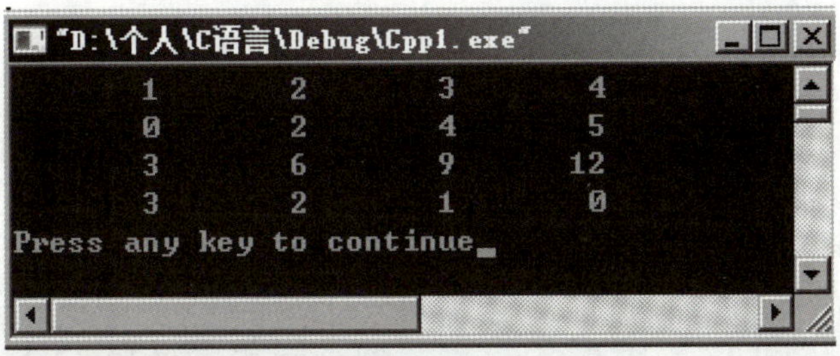

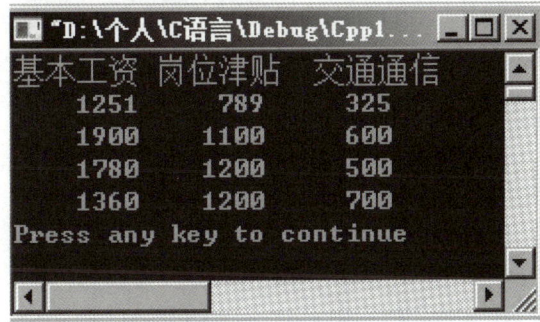

图6-21　系统完整程序运行结果

```c
#include "stdio.h"
main( )
{
    int a[4][4]={{1,2,3,4},{0,2,4,5},{3,6,9,12},{3,2,1,0}},i,j;
    int _____;
    for(i=0;i<4;i++)
    {
        for(j=0;j<4;j++)
            printf("%8d",*(*(p+i)+j));
        printf("\n");
    }
}
```

2. 用多维数组元素的指针访问方式，输出小张、小王、小李、小赵的工资单（他们的工资已赋初值）。四人工资单程序运行结果如图 6-22 所示。请补充代码。

图6-22　四人工资单程序运行结果

```c
#include "stdio.h"
main( )
{
    int a[4][3]={{1251,789,325},{1900,1100,600},{1780,1200,500},{1360,1200,700}};
    int (*p)[3]=a,i,j;
    printf(" 基本工资  岗位津贴   交通通信 \n");
    for(i=0;i<4;i++)
    {
        for(j=0;j<3;j++)
            printf("%8d",*(*(p+____)+_____));
        printf(" \n");
```

```
    }
  }
```

3．用多维数组元素的指针访问方式，输出小张、小王、小李、小赵的工资明细单（他们的工资已赋初值）。四人工资明细单程序运行结果如图6-23所示。

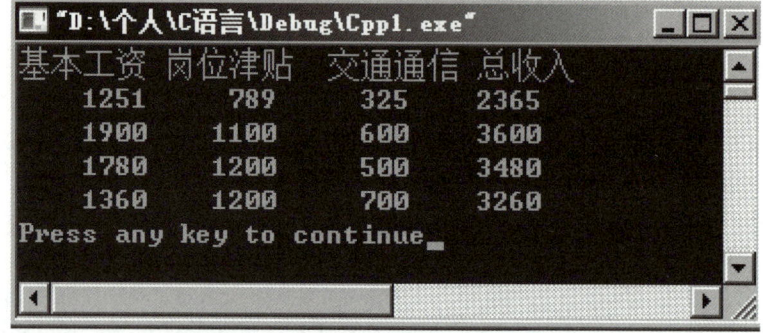

图6-23　四人工资明细单程序运行结果

```
#include "stdio.h"
main( )
{
    int a[4][4]={{1251,789,325,},{1900,1100,600,},{1780,1200,500,},{1360,1200,700,}};
    int _____=a,i,j;
    printf("基本工资 岗位津贴　交通通信 总收入 \n");
    for(i=0;i<4;i++)
      a[i][3]=_____;
    for(i=0;i<4;i++)
    {
        for(j=0;j<4;j++)
            printf("%8d",*(*(p+i)+j));
        printf("\n");
    }
}
```

任务6-4　用指针实现输出最高分的记录

任务提出及实现

1．任务提出

某班有 40 个学生参加了期终考试（考了三门课），请用指针优化学生成绩单，即用指针实现全班同学成绩的输入/输出以及输出最高分的同学（在函数中进行）。

2．具体实现

方法1

```c
#include <stdio.h>
/* 输出数组元素的函数 */
void pp(int score[][5],int n)
{
    int i,j;
    for(i=0;i<n;i++)
    {
        for(j=0;j<5;j++)
            printf("%5d",*(*(score+i)+j));
        printf("\n");}
    }
/* 求每个同学三门课的总分 */
void sum(int score[][5],int n)
{
    int i,j;
    for(i=0;i<n;i++)
        for(j=0;j<4;j++)
        *(*(score+i)+4)+=*(*(score+i)+j);
}
/* 求最高分的是第几个同学 */
int  max(int score[][5],int n)
{
    int i,max,k;
    max=score[0][4];k=0;
    for(i=1;i<3;i++)
        if(score[i][4]>max)
        {
            k=i;
        }
    return k;
}
/* 主函数 */
void main()
{
    int s[3][5]={81,72,73,84,-1,85,76,77,88,-1,69,80,91,92,0};
//-1 的位置将存放三名同学各自的总分
    int i,kk;
    sum(s,3);                               // 调用求每个同学的三门课总分的函数
    printf(" 学生的成绩单为 :\n");
    pp(s,3);                                // 调用输出函数
    printf(" 最高分为 :\n");
    kk=max(s,3);                            // 调用求最高分同学的序号
```

```c
    for(i=0;i<5;i++)
        printf("%5d",s[kk][i]);
    printf("\n");
}
```

方法2

```c
#include <stdio.h>
/* 输出数组元素的函数 */
void pp(int   (*p)[5],int n)
{
    int i,j;
    for(i=0;i<n;i++)
    {
        for(j=0;j<5;j++)
            printf("%5d",*(*(p+i)+j));
        printf("\n");
    }
}
/* 求每个同学三门课的总分 */
void sum(int (*p)[5],int n)
{
    int i,j;
    for(i=0;i<n;i++)
      for(j=0;j<4;j++)
          *(*(p+i)+4)+=*(*(p+i)+j);
}
/* 求最高分的是第几个同学 */
int  max(int (*p)[5],int n)
{
    int i,*max,k;
    max=p[0];k=0;
    for(i=1;i<3;i++)
      if(*(*(p+i)+4)>*max)
      {
          k=i;
      }
return k;
}
void main()
{
    int s[3][5]={81,72,73,84,-1,85,76,77,88,-1,69,80,91,92,0};
    //-1 的位置将存放三名同学各自的总分
    int i,kk;
    sum(s,3);
    printf("学生的成绩单为:\n");
    pp(s,3);
```

```
printf(" 最高分为 :\n");
kk=max(s,3);
for(i=0;i<5;i++)
    printf("%5d",s[kk][i]);
printf("\n");
}
```

输出学生成绩单及最高分程序运行结果如图 6-24 所示。

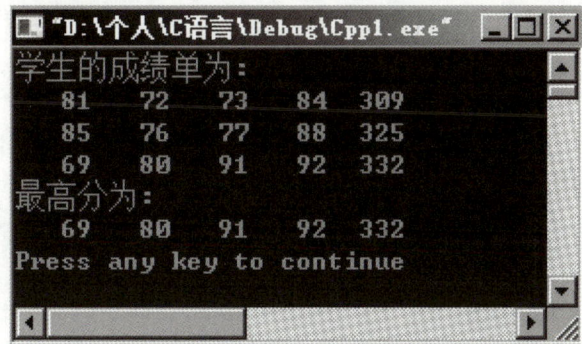

图6-24 输出学生成绩单及最高分程序运行结果

相关知识

在 C 语言中，不可能将一维实参数组的所有元素整体赋给形参数组变量，而只能将实参数组的指针或数组元素赋值给对应的形参变量。

在项目 5 中已经介绍过用数组名作函数的实参和形参的问题。那么，学习指针变量后就更容易理解这个问题了。数组名就是数组的首地址，实参在函数调用时，是把数组首地址传送给形参，所以实参向形参传送数组名实际上就是传送数组的首地址。形参得到该地址后指向同一个数组，从而在函数调用后，实参数组的元素值可能会发生变化。同样，数组指针变量的值即为数组的首地址，当然也可以作为函数的参数使用。

【例 6-16】将数组 a 中的 n 个整数按相反的顺序存放。

```
#include <stdio.h>
void inv(int x[],int n)
{
    int m,temp,i,j;
  m=(n-1)/2;
  for(i=0;i<=m;i++)
  {
    j=n-1-i;
    temp=x[i];x[i]=x[j];x[j]=temp;
  }
}
void main()
{
  int i,*p,a[10]={3,7,9,11,0,6,7,5,4,2};
```

```
    p=a;
    inv(p,10);
    for(i=0;i<10;i++)
      printf("%d,",a[i]);
    printf("\n");
}
```

输出结果：2 4 5 7 6 0 11 9 7 3

此代码还可以将形参修改为指针变量，代码如下：

```
#include <stdio.h>
void inv(int *x,int n)
{
    int *p,m,t,*i,*j;
    m=(n-1)/2;
    i=x;
    j=x+n-1;
    p=x+m;
    for(;i<=p;i++,j--)
    {
        t=*i;
        *i=*j;
        *j=t;
    }
}
void main()
{
    int a[10]={3,7,9,11,0,6,7,5,4,2};
    int *p;
    p=a;
    inv(p,10);
    for(p=a;p<a+10;p++)
        printf("%d,",*p);
    printf("\n");
}
```

输出结果同上。

【例 6-17】将数组 a 中的 n 个整数按从高到低的顺序存放。

```
#include <stdio.h>
void sort(int *x,int n)
{
    int i,j,t;
    for(i=0;i<n-1;i++)
        for(j=i+1;j<n;j++)
          if(*(x+i)<*(x+j))
              {t=*(x+i);*(x+i)=*(x+j);*(x+j)=t;}
```

```
}
void main()
{
    int a[10]={3,7,9,11,0,6,7,5,4,2};
    int *p;
    p=a;
    sort(p,10);
    for(p=a;p<a+10;p++)
    printf("%d,",*p);
    printf("\n");
}
```

【例 6-18】输出二维数组中各元素的值，要求用函数输出。

方法 1（函数参数用指向二维数组的指针）

```
#include <stdio.h>
void pp(int (*p)[4])
{
    int i,j;
    for(i=0;i<3;i++)
    {
        for(j=0;j<4;j++)
            printf("%5d",*(*(p+i)+j));
        printf("\n");
    }
}
void main()
{
    int s[3][4]={1,2,3,4,5,6,7,8,9,10,11,12};
    int i,j;
    pp(s);
}
```

方法 2（函数参数用数组）

```
#include <stdio.h>
void pp(int aa[][4])
{
    int i,j;
    for(i=0;i<3;i++)
    {
        for(j=0;j<4;j++)
            printf("%5d",*(*(aa+i)+j));
        printf("\n");
    }
}
```

```
void main()
{
    int s[3][4]={1,2,3,4,5,6,7,8,9,10,11,12};
    int i,j;
    pp(s);

}
```

注意

参数int (*p)[4]，不能写成int (*p)[ ]。参数int aa[][4]，必须要注明列的下标，但行的下标可以省略。

例6-18程序运行结果如图6-25所示。

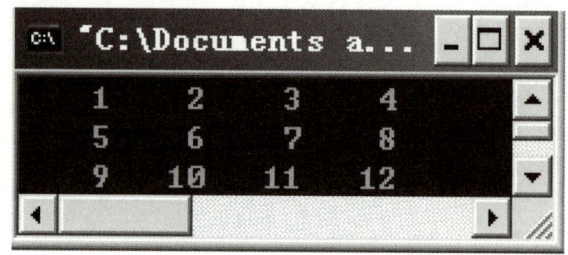

图6-25 例6-18程序运行结果

现在回头再去理解问题情景中具体实现的程序，就能明白方法1是用二维数组的数组名计算i行j列元素的方法进行求和、求最高分的学生序列号，输出成绩单；方法2是用二维数组的指针变量计算i行j列元素的方法进行求和、求最高分的学生序列号，输出成绩单。

 知识扩展

从前面的学习可知，C语言是用字符型数组来存储字符串变量的。同时我们又知道数组名代表字符串的首地址，也就是任何指向字符串第一个元素的指针都可以代表该字符串。

假设某班里有40个学生，在选举班干部时有3个候选人，现要求对候选人以姓氏的英文顺序排序，请用C语言中的字符指针解决此问题。

分析：要将3个候选人以姓氏的英文顺序排队，要求用C语言中的字符指针解决此问题，所以，在本任务中将要解决的是什么是字符指针，字符指针如何引用。

程序如下：

```
#include <stdio.h>
#include "string.h"              /*因为用到 strcmp()*/
main()
{
    char *name1=" 张小明 ",*name2=" 李大刚 ",*name3=" 周建华 ",*tt;
    if( strcmp(name1,name2)<0)
    {
        tt=name1;name1=name2;name2=tt;
    }
    if( strcmp(name1,name3)<0)
```

```
    {
        tt=name1;name1=name3;name3=tt;
    }
    if( strcmp(name2,name3)<0)
    {
        tt=name2;name2=name3;name3=tt;
    }
    printf(" 输出的姓名为 :\n");
    printf("%s\n",name1);
    printf("%s\n",name2);
    printf("%s\n",name3);
}
```

1. 字符串的表示形式

由于指针变量可以对数组（整型、实型数组）进行操作，那么，使用一个指向字符串的指针变量来实现字符数组的操作，是字符串操作的另一种方式。

（1）用字符数组实现

```
#include <stdio.h>
main()
{
    char string[ ]="I love China!";
    printf("%s\n",string);
}
```

其中，string 是数组名，代表数组的首地址；string[i] 代表数组的第 i 个元素；而 string[i] 等价于 *(string+i)，其相应的处理方法与一般数组相似。

（2）用字符指针实现

```
#include <stdio.h>
main()
{
    char *string=" I am a student. ";
    printf("%s\n",string);
}
```

说明：

① 字符串指针是指向字符变量的指针变量，可以用来描述和处理一个字符串，如 char *str=" I am a student."。

② 含义理解：不是将字符串的内容赋值给指针变量，而是将其起始地址赋给指针变量。例如，

char *str;

str="I am a student.";

赋值符左边是一个指针变量，右边是一个字符串常量，根据类型匹配原则，右边的字符串常量也应当是一个字符指针（地址）。实际上程序中的字符串常量就是一个指针，是指向

存储该字符串的字符数组首地址的指针，str="I am a student." 不能理解为将字符串送给指针变量 str，"I am a student." 是地址而不是字符串。

另外，我们可以将字符数组表示为：

char s1[]="I am a student.";

或

char s1[]={'I',' ','a','m',' ','a',' ','s','t','u','d','e','n','t'};

不能表示为：

char *str={'I',' ','a','m',' ','a',' ','s','t','u','d','e','n','t'};

③ 字符指针变量在使用之前必须初始化，使其指向一个具体的存储单元。例如，下面的语句是正确的。

char str[];

scanf("%s",str);

而下面表达式结果是错误的。

char *str;

scanf("%s",str);

2. 用指针变量来实现对字符串的访问

【例 6-19】将字符串 a 复制到字符串 b。

方法 1

```c
#include <stdio.h>
void main()
{
    char a[]="I am a boy.",b[20],*p1,*p2;
    int i;
    p1=a;
    p2=b;
    for(;*p1!='\0';p1++,p2++)
        *p2=*p1; /* 当 *p1=='\0' 时结束循环，因此 '\0' 并没有复制到 *p2 上 */
    *p2='\0';
    printf("string a is:%s\n",a);
    printf("string b is:%s\n",b);
    printf("\n");
}
```

方法 2

```c
#include <stdio.h>
void main()
{
    char *a="I am a boy.",*b;
    b=a;
    printf("string a is:%s\n",a);
    printf("string b is:%s\n",b);
```

```
    printf("\n");
}
```

方法 1 和方法 2 的输出结果：

```
string a is:I am a boy.
string a is:I am a boy.
```

注意

若 a，b 都是字符指针，则可以用 b=a，即将 a 的地址赋给 b。但是，若 a，b 是字符数组，则不能用 b=a，应该用 strcpy(b,a)，即以下表达式是错误的。

  char a[]="I am a boy.",b[12];

  b=a;

  现在回头分析问题情景中的 C 语言程序，显然：

  if(strcmp(name1,name2)<0)

  {tt=name1;name1=name2;name2=tt;}

表示当 name1<name2 时，name1 和 name2 交换。

 ## 举一反三

在本任务中介绍了函数中数组指针的传递及字符数组，下面通过实例让大家进一步掌握这方面的知识。

【例 6-20】写出程序的运行结果。

```
#include "stdio.h"
void f(int *x,int *y)
{
    int t;
    t=*x;*x=*y;*y=t;
}
main()
{
    int a[9]={1,2,3,4,5,6,7,8,9},i,*p,*q;
    p=a;q=&a[8];
    while(*p!=*q){f(p,q);p++;q--;}
        for(i=0;i<9;i++) printf("%d,",a[i]);
}
```

分析：函数 f() 的功能是交换两个数，主函数是当指针 p 和 q 不指向同一个变量时，调用 f() 函数，当第一次循环时 a[0] 和 a[8] 交换，第二次循环时 a[1] 和 a[7] 交换……直到 a[3] 和 a[5] 交换，所以程序的运行结果是逆序输出数组 a。

【例 6-21】写出程序运行结果。

```
#include "stdio.h"
int f(int b[][4])
{
```

```
    int i,j,s=0;
    for(j=0;j<4;j++)
    {
        i=j;
        s+=b[i][j];
    }
    return s;
}
main( )
{
    int a[4][4]={{1,2,3,4},{0,2,4,5},{3,6,9,12},{3,2,1,0}};
    printf("%d\n",f(a) );
}
```

分析：函数 f() 的功能是计算二维数组 b 的主对角线元素的和，主函数调用 f() 函数，将实参二维数组 a 传递给形参二维数组 b，所以程序的运行结果是 a[0][0]+a[1][1]+a[2][2]+a[3][3]=1+6+9+0=16。

【例 6-22】写出程序运行结果。

```
#include <stdio.h>
main()
{
    char a[]="programming",b[]="language";
    char *p1,*p2;
    int i;
    p1=a;p2=b;
    for(i=0;i<8;i++)
        if(*(p1+i)!=*(p2+i))
            printf("%c",*(p1+i));
    printf("\n");
}
```

分析：p1 指向字符数组 a，p2 指向字符数组 b，当 i=0 时，*p1='p'，*p2='l'，两者不相同，输出 *p1；当 i=1 时，*(p1+1)='r'，*(p2+1)='a'，两者不同，输出 *(p1+1)；如此循环 8 次，所以程序的运行结果为 prommm。

【例 6-23】写出程序运行结果。

```
#include  <stdio.h>
#include  <string.h>
main()
{
        char *s1="AbDeG";
        char *s2="AbdEg";
        s1+=2;s2+=2;

        printf("%d\n",strcmp(s1,s2));
```

}

分析：因为 *s1<*s2，所以 strcmp(s1,s2) 的结果为 -1。

 **实践训练**

在本任务中介绍了函数中数组指针的传递及字符数组，下面请大家自己动手，对以下的内容进行独立思考并实践。

☆ 初级训练

1. 若有定义：int (*p)[4]，则标识符 p （　　　）。

A. 是一个指向整型变量的指针

B. 是一个指针数组名

C. 是一个指针，它指向一个含有四个整型元素的一维数组

D. 定义不合法

2. 若有程序段：int a[2][3],(*p)[3];p=a；则对数组元素的引用中正确的是（　　　）。

A.（p+1)[0]　　　　　B. *(*(p+2)+1)　　　　C. *(p[1]+1)　　　　D.p[1]+2

3. 若有定义：int a[2][3];则下面对 a 数组的第 i 行第 j 列元素值的引用中正确的是（　　　）。

A. *(*(a+i)+j)　　　B. (a+i)[j]　　　　C. *(a+i+j)　　　　D. *(a+i)+j

4. 若有定义：int a[2][3];则下面对 a 数组的第 i 行第 j 列元素地址的引用中正确的是（　　　）。

A. *(a[i]+j)　　　B. (a+i)　　　　C. (a+j)　　　　D. a[i]+j

5. 有以下程序，执行时输入：OPEN THE DOOR，程序的结果是（　　　）。

```
#include <stdio.h>
char fun(char *c)
{if(*c<='Z' && *c>='A')
      *c=*c+32;
      return *c;
}
main()
{char s[80],*p=s;
gets(s);
while(*p)
{*p=fun(p);
putchar(*p);
p++;}
printf("\n");
}
```

分析：函数 fun 的功能是将字符转换成小写字母。

6. 写出程序的运行结果（　　　）。

```
#include <stdio.h>
func(char *s)
{char *p=s;
while(*p)p++;
```

```
}

main()
{char *a="abcde";
printf("%d\n",func(a));
}
```

分析：函数 fun 的功能是返回字符串的长度。

7. 编写一个函数（参数用指针），将一个 3*3 的矩阵转置。

矩阵：

```
1 2 3
4 5 6
7 8 9
```

转为：

```
1 4 7
2 5 6
3 6 8
```

☆ 深入训练

1. 输入 10 个整数，将其中最小的数与第一个数对换，把最大的数与最后一个数对换。写出函数，函数的参数均用指针。补充省略处的代码。

```
#include <stdio.h>
void maxmin(int *x,int n)
{
    int i,j,t,max,min,k;
    max=min=*x;k=0;
    for(i=0;i<n-1;i++)
        if(max<*(x+i))
            {max=*(x+i),k=i;}
        {t=*(x+k);*(x+k)=*(x+n-1);*(x+n-1)=t;}
    ·············.            // 最小的数与第一个数对换
}

void main()
{
  int a[10]={3,7,9,11,0,6,7,5,4,2};
  int *p;
  p=a;
  maxmin(p,10);
  for(p=a;p<a+10;p++)
     printf("%d,",*p);
  printf("\n");
}
```

2．输入 10 个整数，将其中最小的数与第一个数对换，把最大的数与最后一个数对换。编写三个函数：①输入 10 个整数；②进行处理；③输出 10 个数。所有函数的参数均用指针。补充省略号处和空格处的代码。

```c
#include <stdio.h>
/* 输入 10 个数 */
void input( int *y,int n)
{
   int i;
   for(i=0;i<n;i++)
      scanf("%d",_____);
}
/* 最小的数与第一个数对换，把最大的数与最后一个数对换 */
void maxmin(int *x,int n)
{
   ...
   ...
}
 /* 输出 10 个数 */
 void output( int *y,int n)
 {
     ......
     ......
 }
/* 主函数 */
void main()
{
 int a[10];
 int *p,n;
 p=a;
 printf(" 请输入数组 a 的值 \n");
 n=10;
     _____;
  /* 按题意进行操作 */
     _____;
   printf(" 输出调整后数组 a 的值 \n");
     _____;
 }
```

3．要求用函数输出：小张、小王、小李、小赵的工资单（他们的工资已赋初值）。正确的程序运行结果如图 6-26 所示。将程序补充完整。

图6-26　正确的程序运行结果

```
#include "stdio.h"
void f(_____)
{
   int i,j;
   for(i=0;i<4;i++)
   {
      for(j=0;j<3;j++)
         printf("%8d",*(*(b+i)+j));
      printf("\n");
   }
}
main( )
{
   int a[4][3]={ {1251,789,325},{1900,1100,600},{1780,1200,500},{1360,1200,
700}};
   _____;
}
```

4．要求用函数输出：小张、小王、小李、小赵的工资单。在主函数中定义两个二维数组，一个是二维字符数组，用于存放小张、小王、小李、小赵的称呼；另一个是二维整型数组，用于存放小张、小王、小李、小赵的工资，函数的参数均用指针，四人工资单程序运行结果如图6-27所示。补充代码。

```
#include "stdio.h"
void f(int _____,char name[][10])
{
   int i,j;
   for(i=0;i<4;i++)
   {
      printf("%8s",_____);
      for(j=0;j<3;j++)
         printf("%8d",_____);
      printf("\n");
   }
}
main( )
```

```
{
        int a[4][3]={ {1251,789,325},{1900,1100,600},{1780,1200,500},{1360,12
00,700}};
        char name[4][10]={{"小王"},{"小张"},{"小李"},{"小赵"}};
        f(_____);
}
```

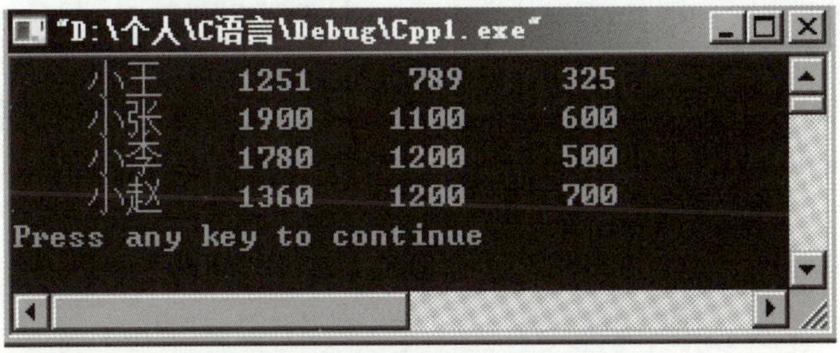

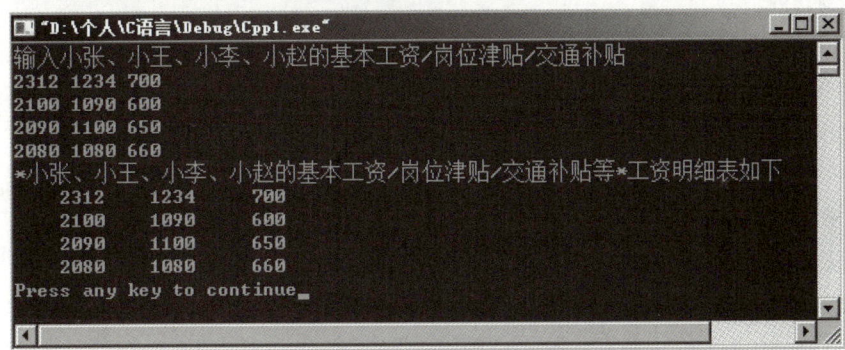

图6-27　四人工资单程序运行结果

5.　要求用函数输出：小张、小王、小李、小赵的工资单，编写两个函数：①输入 4 位员工的基本工资 / 岗位津贴 / 交通被贴；②输出 4 位员工的工资明细表。所有函数的参数均用指针。四人工资明细表程序运行结果如图 6-28 所示。

图6-28　四人工资明细表程序运行结果

综合训练六

一、选择题

1. 若有定义 int x,*pb，则以下赋值表达式中正确的是（　　）。

A. pb=&x　　　　　　　B. pb=x　　　　　　　C. *pb=&x　　　　　　D. *pb=*x

2. 执行语句"int i=10, *p=&i;"后，下面描述中错误的是（　　）。

A. p 的值为 10　　　　　　　　　　　　B. p 指向整型变量 i

C. *p 表示变量 i 的值　　　　　　　　　D. p 的值是变量 i 的地址

3. 执行语句"int a = 5, b = 10, c ; int *p1 = &a, *p2 = &b ;"后，下面赋值语句中不正确的是（　　）。

A. *p2 = b;　　　　　　　B. p1 = a;　　　　　　　C. p2 = p1;　　　　　　D. c = *p1 * (*p2);

4. 若有语句"int *point, a=4; point=&a;"，下面均代表地址的一组选项是（　　）。

A. a, point, *&a   B. &*a, &a, *point

C. *&point, *point, &a   D. &a, &*point, point

5. 若有说明"int *p, m=5, n;"，以下程序段中正确的是（   ）。

A. p=&n;   B. p=&n;

   scanf("%d",&p);   scanf("%d",*p);

C. scanf("%d",&n);   D. p=&n;

   *p=n;   *p=m;

6. 若有定义"char s1[ ]= "student", s2[8], *s3, *s4="student";"，则下面语句中错误的是（   ）。

A. strcpy(s1, "hello1");   B. strcpy(s2, "hello2");

C. strcpy(s3, "hello3");   D. strcpy(s4, "hello4");

7. 若有定义"int a[3][4], (*p)[4]=a;"，要引用 a[2][3]，可以采用（   ）。

A. *(p+1)   B. *(p+2+3)   C. *(*(p+2)+3)   D. *(*(p+2+3))

8. 若有定义语句"int t[2][3], *p[3],k;for(k=0;k<2;k++) p[k]=&t[k][0];"，则 *(*(p+1)+2) 表示的数组元素是（   ）。

A. t[2][0]   B. t[2][2]   C. t[1][2]   D. t[2][1]

9. 在定义"int (*p)[3];"，标识符 p（   ）。

A. 定义不合法

B. 是一个指针数组名，每个元素是一个指向整数变量的指针

C. 是一个指针，它指向一个具有三个元素的一维数组

D. 是一个指向整型变量的指针

10. 有以下程序段：

int a[10]={1,2,3,4,5,6,7,8,9,10},*p=&a[3],b ;

b=p[5];

b 的值是（   ）。

A. 5   B. 6   C. 8   D.9

二、填空题

1. C 语言的取地址符是_____。

2. 定义指针变量时必须在变量名前加_____，指针变量是存放_____变量。

3. 指针变量的类型是指_____ 。

4. 已知整型变量 k 定义为"int k;"，指向变量 k 的指针变量定义方法是_____。

5. 若有定义 char ch;

（1）使指针 p 可以指向变量 ch 的定义语句是（   ）。

（2）使指针 p 可以指向变量 ch 的赋值语句是（   ）。

（3）通过指针 p 给变量 ch 读入字符的 scanf 函数的调用语句是（   ）。

（4）通过指针 p 给变量 ch 赋字符的语句是（   ）。

（5）通过指针 p 输出 ch 中字符的语句是（   ）。

6. p 是一个指针变量，取 p 所指向单元的数据作为表达式的值，然后使 p 指向下一个单元的表达式是_____。

7. 数组名代表数组的_____。

8. 一维数组的下标访问方式是_____，对应的指针访问方式是_____。

9. 已知一维数组 float array[5]，指向一维数组的指针变量定义方法是_____。

10. 已知二维数组 double X[4][7]，指向二维数组的指针变量定义方法是_____。

三、阅读理解题

1. 以下程序的输出结果是（　　）。

```
#include "stdio.h"
int main()
{
int *var,ab;
ab=100; var=&ab; ab=*var+10;
printf("%d\n",*var);
}
```

2. 以下程序的输出结果是（　　）。

```
#include "stdio.h"
int main( )
{
int k=2, m=4, n=6;
int *pk=&k, *pm=&m, *p;
*(p=&n)=*pk*(*pm);
printf("%d\n", n);
return 0;
}
```

3. 下面程序运行结果是_____。

```
#include <stdio.h>
s(char *s)
{
    char *p=s;
    while(*p)
    p++;
    return (p-s);
}
main()
{
    char *a="abcded";
    int i;
    i=s(a);
    printf("%d",i);
}
```

4. 若输入的值分别为 1，3，5，下面程序运行结果是_____。

```
#include "stdio.h"
s(int *p)
```

```
{
    int sum=10;
    sum=sum+*p;
    return(sum);
}
main()
{
    int a=0,i,*p,sum;
    for(i=0;i<=2;i++)
    {
        p=&a;
        scanf("%d",p);
        sum=s(p);
        printf("sum=%d\n",sum);
    }
}
```

5. 以下程序的输出结果是（　　　）。

```
#include "stdio.h"
void ast(int x, int y, int *cp, int *dp)
{ *cp=x+y; *dp=x-y; }
int main(void)
{ int a,b,c,d;
a=4; b=3;
ast(a, b, &c,&d);
printf("%d,%d\n",c,d);
}
```

6. 以下程序的输出结果是（　　　）。

```
#include <stdio.h>
void sub (int x, int y, int *z)
{ *z=y-x; }
int main()
{
int a, b, c;
sub(10, 5, &a); sub(7, a, &b); sub(a, b, &c);
printf("%d,%d,%d\n",a,b,c);
return 0;
}
```

提示："*(p=&n)=*pk*(*pm);"语句可拆分成"p=&n; *p=(*pk)*(*pm);"。

7. 以下程序的输出结果是（　　　）。

```
#include "stdio.h"
void fun(float *a, float *b)
{
float w;
```

```
*a=*a+*a;
w=*a;
*a=*b;
*b=w;
}
main()
{
float x=2.0,y=3.0;
float *px=&x,*py=&y;
fun(px,py);
printf("%2.0f,%2.0f\n",x,y);
}
```

8. 以下程序的输出结果是（　　　）。

```
#include "Stdio.h"
void sub(float x,float *y,float *z)
{
*y=*y-1.0;
*z=*z+x;
}
int main()
{
   float a=2.5,b=9.0,*pa,*pb;
pa=&a; pb=&b;
sub(b-a,pa,pb);
printf("%f\n",a);
}
```

9. 下面程序的输出结果是（　　　）。

```
#include<stdio.h>
main( )
{ int a[5]={2,4,6,8,10}, *p,**k;
p=a;
k=&p;
printf("%d,", *(p++) );
printf("%d\n", **k);
}
```

10 下面程序的运行结果是（　　　）。

```
#include<stdio.h>
ss(char *s)
{ char *p=s;
while( *p) p++;
return (p-s);
}
main( )
```

```
{ char *a= "abcde";
int i;
i=ss(a);
printf("%d\n",i);
}
```

四、编程题

1.用指针来实现两个整数的交换。

2.用指针来实现求三个整数的最大值和最小值。

3.编写一个函数，其功能是对传送过来的两个浮点数求出和值与差值，并通过形参传送回调用函数。

4.编写一个函数，对传送过来的三个数求出最大数和最小数，并通过形参传送回调用函数。

5.编程用指针实现求字符串长度（strlen()）函数功能。

学生成绩单制作

 ## 知识目标

1. 掌握结构体类型的定义方法
2. 掌握结构体变量的定义、初始化及引用。
3. 掌握结构体数组的定义、初始化及引用。

 ## 技能目标

具备用结构体数组处理信息的能力。

 ## 课程思政

1. 通过结构体的学习，让学生明白一个集体中每个成员都必须遵守相应的规则。
2. 通过结构体的学习，培养学生细致钻研的学风、求真务实的品德。
3. 通过结构体的学习，培养学生努力拓展思维、理论与实际相结合的思维习惯。

项目要求

用键盘输入某班学生的相关数据（学号、姓名、三门课的成绩），输出按照平均分数从高到低进行排序后的成绩单。

程序运行结果如图 7-1 所示（程序运行时为了方便，只输入 5 个学生记录）。

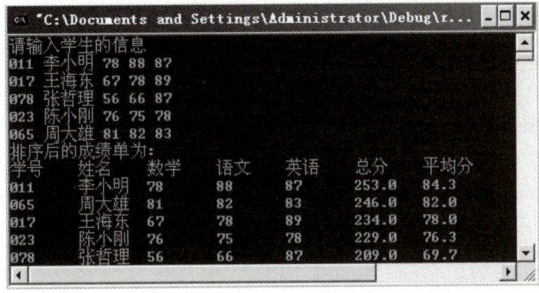

图7-1　程序运行结果

项目分析

要完成学生成绩单的制作，虽然可以用前面的项目 4 中的数组解决，但是如果用结构体数组来实现会更科学，所以在本项目中将用结构体数组进行操作。具体步骤是：首先，进行学生信息的输入 / 输出；其次，计算每个同学的三门课的平均分；最后，按平均分的高低排序后输出成绩单。所以将这一项目分成两个任务完成：任务 7-1 是用结构体数组进行学生信息的输入 / 输出；任务 7-2 是输出排序后的学生成绩单。

任务7-1　用结构体数组进行学生信息的输入/输出

 任务提出及实现

1. 任务提出

某班 40 个同学参加了数学、语文、英语考试，现要将该班的 40 个同学的相关信息（包括学号、姓名、三门课的成绩）从键盘上输入，然后输出该 40 个同学的原始成绩单。

2. 具体实现（为了程序运行方便，假设有5个同学）

```c
#include"stdio.h"
#define N 5
struct stu
{
    char id[6];
    char name[10];
    int m1,m2,m3;
    float avg;
}

main()
{
    stu student[N];
    int i;
    for (i=0;i<N;i++)
    {
        printf(" 请输入第 %d 个同学的记录 :",i+1);
    scanf("%s%s%d%d%d",student[i].id,&student[i].name,
&student[i].m1,&student[i].m2,&student[i].m3);}
    printf(" 他们的成绩单为 :\n");
    for(i=0;i<N;i++)
 printf("%s\t%s\t%d,%d,%d\n",student[i].id,student[i].name,
student[i].m1,student[i].m2,student[i].m3);
}
```

学生成绩单程序运行结果如图 7-2 所示。

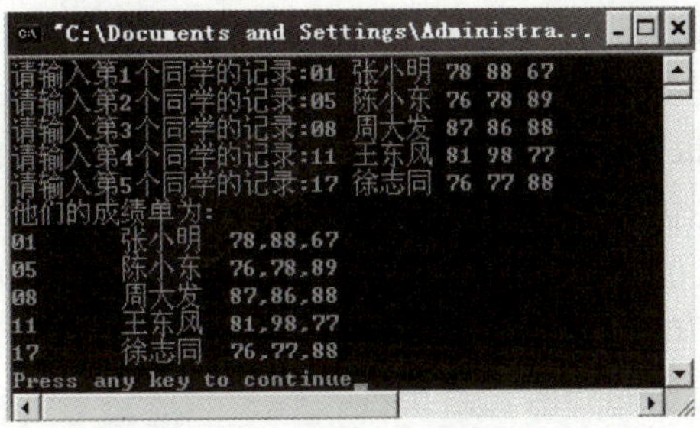

图7-2　学生成绩单程序运行结果

从上述例子可分析出要解决这个问题，必须要懂得：

① 某学生的属性包括学号、姓名、几门课的成绩应该定义成数据类型，即结构体。

② 结构体数组的输入与输出。

相关知识

1．结构体类型

（1）结构体类型的定义

如果有一个数据包含下列属性：学号（id）、姓名（name）、性别（sex）、功课1（m1）、功课2（m2）、功课3（m3）、平均分（avg），如表7-1所示。

表7-1　将不同类型数据组合成一个有机的整体

学号	姓名	性别	功课1	功课2	功课3	平均分
id	name	sex	m1	m2	m3	avg
05	李小明	男	89	98	78	88.3

显然，这些数据在一个整体中是互相联系的。在 C 语言中我们可以用结构体类型将这些不同类型数据组合成一个有机整体，以便引用。

定义一个结构体类型的一般形式为：

struct 结构体名

{

成员列表；

}

以表 7-1 为例，来建立一个结构体类型：

```
struct     stu
{
    char    id[6];
    char    name[10];
    char    sex[4];
    int     m1,m2,m3;
    float    avg;
}
```

上面定义了一个叫 stu 的结构体类型，它包括 id、name、sex、m1、m2、m3、avg 等不同类型的数据项。

定义结构体类型时一定要注意以下问题：

① 结构体类型名为 struct stu，其中 struct 是定义结构体类型的关键字，它和系统提供的基本类型一样具有同样的地位和作用，都可以用来定义变量的类型，stu 叫结构体名。

② 在花括号 { } 中定义的变量我们叫作成员，其定义方法和前面变量定义的方法相同。

这种自定义的数据类型叫构造类型。实际上我们在前面已经学习了一种构造类型——数组，数组是具有相同数据类型的一组元素集合。

（2）定义结构体类型变量的方法

定义结构体类型变量的方法必须遵循先定义结构体类型，再定义结构体变量的原则。

根据上述原则，有两种定义结构体变量的方法。

① 先声明结构体类型再定义结构体变量，格式如下：

struct **结构体名**

{

成员表列；

}

[struct] **结构体名 变量名表列；**

例如，以下两种形式等价。

```
struct stu
{char id[6],name[10];
 int m1,m2,m3;
 float avg;}
main()
{struct stu x,y;
      ……
    }
```

等价于

```
struct stu
{char id[6],name[10];
 int m1,m2,m3;
 float avg;}
main()
{stu x,y;
      ……
    }
```

② 在声明类型的同时定义变量。格式如下：

struct ［**结构体名**］

{ **成员表列；**

} **变量名表列；**

例如，以下两种形式也等价。

```
main()
{struct stu
{char id[6],name[10];
 int m1,m2,m3;
 float avg;}x,y;
      ……
    }
```

等价于

```
main()
{struct
{char id[6],name[10];
 int m1,m2,m3;
 float avg;}x,y;
      ……
    }
```

2. 结构体变量的引用

结构体变量成员引用格式：

结构体变量名 . 成员名

点号 "." 是成员（又叫分量）运算符（它的优先级最高）。例如：

x.m1=78

scanf("%s",&x.id); // 输入一个字符串送给结构体成员 x.id

printf("%s", x.id) ；

大家可以思考一下：

scanf("%s%s%d%d%d%d",&x);　　　　　能整体读入结构体变量的值吗？

printf("%s\t%s\t%5d%5d%5d\n",x);　　　能整体输出结构体变量的值吗？

答案显然是不能，它们的正确表达式为：

scanf("%s%s%d%d%d",x.id,x.name,&x.m1,&x.m2,&x.m3);

printf("%s\t%s\t%5d%5d%5d\n",x.id,x.name,x.m1,x.m2,x.m3);

【例 7-1】用键盘输入某学生的信息（包含学号、姓名、三门课的成绩）并在显示器上输出。

```c
#include "stdio.h"
main()
{
    struct
    {
        char id[6],name[10];
        int m1,m2,m3;
        float avg;}x;
    printf(" 请输入学生的信息 \n");
    scanf("%s%s%d%d%d",x.id,x.name,&x.m1,&x.m2,&x.m3);
    printf(" 学生的信息为 :\n");
    printf("%s\t%s\t%5d%5d%5d\n",x.id,x.name,x.m1,x.m2,x.m3);
}
```

例 7-1 程序运行结果如图 7-3 所示。

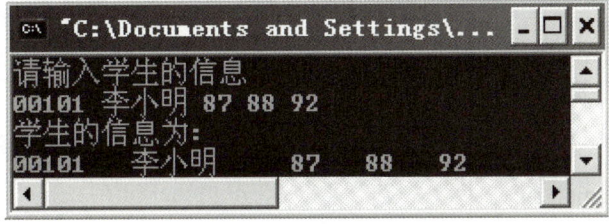

图7-3　例7-1程序运行结果

3. 结构体变量的初始化

和其他类型变量相同，对结构体变量也可以初始化，大家要理解初始化概念，即定义变量的同时给变量赋值叫初始化。

【例7-2】将例7-1的结构体变量进行初始化，代码如下：

```
#include "stdio.h"
main()
{
   struct
   {
      char id[6],name[10];
      int m1,m2,m3;
      float avg;}x={"00101"," 李小明 ",87,88,92};
   printf( "%s\t%s\t%5d%5d%5d\n",x.id,x.name,x.m1,x.m2,x.m3);
}
```

输出结果为：

00101　李小明 87　88　92

4. 结构体数组

结构体数据也称为数组元素，和前面讲过的数组不同的是，结构体数组中的成员是一个结构体类型的数据。

（1）结构体数组的定义

① 由于结构体数组的成员为结构体类型，所以在定义结构体数组之前必须先定义结构体类型。例如，以下两种形式代码等价。

```
struct stu
{char id[6],name[10];
 int m1,m2,m3;
 float avg;}
main()
{struct stu x[10],y;
    ……
}
```

等价于

```
struct stu
{char id[6],name[10];
 int m1,m2,m3;
 float avg;}
main()
{stu x[10],y;
    ……
}
```

② 可以直接定义结构体数组。例如，以下两种形式也等价。

```
main()
{struct stu
{char id[6],name[10];
 int m1,m2,m3;
 float avg;}x[10],y;
    ……
}
```

等价于

```
main()
{struct
{char id[6],name[10];
 int m1,m2,m3;
 float avg;}x[10],y;
    ……
}
```

（2）结构体数组的初始化

与其他类型的数组相同，对结构体数组也可以初始化。例如：

① 不给出数组长度，数组长度由初始化的数据决定。

stu[ ]={{…},{…},{…}};

② 直接给出值。

struct stu

{char id[6],name[10];

int m1,m2,m3;

float avg;}x[3]= {{"001"," 李小明 ",78,89,90},{"008"," 陈小东 ",85,81,67},

{"016"," 王永民 ",89,78,90}};

现在回头分析本任务具体实现中的程序，显然

```
struct stu
{char id[6];
char name[10];
int m1,m2,m3;
float avg;}
```

是定义了一个结构体，其结构体名为stu，成员有id、name、m1、m2、m3、avg。

```
stu student[N];
```

其定义了一个结构体数组student，共有N个元素，student[0]~student[N-1]，每个数组元素都具有struct stu的结构形式。

```
for (i=0;i<N;i++)
{printf(" 请输入第 %d 个同学的记录 :",i+1);
scanf("%s%s%d%d%d",student[i].id,&student[i].name,
&student[i].m1,&student[i].m2,&student[i].m3);}
```

其要求输入N个结构体数组元素，每个数组元素需要输入id、name、m1、m2、m3。

```
for(i=0;i<N;i++)
{printf("%s\t%s\t%d,%d,%d\n",student[i].id,student[i].name,
student[i].m1,student[i].m2,student[i].m3);
}
```

输出N个同学的id、name、m1、m2、m3。

【例 7-3】用结构体的方法，计算三个同学的总成绩、平均成绩。

分析：

① 需要定义一个结构体，其成员有学号、姓名、三门课的成绩、总分、平均分。

② 定义一个结构体数组，并赋初值。

③ 计算三个同学的总分及平均分。

④ 输出该三个同学的信息。

程序如下：

```
#include "stdio.h"
```

```
#define N 3
struct stu
{
    char id[6];
    char name[10];
    int m1,m2,m3;
    float avg,sum;}

main()
{
    stu student[N]={{"001"," 李小明 ",78,89,90},{"008"," 陈小东 ",85,81,67},
{ "016"," 王永民 ",89,78,90}};
    int i;
    for (i=0;i<N;i++)
    {
        student[i].sum=student[i].m1+student[i].m2+student[i].m3;
        student[i].avg=student[i].sum/3.0;}
    printf(" 他们的成绩单为 :\n");
    printf(" 学号 \t 姓名 \t 数学 英语   语文   总分   平均分 \n");
    for(i=0;i<N;i++)
    printf("%s\t%s\t%d%6d%7d%7.1f%6.1f\n",student[i].id,student[i].name,
student[i].m1,student[i].m2,student[i].m3,student[i].sum,student[i].avg);
}
```

例 7-3 程序运行结果如图 7-4 所示。

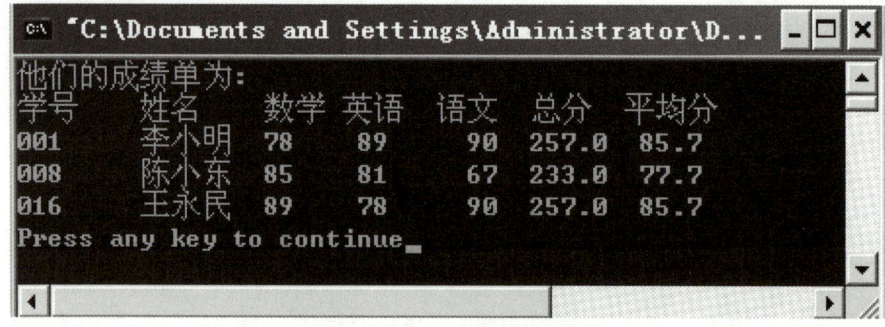

图7-4　例7-3程序运行结果

5．指向结构体类型数据的指针

　　和简单类型的变量相同，也可以定义指向结构体变量的指针。某结构体变量的指针就是该变量在内存中的起始地址，因此可以设计一个指针变量来指向一个结构体变量，指针变量的值就是结构体变量的起始地址，如图 7-5 所示。

　　（1）指向结构体变量的指针

　　和定义简单变量的指针变量相同，定义指向结构体变量的指针变量如表 7-2 所示。

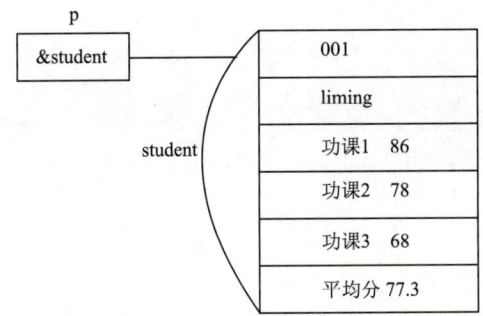

图7-5 指向结构体变量的指针

表7-2 指向结构体变量的指针变量

类型	指针变量	
	类型标识符	指针变量名
简单类型	int	*ip
结构体类型	struct student	*sp

"ip"表示指向整型的指针变量；"*ip"表示指针变量指向的"整型变量"；"sp"表示指向结构体的指针变量；"*sp"表示指针变量所指向的"结构体变量"。但请注意由于是构造类型，因此不能用 *sp 整体引用结构体。

例如：

```
struct strdent stu1,*sp;
sp=&stu1;
```

结构体成员的引用方法有：

① 用结构体变量名引用结构体成员。这种方法我们在前面已经学习过，如 stu1.id、stu1.name、sut1.sex、stu1.avg 等。

② 用结构体指针变量引用结构体变量。例如：

（*sp）.成员名

或

sp-> 成员名

注意：一定要在 *sp 上加上小括弧！例如：

(*sp).id, (*sp).name, (*sp).avg

或

sp->id, sp->name, sp->avg

【例 7-4】将例 7-2 的程序改为用结构体指针变量引用。

```
#include "stdio.h"
main()
{
    struct
    {
        char id[6],name[10];
```

```
    int m1,m2,m3;
    float avg;}x={"00101"," 李小明 ",87,88,92},*sp;
  sp=&x;
  printf("%s\t%s\t%5d%5d%5d\n",sp->id,sp->name,sp->m1,sp->m2,sp->m3);
  printf("%s\t%s\t%5d%5d%5d\n",(*sp).id,(*sp).name,(*sp).m1,(*sp).m2,
(*sp).m3);
  }
```

（2）指向结构体数组的指针

项目 6 中曾介绍过指向数组和数组元素的指针，同理，结构体数组及其元素也可以用指针来指向。

```
struct student
{
  char id[6];
  char name[10];
  int m1,m2,m3;
  float avg,sum;}                          // 定义结构体数组。
  struct student *sp, stu1[10];            // 定义结构体类型指针。
  sp=stu1;                                 // 将结构体数组首地址送给结构体指针。
```

当前 sp 指针指向数组首地址。

执行 sp++ 后，指针指向下一个数组单元；执行 sp-- 后，指针指向上一个数组单元。所以使用指针变量可以方便地在结构体数组中移动。

【例 7-5】将例 7-3 改为用结构体指针变量引用。

```
#include "stdio.h"
#define N 3
struct stu
{
  char id[6];
  char name[10];
  int m1,m2,m3;
  float avg,sum;}

main()
{
  stu student[N]={{"001"," 李小明 ",78,89,90},{"008"," 陈小东 ",85,81,67},
{"016"," 王永民 ",89,78,90}},*sp;
  int i;
  sp=student;
  for (i=0;i<N;i++,sp++)
  {
    sp->sum=sp->m1+sp->m2+sp->m3;
    sp->avg=sp->sum/3.0;
  }
  sp=student;
```

```
    printf("他们的成绩单为：\n");
    printf("学号\t姓名\t数学 英语　语文　总分　平均分\n");
    for(i=0;i<N;i++,sp++)
    printf("%s\t%s\t%d%6d%7d%7.1f%6.1f\n",(*sp).id,(*sp).name,
    (*sp).m1,(*sp).m2,(*sp).m3,(*sp).sum,(*sp).avg);
}
```

 举一反三

本任务介绍了结构体变量的定义、输入 / 输出等知识，下面通过案例，加深大家的理解。

【例 7-6】打印一个成绩数组，该数组有 3 个学生记录，记录如下：

"20021",90,95,85

"20022",95,80,75

"20023",100,95,90

请用结构体形式编程，输出如图 7-6 所示的成绩单。

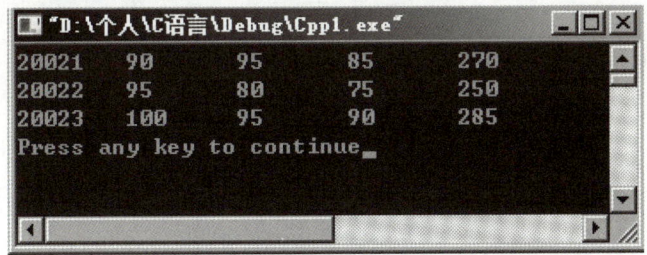

图7-6　按要求输出的成绩单格式

程序如下：

```
# include   <stdio.h>
struct stu
{ char num[10];  int score[3]; };
main()
{
    struct stu s[3]={{"20021",90,95,85},
    {"20022",95,80,75},
    {"20023",100,95,90}};
    int i,sum[3]={0};
    for(i=0;i<3;i++)
      sum[i]=s[i].score[0]+s[i].score[1]+s[i].score[2];
      for(i=0;i<3;i++)
       printf("%s\t%d\t%d\t%d\t%d\n",s[i].num,s[i].score[0],
s[i].score[1],s[i].score[2],sum[i]);
    }
```

【例 7-7】自定义一个结构体类型的变量，其成员包括学号、姓名、年龄、性别，并将其类型声明为 student，然后用该类型定义一个 stu1 的变量，进行赋值操作，并输出其值。

分析：

①定义结构体：

```
struct student
{
    char id[6],name[10],sex[4];
    int age;
}
```

成员中的学号（id）、姓名（name）、性别(sex)定义成字符数组比较合适，年龄定义成整型变量较合适。

②student stu1 表示定义一个变量，其名为 stu1，类型是 student。

③下面进行赋值，因为字符数组的赋值须用 strcpy() 函数，所以有：

```
strcpy(stu1.name," 李小明 ");
…
str.age=20;
```

④最后用输出语句输出即可。

程序如下：

```
#include "stdio.h"
#include "string.h"     // 因为下面用到了 strcpy() 函数
struct student
{
    char id[6],name[10],sex[4];
    int age;
}

main()
{
    student stu1;
    strcpy(stu1.id,"0012");
    strcpy(stu1.name," 李小明 ");
    strcpy(stu1.sex," 男 ");
    stu1.age=20;
    printf("%s\t%s\t%s\t%d\n",stu1.id,stu1.name,stu1.sex,stu1.age);
}
```

程序的运行结果为

```
0012   李小明   男   20
```

【例 7-8】编写一个程序用于输出 10 个学生的姓名、性别、总分、语文、数学、外语成绩的成绩单。例 7-8 程序运行结果如图 7-7 所示。

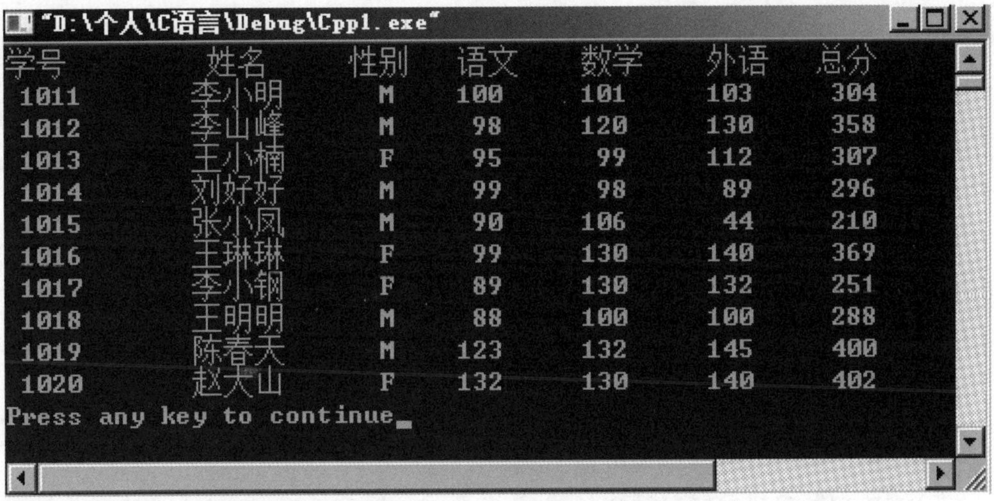

图7-7 例7-8程序运行结果

参考程序如下：

```
# include    <stdio.h>
struct Student
{
    int num;
    char name[50];
    char sex;
    int score[4];};
 struct Student stu[10]={{1011," 李小明 ",'M',{100,101,103,304}},{1012," 李山峰
",'M',{98,120,130,358}},{1013," 王小楠 ",'F',
    {95,99,112,307}},{1014," 刘好好 ",'M',{99,98,89,296}},{1015," 张小凤
",'M',{90,106,44,210}},{1016," 王琳琳 ",'F',{99,130,140,369}},
    {1017," 李 小 钢 ",'F',{89,130,132,251}},{1018," 王 明 明
",'M',{88,100,100,288}},{1019," 陈春天 ",'M',{123,132,145,400}},{1020,
    " 赵大山 ",'F',{132,130,140,402}}};
    main()
    {struct Student *p;
     printf(" 学号      姓名      性别    语文    数学     外语    总分 \n");
     for(p=stu;p<stu+10;p++)
         printf("%5d %12s %6c %6d %7d %7d %7d\n",(*p).num,(*p).name,(*p).sex,
(*p).score[0],(*p).score[1],(*p).score[2],(*p).score[3]);
    }
```

实践训练

在学习过程中重要的一点是实践训练，通过自己动手，掌握相关知识。下面请大家对以下内容进行独立思考和操作，以加深对结构体定义、赋值等方法的理解。

1. 用结构体数组实现输入 / 输出学生的基本信息，输出要求每行一个学生记录。每行一个学生信息程序运行结果如图 7-8 所示，补充完整程序。

```
# include    <stdio.h>
struct STU
{
  char name[10];
  int num;
  int Score;
  };
  main()
  {
struct STU    s[5]={{"YangSan",20041,703},{"LiSiGuo",20042,580},
  {"wangYin",20043,680},{"SunDan",20044,550},
  {"Penghua",20045,537}};
  int i;
for(i=0;i<5;i++)
    printf("%s\t%d\t%d\n",_____);
}
```

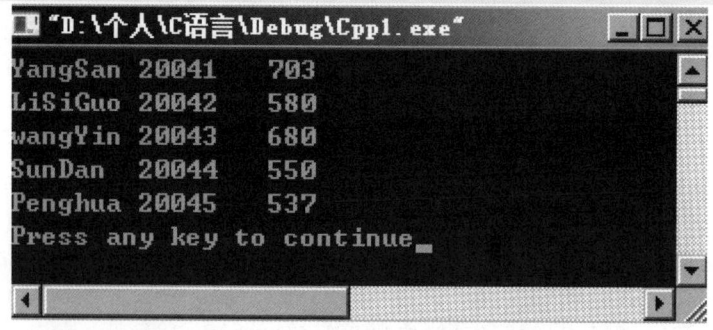

图7-8　每行一个学生信息程序运行结果

2．小明所在小组有5个员工：小张、小王、小陈、小李、小周，输出工资单。要求每个人的信息使用一个结构体表示，5个人的信息使用结构体数组。5人工资单程序运行结果如图7-9所示（数据可以任意）。请补充完程序。

图7-9　5人工资单程序运行结果

```
# include    <stdio.h>
struct person
{
  char name[10];
```

```
    int gz[3];
  } person;
main()
{
    int i,j;
    struct person per[5]={{" 小张 ",2345,1234,800},{" 小王 ",2045,1034,700},
    {" 小李 ",2145,900,800},{" 小陈 ",2045,1234,600},{" 小周 ",2245,1000,600}};
    printf("\t 工资明细单 \n");
    for(i=0; i<5; i++)
    {
        printf("%s\t", _____);
        for(j=0;j<3;j++)
            printf("%d\t",per[i].gz[j]);
        printf("\n");
    }
}
```

3. 小明所在小组有 5 个员工：小张、小王、小陈、小李、小周。要求：输入员工的工资，输出每个员工的工资明细表，并且要求每人的信息使用一个结构体表示，5 个人的信息使用结构体数组。5 人工资单明细程序运行结果如图 7-10 所示（数据可以任意），在省略号处完善程序。

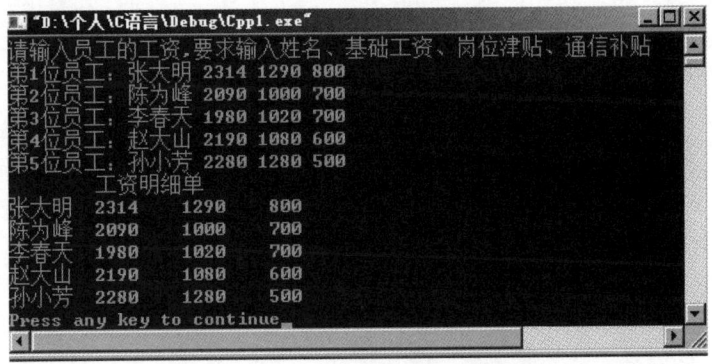

图7-10　5人工资单明细程序运行结果

```
# include   <stdio.h>
struct person
{
    char name[10];
    int gz[3];
    } person;
main()
{
    int i,j;
    struct person per[5];
    printf(" 请输入员工的工资 , 要求输入姓名、基础工资、岗位津贴、通信补贴 \n");
    ......
```

```
        printf("\t 工资明细单 \n");
        ......
}
```

4. 若输出结果如图 7-11 所示，则程序该如何完善？完善省略号处的程序。

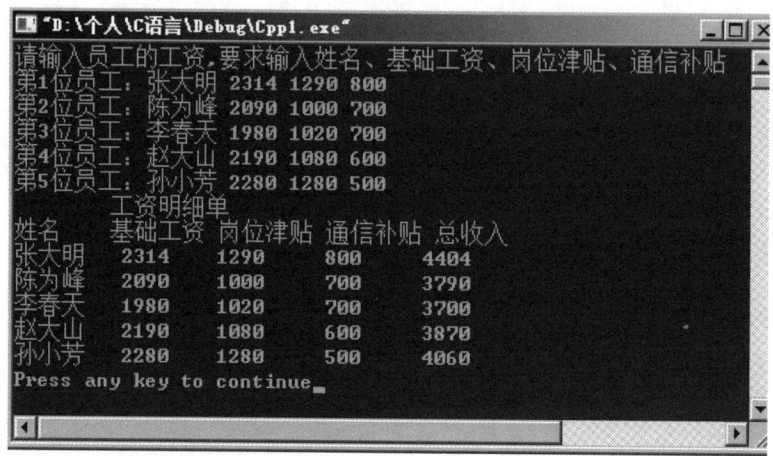

图7-11　按要求输出工资明细程序运行结果

```
# include    <stdio.h>
struct person
{
    char name[10];
    int gz[3];
    int sum;
 }person;
main()
{
    int i,j;
    struct person per[5];
    printf(" 请输入员工的工资 , 要求输入姓名、基础工资、岗位津贴、通信补贴 \n");
    ......
        // 计算每位员工的工资总和
    ......
    printf("\t 工资明细单 \n");
    printf(" 姓名 \t 基础工资  岗位津贴  通信补贴  总收入 \n");
    ......
}
```

5. 某图书室购买了一本书，现编程要输入这本书的有关信息：书名、出版社、作者、定价。请声明一个结构体变量 book，然后用该类型定义一个 book 类型的变量，进行赋值操作，并输出此信息。

6. 将上述程序改为 5 本书，用结构体数组实现输入 / 输出图书的基本信息，输出时要求每行显示一本图书记录。

任务7-2 输出排序后的学生成绩单

 任务提出及实现

1. 任务提出

用键盘输入某班40个学生的学号、姓名及数学、英语、语文三门课的成绩，按三门课总分的高低进行排序，输出排序后的成绩单（每条记录包含学号、姓名、数学、英语、语文、总分、平均分的信息）。

分析：

① 定义一个能存放40个学生学号、姓名、数学、英语、语文、总分、平均分的结构体数组。

② 从键盘输入40个同学的学号、姓名及数学、英语、语文成绩信息。

③ 求每个同学的总分、平均分。

④ 对总分进行排序。

⑤ 输出排序后的成绩单。

其中①、②、⑤在任务7-1中已学过，现在主要解决如何在结构体数组中实现③、④，即对每个同学求总分、平均分，然后进行排序。

2. 具体实现（为了程序运行方便，假设只有5个同学）

```c
#include "stdio.h"
#define N 5
main()
{
  struct
  {
    char id[6],name[10];
    int m1,m2,m3;
    float sum,avg;}stu1[N],t;
  int i,j;
  printf("请输入学生的信息\n");
  for(i=0;i<N;i++)
  scanf("%s%s%d%d%d",stu1[i].id,stu1[i].name,&stu1[i].m1,&stu1[i].m2,&stu1[i].m3);
  for(i=0;i<N;i++)
    {
    stu1[i].sum=stu1[i].m1+stu1[i].m2+stu1[i].m3;
    stu1[i].avg=stu1[i].sum/3.0;}
    for(i=0;i<N-1;i++)
      for(j=0;j<N-1-i;j++)
        if(stu1[j].sum<stu1[j+1].sum)
        {t=stu1[j];stu1[j]=stu1[j+1];stu1[j+1]=t;}
    printf("排序后的成绩单为:\n");
```

```
        printf(" 学号 \t 姓名 \t 数学 \t 语文 \t 英语 \t 总分 \t 平均分 \n");
        for(i=0;i<N;i++)
    printf("%s\t%s\t%d\t%d\t%d\t%.1f\t%.1f\n",stu1[i].id,stu1[i].name,
stu1[i].m1,stu1[i].m2,stu1[i].m3,stu1[i].sum,stu1[i].avg);
    }
```

学生成绩明细单程序运行结果如图 7-12 所示。

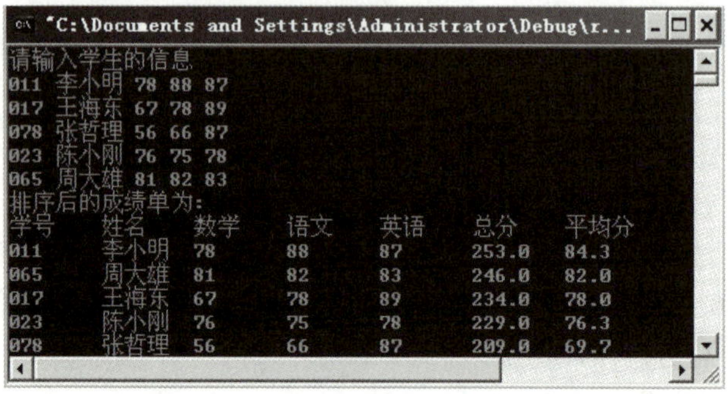

图7-12　学生成绩明细单程序运行结果

相关知识

根据分析，可以将它分成两个部分：一部分是求平均分最高学生的信息；另一部分是利用前者，进行成绩的排序。

1.求平均分最高学生的信息

【例 7-9】用键盘输入某班 40 个学生的姓名、数学、英语、语文三门课的成绩，输出平均分最高学生的信息。

分析：首先，定义一个能存放 40 个学生姓名、数学、英语、语文、平均分的结构体数组；其次，用键盘输入 40 个学生的姓名、数学、英语、语文信息；再次，求平均分；最后，输出求平均分最高学生的信息。

参考程序如下：（为了程序运行方便，假设为 3 个学生）

```
#include "stdio.h"
#define N 3
main()
{
    struct
    {
        char id[6],name[10];
        int m1,m2,m3;
        float avg;} stu1[N],max,*sp;
    int i;
    printf(" 请输入学生的信息 \n");
    for(i=0;i<N;i++)
    scanf("%s%s%d%d%d",stu1[i].id,stu1[i].name,&stu1[i].m1,
&stu1[i].m2,&stu1[i].m3);
```

```
for(i=0;i<N;i++)
    stu1[i].avg=(stu1[i].m1+stu1[i].m2+stu1[i].m3)/3.0;
max.avg=stu1[0].avg;
for(i=1;i<N;i++)
    if(max.avg<stu1[i].avg)max=stu1[i];
printf("成绩单为:\n");
sp=stu1;
for(i=0;i<N;i++,sp++)
printf("%s\t%s\t%d\t%d\t%d\t%.1f\n",sp->id,sp->name,
    sp->m1,sp->m2,sp->m3,sp->avg);
printf("平均分为最高分的学生是:\n");
printf("%s\t%s\t%d\t%d\t%d\t%.1f\n",max.id,max.name,max.m1,max.m2,
 max.m3,max.avg);
}
```

例7-9程序运行结果如图7-13所示。

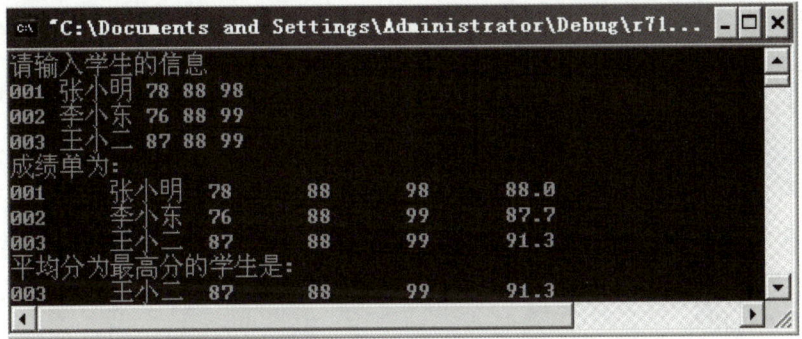

图7-13　例7-9程序运行结果

代码分析如下：

① 以下代码用于定义结构体数组 stu1[N]、存放最高记录的 max 及结构体指针变量。

```
{struct
  {char id[6],name[10];
   int m1,m2,m3;
   float avg;}stu1[N],max,*sp;
```

② 以下代码表示用键盘输入 N 个学生的信息，即学号、姓名和三门课的成绩。

```
for(i=0;i<N;i++)
    scanf("%s%s%d%d%d",stu1[i].id,stu1[i].name,&stu1[i].m1,&stu1[i].
m2,&stu1[i].m3);
```

③ 以下代码用于求每个学生的平均分。

```
    for(i=0;i<N;i++)
        stu1[i].avg=(stu1[i].m1+stu1[i].m2+stu1[i].m3)/3.0;
```

④ 以下代码用于求平均分最高学生的信息。

```
    max.avg=stu1[0].avg;
```

```
for(i=1;i<N;i++)
    if(max.avg<stu1[i].avg)max=stu1[i];
```

⑤ 以下代码用于输出成绩单，用结构体指针变量引用。

```
sp=stu1;
for(i=0;i<N;i++,sp++)
    printf("%s\t%s\t%d\t%d\t%d\t%.1f\n",sp->id,sp->name,
    sp->m1,sp->m2,sp->m3,sp->avg);
```

⑥ 以下代码用于输出平均分最高学生的信息。

```
printf("%s\t%s\t%d\t%d\t%d\t%.1f\n",max.id,max.name,max.m1,max.m2,max.
m3,max.avg);
```

2.学生成绩排序

① 以下代码表示定义一个结构体数组 stu1[N]，而定义结构体变量 t 的作用是作为排序中交换时的中间变量。

```
struct
    {char id[6],name[10];
     int m1,m2,m3;
     float sum,avg;}stu1[N],t;
```

② 以下代码用于输入 N 个学生的信息，每条学生要输入的信息包括学号、姓名、三门课的成绩，因为学号、姓名是字符数组，所以用到的格式符是"%s"，三门课的成绩是整数，所以格式符是"%d"。

```
for(i=0;i<N;i++)
    scanf("%s%s%d%d%d",stu1[i].id,stu1[i].name,&stu1[i].m1,&stu1[i].m2,
&stu1[i].m3);
```

③ 以下代码用于对 N 个学生求总分及平均分，显然，每个学生的总分是三门课成绩相加，而平均分则是总分除以 3。

```
for(i=0;i<N;i++)
{
    stu1[i].sum=stu1[i].m1+stu1[i].m2+stu1[i].m3;
    stu1[i].avg=stu1[i].sum/3.0;
}
```

④ 用冒泡法排序，排序的规则为：如果相邻间的总分值在增大，则应交换相邻间所有的信息，所以有"t=stu1[j];stu1[j]=stu1[j+1];stu1[j+1]=t;"。

```
for(i=0;i<N-1;i++)
    for(j=0;j<N-1-i;j++)
        if(stu1[j].sum<stu1[j+1].sum)
        {
            t=stu1[j];stu1[j]=stu1[j+1];stu1[j+1]=t;
        }
```

⑤ 以下代码用于输出 N 个学生的信息，每个学生的信息包括学号、姓名、三门课的成绩、总分、平均分，这里的"\t"是转义字符，相当于 Tab 键。

```
for(i=0;i<N;i++)
printf("%s\t%s\t%d\t%d\t%d\t%.1f\t%.1f\n",stu1[i].id,stu1[i].
name,stu1[i].m1,stu1[i].m2,stu1[i].m3,stu1[i].sum,stu1[i].avg);
```

 举一反三

我们将前面介绍的实例用结构体的方法来验证，请大家体验一下结构体的用法。

【例 7-10】利用结构体类型编写程序，实现输入一个学生的数学期中和期末成绩，然后计算并输出总评成绩。（总评成绩 = 期中成绩 *0.4+ 期末成绩 *0.6）

分析：

① 定义一结构体变量，成员有姓名、期中成绩、期末成绩、总评成绩。

② 输入该学生的期中成绩、期末成绩。

③ 计算该学生的总评成绩。

④ 输出这条记录。

程序如下：

```
#include "stdio.h"
struct student
{
    char name[10];
    int score1,score2;
    float zcj;
}
main()
{
    student stu1;
    int i;
    printf(" 请输入学生的姓名、期中成绩、期末成绩 \n");
    scanf("%s%d%d",stu1.name,&stu1.score1,&stu1.score2);
    stu1.zcj=stu1.score1*0.4+stu1.score2*0.6;
    printf(" 该学生的成绩为 \n");
    printf("%s\t%d\t%d\t%.1f\n",stu1.name,stu1.score1,stu1.score2,stu1.zcj);
}
```

例 7-10 程序运行结果如图 7-14 所示。

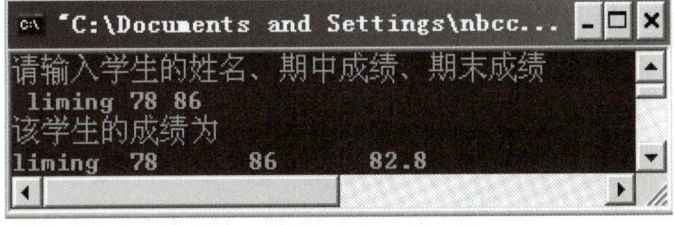

图7-14 例7-10程序运行结果

【例7-11】某公司有5名职员，试编写程序要求输出该5名职员信息，包括职员工号、姓名、性别和工资。表7-3为原始数据，编程要求如下：

① 以工资的高低进行排序并输出。

② 输出工资最高和最低的员工姓名。

表7-3　某公司职员信息

职员工号	姓名	性别	工资
98160101	杨红霞	女	2292
98160102	郑斌华	男	2312
98160103	方智慧	女	2567
98160104	刘松树	男	2876
98160105	李小明	男	3563

分析：

首先，定义一个结构体数组，然后给这些结构体数组进行赋值；其次，对每个结构体数组中的成员工资进行互相比较，以达到排序的目的；再次，输出排序后的员工序列表；最后，实现最高工资的记录是排序的第一条，最低工资的记录是排序的最后一条。

具体步骤为：

① 定义一个结构体类型，代码如下：

```
struct zg
{
  char num[10],name[10],sex[4];
  int salary;
}
```

② 因为有5名员工，所以应定义一个结构体数组：struct zg zg1[5]。

③ 赋初值。

④ 先输出原始数据。

⑤ 对每名员工的工资进行排序。

⑥ 输出排序后的员工序列表。

⑦ 输出排序的第一条记录和最后一条记录。

程序如下：

```
#include "stdio.h"
struct zg
{
  char num[10],name[10],sex[4];
  int salary;
}
main()
{
  zg zg1[5]={{"98160101","杨红霞","女",2292},{"98160102","郑斌华","男",2312},
  {"98160103","方智慧","女",2567},{"98160104","刘松树","男",2876},
```

```
    {"98160105"," 李小明 "," 男 ",3563}},t;
    int i,j;
    printf(" 排序前的职工序列表为 :\n");
    for(i=0;i<5;i++)
        printf("%s\t%s\t%s\t%d\n",zg1[i].num,zg1[i].name,zg1[i].sex,
zg1[i].salary);
    for(i=0;i<4;i++)
        for(j=i+1;j<5;j++)
            if(zg1[i].salary<zg1[j].salary){t=zg1[i];zg1[i]=zg1[j];
zg1[j]=t;}
    printf(" 排序后的职工序列表为 :\n");
    for(i=0;i<5;i++)
        printf("%s\t%s\t%s\t%d\n",zg1[i].num,zg1[i].name,zg1[i].sex,
zg1[i].salary);
    printf(" 最高工资的记录为 :\n");
    printf("%s\t%s\t%s\t%d\n",zg1[0].num,zg1[0].name,zg1[0].sex,
zg1[0].salary);
    printf(" 最低工资的记录为 :\n");
    printf("%s\t%s\t%s\t%d\n",zg1[4].num,zg1[4].name,zg1[4].sex,
zg1[4]. salary);
}
```

例 7-11 程序运行结果如图 7-15 所示。

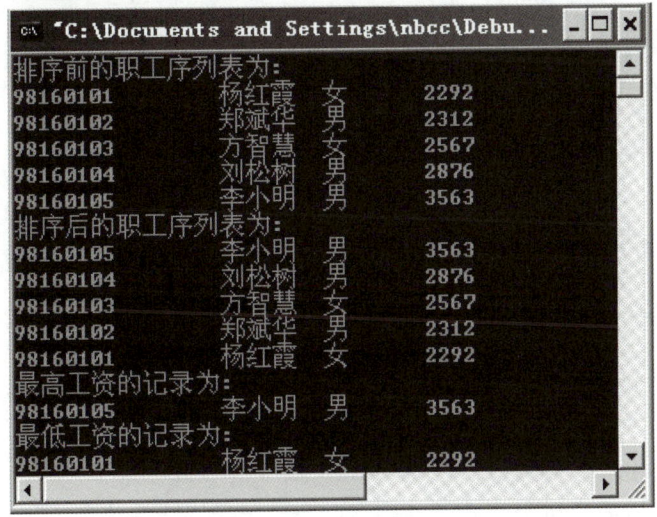

图7-15 例7-11程序运行结果

✎ 实践训练

经过前面的学习，想必大家已熟知结构体类型的定义、赋值、引用。下面请各位在计算机上对以下内容进行独立思考和操作。

1. 小张所在小组的员工工资如下：

小张 ,2345,1234,800

小王 ,2045,1034,700

　　小李 ,2145,900,800

　　小陈 ,2045,1234,600

　　小周 ,2245,1000,600

　　补充完整省略号处的程序，要求：用结构体实现小张所在小组工资收入的赋值，然后求出每个员工的工资总和，将工资明细表、最高工资、最低工资员工信息输出。该组员工工资单明细程序运行结果如图 7-16 所示。

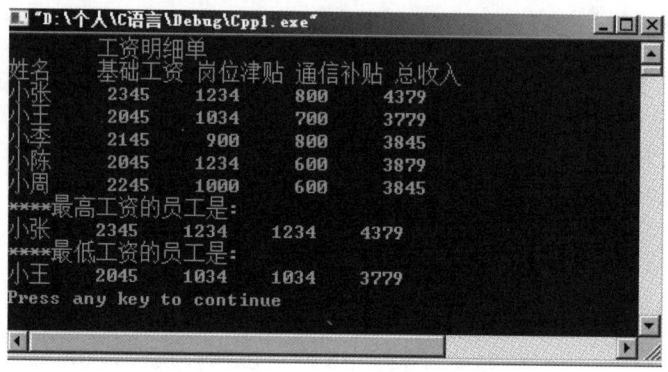

图7-16　员工工资单明细程序运行结果

```
# include   <stdio.h>
struct person
{
   char name[10];
   int gz[3];
   int sum;
 } person;


main()
{ int i,j,max,k=0,min;
  struct person per[5]={{" 小张 ",2345,1234,800},{" 小王 ",2045,1034,700},
     {" 小李 ",2145,900,800},{" 小陈 ",2045,1234,600},{" 小周 ",2245,1000,600}};
  for(i=0;i<5;i++)
    per[i].sum=per[i].gz[0]+per[i].gz[1]+per[i].gz[2];
  printf("\t 工资明细单 \n");
  printf(" 姓名 \t 基础工资  岗位津贴  通信补贴  总收入 \n");
     …….
  printf("**** 最高工资的员工是 :\n");
  max=per[0].sum;
  for(i=1;i<5;i++)
    if(max<per[i].sum ){max=per[i].sum;k=i;}
  printf("%s\t%d\t%d\t%d\t%d\t\n",per[k].name,per[k].gz[0],per[k].
gz[1],per[k].gz[1],per[k].sum);
   printf("**** 最低工资的员工是 :\n");
   ……

 }
```

2. 在上题的基础上，请按总收入的高低进行排序，并输出排序后的工资明细表，总收入由高到低排序程序运行结果如图 7-17 所示。

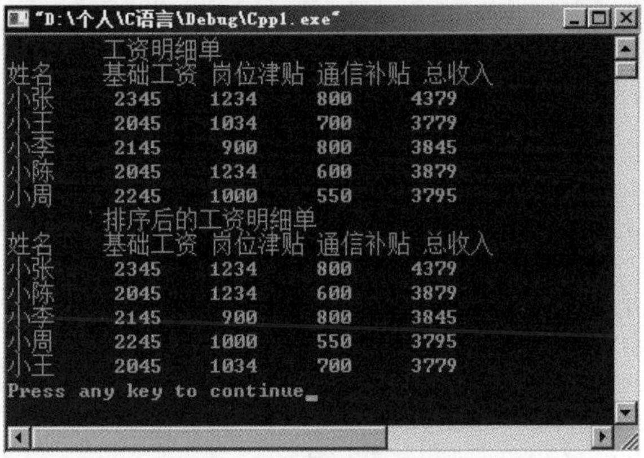

图7-17 总收入由高到低排序程序运行结果

3. 小明所在的单位进行选举，有 5 个候选人：张成、王芳、李明、赵好、刘冰。编写一个统计每人得票数的程序。要求每个人的信息使用一个结构体表示，5 个人的信息使用结构体数组。每人得票数程序运行结果如图 7-18 所示。在空白处将程序补充完整。

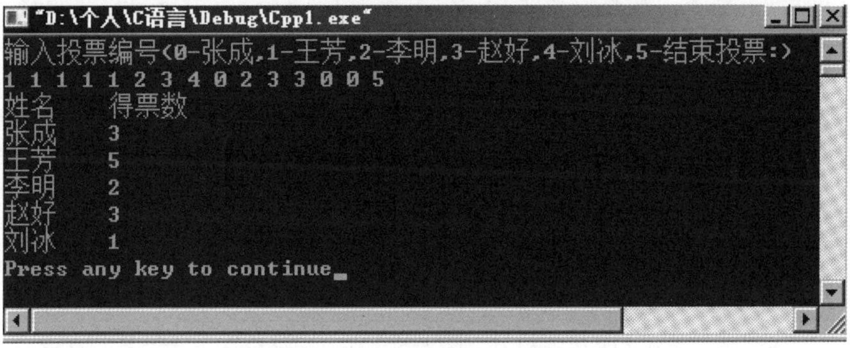

图7-18 每人得票数程序运行结果

```c
# include    <stdio.h>
struct person
{
  int count;                    //得票数
  char name[10];
  }person;
main()
{
  int i,flag;
  struct person per[5]={{0,"张成"},{0,"王芳"},{0,"李明"},{0,"赵好"},{0,"
    刘冰"}};
  printf("输入投票编号(0-张成,1-王芳,2-李明,3-赵好,4-刘冰,5-结束投票:)\n");
  flag = 0;
  while(i!=5)
    {
      scanf("%d",&i);
```

```
        switch(i)
        {
          case 0:
            per[0].count++; break;
          case 1:
            _____;      break;
          case 2:
            per[2].count++;    break;
          case 3:
            _____;      break;
          case 4:
            _____
          case 5:
            flag = 1;    break;
        }
        if(flag == 1)
          _____;
        }
    printf(" 姓名 \t 得票数 \n");
    for(i=0;  i<5;  i++)
      printf("%s\t%d\n", per[i].name,_____);
  }
```

4. 有下列数据：利用结构体类型编制一程序，实现输入表 7-4 所示图书的信息，然后计算每本书的花费，并输出记录。

表7-4　图书信息

书名	出版社	作者	定价（元）	数量	合计（元）
C语言程序设计	清华出版社	李大刚	29	5	
东方红	人民出版社	张小清	35	8	
语言美	海洋出版社	王花朵	30	7	
春季	轻工出版社	郑关斌	25	9	

5. 对上列图书的资料按总书价的高低进行排序，并输出排序后的清单。

综合训练七

一、选择题

1. 当定义一个结构体变量时，系统为它分配的内存空间是（　　　）。

A. 结构体中一个成员所需的内存容量

B. 结构体中第一个成员所需的内存容量

C. 结构体中占内存容量最大者所需的容量

D. 结构中各成员所需内存之和

2. 定义以下结构体数组

```
struct c
{int x;
```

```
int y;
}s[2]={1,3,2,7};
```

语句 printf("%d",s[0].x*s[1].x) 的输出结果为（　　　　）。

A. 14　　　　　　　B. 6　　　　　　　C. 2　　　　　　　D. 21

3. 运行下列程序，输出结果是（　　　　）。

```
#include "stdio.h"
struct country
{int num;
char name[10];
}country;
main()
{struct country x[5]={1,"China",2,"USA",3,"France",4,"English",5,"Spanish"},*p;
p=x+2;
printf("%d,%c",p->num,(*p).name[2]);
}
```

A. 3,a　　　　　　　B. 4,g　　　　　　　C. 2,U　　　　　　　D. 5,S

4. 运行下列程序，输出结果是（　　　　）。

```
#include "stdio.h"
struct keyword
{
char key[10];
int id;
}kw[]={"void",1,"char",2,"int",3,"float",4,"double"};
main()
{
printf("%c,%d\n",kw[3].key[0],kw[3].id);
}
```

A. i,3　　　　　　　B. n,3　　　　　　　C. f,4　　　　　　　D.l,4

5. 定义以下结构体类型

```
struct  student
{
char name[10];
int score[50];
float average;
}stdu1;
```

则 stdu1 占用内存的字节数是（　　　　）。

A. 64　　　　　　　B. 114　　　　　　　C. 228　　　　　　　D. 7

6. 如果有下面的定义和赋值，则使用（　　　　）不可以输出 n 中的 data 值。

```
struct  snode
{
```

```
unsigned id;
int data
}n,*p;
p=&n;
```

　A. p.data　　　　　　B. n.data　　　　　　C. p->data　　　　　　D. (*p).data

7. 设有以下说明语句

```
struct student
{
 int a;
 float b;
}stutype;
```

则下面的叙述中不正确的是（　　）。

A. struct 是结构体类型的关键字　　　　B. struct student 是用户定义的结构体类型

C. stutype 是用户定义的结构体类型名　　D. a 和 b 都是结构体成员名

8. 设有以下说明语句

```
struct date
{
 int year;
int month;
int day;
}birthday;
```

则下面的叙述中不正确的是（　　）。

A. struct 是声明结构体用类型的关键字

B. struct date 是用户定义的结构体类型名

C. birthday 是用户定义的结构体类型名

D. Year 和 day 都是结构体成员名

9. 以下对结构体变量 stu1 中的成员 age 的非法引用是（　　）。

　A. stu1.age　　　　B. student.age　　　　C. p->age　　　　D. (*p).age

```
struct student
{
 int age;
int num;
}stu1,*p;
P=&stu1;
```

10. 存放 100 个学生的数据，包括学号、姓名、成绩。在如下的定义中，不正确的是（　　）。

```
A. struct student
   {
      int sno;
      char name[20];
      float score;}stu[100];
```

```
B. struct student stu[100]
   {
      int sno;
      char name[20];
      float score };
```

```
C. struct
   {
     int sno;
     char name[20];
     float score;}stu[100];
```

```
D. struct student
   {
     int sno;
     char name[20];
     float score;};
     struct student stu1[100];
```

二、填空题

1. 构造类型要先定义_____再定义_____。

2. 定义结构体类型的关键字是_____。

3. 下面程序的输出结果为_____。

```
#include <stdio.h>
void main()
{
  struct
  { int num;
    float score;
  }person;
  int num;
  float score;
  num=1;
  score=2;
  person.num=3;
  person.score=5;
  printf("%d,%f",num,score);
}
```

4. 下面程序的输出结果为_____。

```
#include <stdio.h>
struct person
{
  int num;
  float score;
};
void main()
{
  struct person per,*p;
  per.num=1;
  per.score=2.5;
  p=&per;
  printf("%d,%f",p->num,p->score);
}
```

5. 有以下程序，写出程序的运行结果（   ）。

```
# include    <stdio.h>
```

```
struct STU
    {  char name[10];
       int num;
         int Score;
    };
    main()
    {   struct STU    s[5]={{"YangSan",20041,703},{"LiSiGuo",20042,580},
                    {"wangYin",20043,680},{"SunDan",20044,550},
                    {"Penghua",20045,537}},*p;
      for(p=s;p<s+5;p++)
         printf("%s\t%d\t%d\n",p->name,p->num,p->Score);
}
```

三、编程题

1. 统计结构体数组中性别（sex）为"M"的变量个数。

要求：（1）数组元素依次赋初值为：{1,"Andy",'M'},{2,"Mike",'F'},{3,"Rose",'M'}

（2）结构体定义如下：

```
struct student
{
int num;
char name[30];
char sex;
};
```

2. 对结构体数组中的三个元素按 num 的降序进行排序。

要求：（1）数组元素依次赋初始为：{12,"sunny",89},{8,"henry",73.5},{21,"luck",91.7}

（2）结构体定义如下：

```
struct student
{
int num;
char name[30];
float score;
};
```

3. 对结构体数组中的 5 个成员赋初值：

{"张芳芳",4500,2100,1500},{"李小明",3500,2500,1800}, {"王大山",2800,2560,1210},{"苏明明",5600,550,1500},{"潘火火",5200,2600,2000}

结构体定义如下：

```
struct worker
    {  char name[10];
       int gz[3];
    };
```

要求输入姓名进行查询，若有此人，则显示该员工的信息，若查不到，则显示"查无此人"。

学生成绩文件管理

 知识目标

1. 掌握文件的打开与关闭。
2. 掌握文件的读取与写入。
3. 掌握文件的定位与随机读写。

 技能目标

1. 会数据文件的顺序读取及写入的能力。
2. 会数据文件按一定要求读取及写入的能力。

 课程思政

1. 通过文件的读写学习，培养学生学会遵守规则，学会遵守社会的公德。
2. 通过文件管理的学习，培养学生要学会保存资料，学会资源共享，学会温故知新。

项目要求

将某班 40 个同学的相关数据，存入文件中，再从文件中读出，并将此数据按平均分从高到低进行排序后输出和保存。

项目分析

要完成学生成绩的文件管理，第一，必须了解文件的概念，然后学会文件的打开与关闭；第二，必须会对文件进行读取与写入。所以，将这一项目分成两个任务介绍。任务 8-1 是将学生成绩顺序读写到文件中；任务 8-2 是将学生成绩随机读写到文件中。

任务8-1 将学生成绩顺序读写到文件中

 **任务提出及实现**

1．任务提出

某班共 40 个同学参加了数学考试，现要将该班学生的成绩保存到文件中，便于以后的管理，请编写程序实现之。

在此基础上，再把存到文件中的数据读出来，并将其显示在显示器上。

2．具体实现（为了程序运行方便，假设只有10个同学）

```c
#include "stdio.h"
main()
{
  int a[10],i,b[10];
  FILE *p;                          // 定义一个文件指针类型的变量
  p=fopen("aaa.txt","w");           // 打开一个文件用以写入文本文件
  for(i=0;i<10;i++)
      scanf("%d",&a[i]);
/* 将输入的成绩以 5d 的格式保存在文件 aaa.txt 中 */
  for(i=0;i<10;i++)
      fprintf(p,"%5d",a[i]);
  fclose(p);                        // 关闭文件
  p=fopen("aaa.txt","r");           // 打开一个文件用以读入文本文件
/* 将 aaa.txt 文件中的数据读入到数组 b 中 */
  for(i=0;i<10;i++)
      fscanf(p,"%d",&b[i]);
/* 输出数组 b*/
  for(i=0;i<10;i++)
      printf("%3d",b[i]);
  fclose(p);}
```

程序运行的结果如图 8-1 所示。

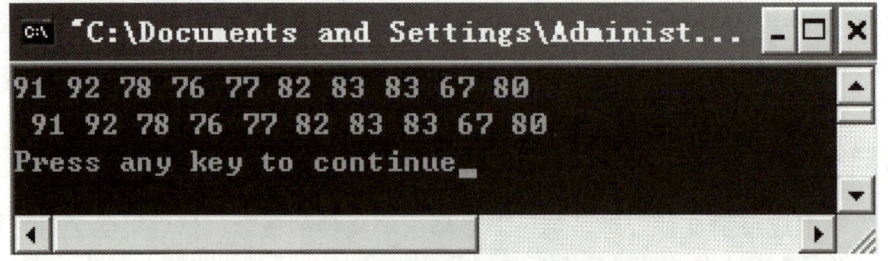

图8-1 程序运行的结果

打开当前文件夹下的文件 aaa.txt，其内容如图 8-2 所示。

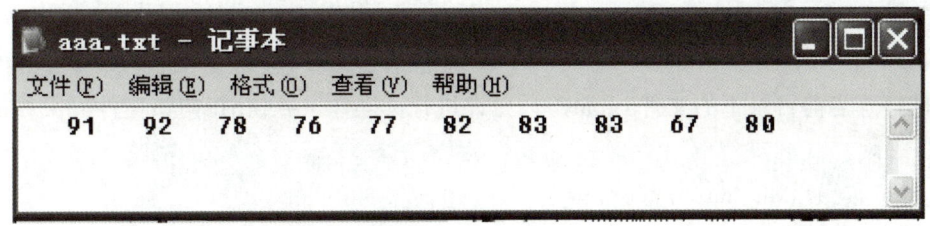

图8-2   aaa.txt文件内容

从上述例子可分析出要解决该问题，必须要懂得文件的打开与关闭、文件的读写。

相关知识

1. 文件的打开/关闭

（1）文件的概念

文件是指记录在外部媒介上的数据的有序集合。这里所说的外部媒介，也称外存或辅存，即硬盘、光盘、闪存盘等，因此文件通常又被称为磁盘文件。例如，程序文件是程序代码的集合体，数据文件是数据的集合体。

从文件的编码方式来看，文件可分为 ASCII 码文件和二进制码文件（有时简称二进制文件）两种。

（2）文件类型指针

在 C 语言中用一个指针变量指向一个文件，这个指针称为文件指针。通过文件指针就可对它所指的文件进行各种操作。

定义说明文件指针的一般形式为：

FILE * 指针变量标识符；

例如，

FILE *p；

表示 p 是指向 FILE 结构的指针变量，通过 p 即可找到存放某个文件信息的结构变量，然后按结构变量提供的信息找到该文件，实施对文件的操作。习惯上，笼统地把 p 称为指向一个文件的指针。

在进行读写操作之前要先打开文件，使用完毕要关闭文件。

所谓"打开文件"，实际上是指建立文件的各种有关信息，并使文件指针指向该文件，以便进行其他操作。

"关闭文件"是指断开指针与文件之间的联系，即禁止再对该文件进行操作。

（3）文件的打开与关闭

① 文件的打开（fopen() 函数）

fopen() 函数用来打开一个文件，其调用的一般形式为：

```
FILE *p；
p=fopen（文件名，使用文件方式）；
```

其中，p 为文件指针名，它必须是被说明为FILE类型的指针变量，文件名是被打开文件的文件名。使用文件方式是指文件的类型和操作要求。文件名是字符串常量或字符串数组。例如：

```
FILE *p;
p=fopen("aa.dat","r");
```

其含义是打开当前目录下的文件aa.dat，只允许进行读操作，并使p指向该文件。又如：

```
FILE *fp;
fp=fopen("d:\\a1.dat","rb");
```

其含义是打开D盘根目录下的文件a1.dat，这是一个二进制码文件，只允许以二进制方式进行读操作，并使fp指向该文件。两个反斜线"\\"中的第一个表示转义字符，第二个表示根目录。使用文件的方式共有12种，表8-1给出了它们的符号和意义。

表8-1 打开文件的12种符号和意义

文件使用方法	含 义
"r"	只读打开一个文本文件，只允许读数据
"w"	只写打开或建立一个文本文件，只允许写数据
"a"	追加打开一个文本文件，并在末尾写数据
"rb"	只读打开一个二进制文件，只允许读数据
"wb"	只写打开或建立一个二进制文件，只允许写数据
"ab"	追加打开一个二进制文件，并在末尾写数据
"r+"	读写打开一个文本文件，允许读和写数据
"w+"	读写打开或建立一个文本文件，允许读写数据
"a+"	读写打开一个文本文件，允许读，或在末尾写数据
"rb+"	读写打开一个二进制文件，允许读和写数据
"wb+"	读写打开或建立一个二进制文件，允许读写数据
"ab+"	读写打开一个二进制文件，允许读，或在末尾写数据

使用文件打开函数，还要注意如下几个方面。
- 凡用"r"打开一个文件时，该文件必须已经存在，且只能从该文件读出。
- 用"w"打开的文件若不存在，则以指定的文件名建立该文件，若打开的文件已经存在，则该文件删除，重建一个新文件。
- 用"a"打开的文件一定要存在，而且功能是在文件的末尾追加数据。

打开一个文件时，如果出错，fopen 将返回一个空指针值 NULL。在程序中可以用这一信息来判别是否完成打开文件的工作，并做出相应的处理。因此常用以下程序段打开文件：

```
FILE *fp;
if ((fp=fopen("D:\\aa.dat","r"))==NULL)
{printf("\n can't open file!");
exit(1)}
```

这段程序的意义是：如果返回的指针为空，表示不能打开 D 盘根目录下的文件 aa.dat，则给出信息"can't open file!"，然后执行 exit(1) 退出程序。

把一个文本文件读入内存时，要将 ASCII 码转换成二进制码，而把文件以文本方式写入磁盘时，也要将二进制码转换成 ASCII 码，因此，文本文件的读写花费的时间较多，但阅读起来比较直观。

　　② 文件的关闭（fclose 函数）

　　在使用完一个文件后应该关闭它，以防止它再被误用。"关闭"就是使文件指针 fp 与文件"脱离"，刷新文件输入 / 输出缓冲区。

　　fclose 函数调用的一般形式是：

　　　　fclose(文件指针)；

　　例如，

　　fclose(p);

　　正常完成关闭文件操作时，fclose 函数返回值为 0，如返回非零值则表示有错误发生。

2. 文件的读写

　　（1）fprintf() 函数和 fscanf() 函数

　　fscanf() 函数、fprintf() 函数与 scanf() 函数、printf() 函数功能相似，都是格式化读写函数。两者的区别是 fscanf() 函数、fprintf() 函数的读写对象是磁盘，而 scanf() 函数、printf() 函数的读写对象是显示器。

　　fscanf()、fprintf() 函数调用格式：

　　fscanf(文件指针，格式字符串，输入表列)；

　　fprintf(文件指针，格式字符串，输出表列)；

　　例如：

```
fscantf(p,"%d,%f",&a,&b);
fprintf(p,"%d,%f",a,b);
```

　　下面，举一个简单例子来说明文件的读写函数是如何进行的。

　　先分析问题情景中的 C 语言代码，显然，如下程序代码：

```
FILE *p;
p=fopen("aaa.txt","w");
```

意思是定义一个文件类型的指针p，然后以写入的形式打开一个文本文件aaa.txt，并使p指向该文件。

```
for(i=0;i<10;i++)
fprintf(p,"%5d",a[i]);
fclose(p);
```

以上代码的意思是在aaa.txt中写入a[0]到a[9]这10个数后关闭文件。

```
p=fopen("aaa.txt","r");
```

以上代码的意思是以只读的形式打开文本文件aaa.txt，并使p指向该文件。

```
for(i=0;i<10;i++)
fscanf(p,"%d",&b[i]);
```

以上代码的意思是在aaa.txt中读10个数，把它们放在b[0]到b[9]数组元素中。

　　【例 8-1】用键盘输入某个学生的姓名以及其数学、英语、语文三门课的成绩，计算该学生的成绩平均分，然后将此学生的有关信息写入到文件 cc.txt 中，再把 cc.txt 文件中的数据读入并输出。

分析：

① 需要定义一个字符数组存放姓名，三个整型变量用于存放三门课的成绩，一个实型变量用来存放平均分。

② 在键盘上读入该学生的姓名以及三门课的成绩，并计算平均分。

③ 将姓名、三门课的成绩、平均分写入到以写入形式打开的文本文件 cc.txt 中，然后关闭该文件。

④ 将 cc.txt 文件以只读的形式打开后，将此文件中的数据读入到指定的变量中。

⑤ 在显示器上输出变量。

程序如下：

```c
#include "stdio.h"
#include "process.h"              //有exit()函数，所以用此库函数
main()
{
    char name[10],n1[10];
    int math,english,chinese,m1,e1,c1;
    float avg,a1;
    FILE *fp;
/* 以写入的形式打开文件cc.txt*/
    if((fp=fopen("cc.txt","w"))==NULL)
    {
        printf(" 打不开文件 \n");
        exit(1);
    }
    printf(" 请输入这个学生的数据 \n");
    /* 输入该学生的姓名、成绩并计算该学生的平均分 */
    scanf("%s%d%d%d",name,&math,&english,&chinese);
    avg=(math+english+chinese)/3.0;
    /* 将此学生的姓名、三门课成绩、平均分写入到文件aa.txt中 */
    fprintf(fp,"%s %d %d %d %.1f\n",name,math,english,chinese,avg);
    fclose(fp);
    /* 以读入的形式打开文件cc.txt*/
    if((fp=fopen("cc.txt","r"))==NULL)
        {printf(" 打不开文件 \n");
        exit(1);}
    /* 将该学生的姓名、三门课成绩、平均分读入到指定的变量中 */
    fscanf(fp,"%s%d%d%d%f",n1,&m1,&e1,&c1,&a1);
    fclose(fp);
    /* 在显示器上输出数据 */
    printf(" 从文件中读出的数据为 :\n");
    printf("%s %d %d %d %.1f\n",n1,m1,e1,c1,a1);
}
```

例 8-1 程序运行结果如图 8-3 所示。

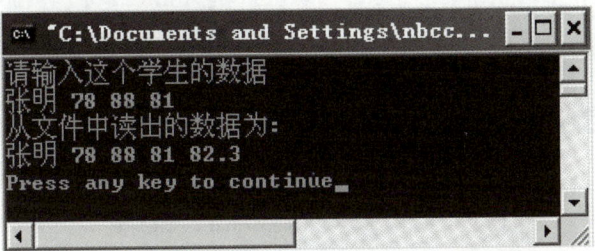

图8-3　例8-1程序运行结果

打开当前文件夹下的 cc.txt，其内容如图 8-4 所示。

在该例中，我们只输入了一个学生及其成绩，若现在的学生不止一个，而是有很多个，那该如何解决？

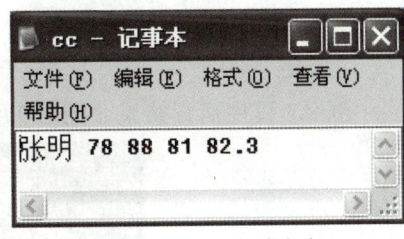

图8-4　cc.txt文档内容

【例 8-2】用键盘输入 10 个学生的姓名及数学、英语、语文三门课的成绩，计算每个学生的平均分，然后将此 10 个学生的姓名、三门课的成绩及平均分写入到文本文件 aa.txt 中。

分析：编写此题的思路如下。

① 需要定义一个结构体数组，用于存放 10 个学生的姓名、三门课的成绩及平均分。

② 在键盘上读入 10 个学生的姓名、三门课的成绩，然后计算每个学生的平均分。

③ 将 10 个学生的姓名、三门课的成绩及平均分写入到文本文件 aa.txt 中。

程序如下：

```
#include "stdio.h"
#include "process.h"        // 有 exit() 函数，所以用此库函数
/* 定义结构体 */
struct stu
{
    char name[10];
    int math,english,chinese;
    float avg;
}
main()
{
    stu student[10],*pp;
    FILE *fp;
    int i;
    pp=student;
    /* 以写入的形式打开文件 aa.txt*/
    if((fp=fopen("aa.txt","w"))==NULL)
    {
        printf(" 打不开文件 \n");
        exit(1);
    }
```

```
    printf(" 请输入十个学生的数据 \n");
/* 输入十个学生的姓名、成绩并计算每个学生的平均分 */
    for(i=0;i<10;i++,pp++)
    {
        scanf("%s%d%d%d",pp->name,&pp->math,&pp->english,&pp->chinese);
        pp->avg=(pp->math+pp->englist+pp->chinese)/3.0;}
        pp=student;
/* 将十个学生的姓名、三门课成绩、平均分写入到文件 aa.txt 中 */
    for(i=0;i<10;i++,pp++)
    fprintf(fp,"%s %d %d %d %.1f\n",pp->name,pp->math,pp->english,
pp->chinese,pp->avg);
    fclose(fp);                // 关闭文件
}
```

例 8-2 程序运行结果如图 8-5 所示。

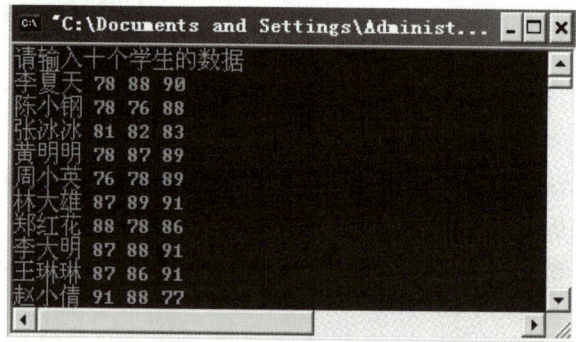

图8-5　例8-2程序运行结果

打开当前文件 aa.txt，其内容如图 8-6 所示。

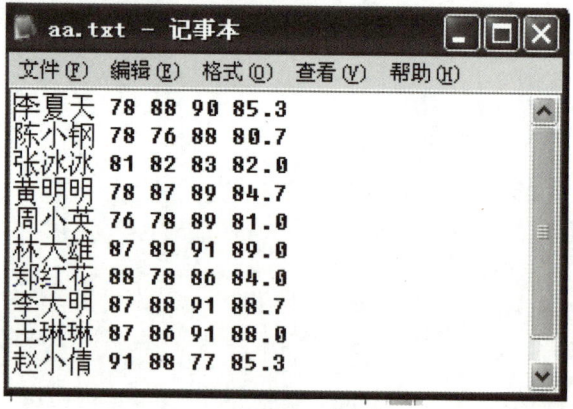

图8-6　aa.txt文件内容

显然，aa.txt 文件中的内容是程序运行时输入的 10 个学生的三门课成绩及在程序计算后的平均分。

【例 8-3】将上例中的文本文件 aa.txt 数据读出，并将读出的数据输出到显示器。

分析：

① 定义一个结构体数组，用以存放读出的数据。

② 以只读的形式打开文本文件 aa.txt。

③ 将文本文件 aa.txt 中的数据读入到结构体数组中。

④ 输出此数组。

程序如下：

```c
#include "stdio.h"
#include "process.h"          // 有 exit() 函数，所以用此库函数
/* 定义结构体 */
struct stu
{
   char name[10];
   int math,english,chinese;
   float avg;
}
main()
{
   stu student[10],*pp;
   int i;
   FILE *fp;
   /* 以读入的形式打开文件 aa.txt*/
   if((fp=fopen("aa.txt","r"))==NULL)
   {
      printf(" 打不开文件 \n");
      exit(1);
   }
   pp=student;
/* 从文件中将十个学生的姓名、三门课成绩、平均分读入到结构体数组 student 中 */
   for(i=0;i<10;i++,pp++)
   fscanf(fp,"%s%d%d%d%f",pp->name,&pp->math,&pp->english,&pp->chinese,
&pp->avg);
   fclose(fp);
   pp=student;
   /* 输出结构体数组 student*/
   printf(" 从文件 aa.txt 中读出的数据为 :\n");
   for(i=0;i<10;i++,pp++)
   printf("%s %d %d %d %.1f\n",pp->name,pp->math,pp->english,pp->chinese,
pp->avg);
   fclose(fp);
}
```

例 8-3 程序运行结果如图 8-7 所示。

打开存放在 H 盘根目录下的文本文件，显示的结果如图 8-8 所示。

【例 8-4】将例 8-2 中的文本文件 aa.txt 数据读出，并将读出的数据输出在显示器上。

分析：

① 要定义一个结构体数组，用以存放读出的数据。

图8-7　例8-3程序运行结果

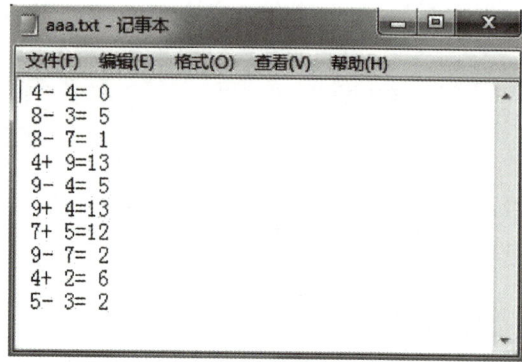

图8-8　文本文件aaa.txt内容

② 要以只读的形式打开文本文件 aa.txt。

③ 将文本文件 aa.txt 中的数据读入到结构体数组中。

④ 在显示器上输出此数组。

程序如下：

```c
#include "stdio.h"
#include "process.h"          // 有 exit() 函数，所有用此库函数
/* 定义结构体 */
struct stu
{char name[10];
 int math,english,chinese;
 float avg;}
main()
{stu student[10],*pp;
 int i;
 FILE *fp;
/* 以读入的形式打开文件 aa.txt*/
if((fp=fopen("aa.txt","r"))==NULL)
{printf(" 打不开文件 \n");
 exit(1);}
 pp=student;
/* 从文件中将十个学生的姓名、三门课成绩、平均分读入到结构体数组 student 中 */
for(i=0;i<10;i++,pp++)
    fscanf(fp,"%s%d%d%d%f",pp->name,&pp->math,&pp->english,&pp->chinese,
&pp->avg);
 fclose(fp);
 pp=student;
 /* 输出结构体数组 student*/
printf(" 从文件 aa.txt 中读出的数据为 :\n");
```

```
for(i=0;i<10;i++,pp++)
    printf("%s %d %d %d %.1f\n",pp->name,pp->math,pp->english,pp->chinese,pp-
 >avg);
fclose(fp);
}
```

例 8-4 程序运行的结果如图 8-9 所示。显然，输出的结果就是上例中的数据。

fscanf() 函数、fprintf() 函数与 scanf() 函数、printf 函数用法相似，比较方便、直观。不过 printf() 函数将程序的运行结果输出在显示器上，而 fprintf() 函数则将程序的运行结果输入到磁盘文件中。

（2）fread() 函数、fwrite() 函数

前面提到的 fscanf() 函数、fprint() 函数每次只能读写输出表列中的变量，因此往往要用循环语句来读写全部数组元素。而 C 语言还提供用于整块数据的写入函数。可以将一组数据，如一个数组元素、一个结构变量的值等一次性读写。

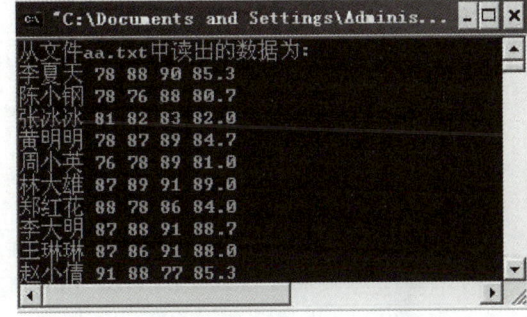

图8-9 例8-4程序的运行结果

数据块输入 / 输出函数是二进制形式输入 / 输出的函数，在输入 / 输出中不必进行数据的转换，输入 / 输出速度相对较快。

读写数据块函数调用的一般形式为：

fread(buffer,size,count,fp);

fwrite(buffer,size,count,fp);

其中，buffer对于fread()来说，指读入数据的存放地址；对于fwrite()来说，是要输出数据的地址。size为读写数据时，每笔数据的大小。count为读写数据的笔数。fp为文件指针。

例如：可以将例 8-3 的读入函数 fscanf() 代码：

```
for(i=0;i<10;i++,pp++)
    fscanf(fp,"%s%d%d%d%f",pp->name,&pp->math,&pp->englist,&pp->chinese,
&pp->avg);
```

改为用如下fread()函数读入代码：

```
fread(yy,sizeof(struct stu),10,fp);
```

可以将例8-2中的写入函数fprintf()代码：

```
for(i=0;i<10;i++,p++)
    fprintf(fp,"%s %d %d  %d %.1f\n",pp->name,pp->math,pp->englist,
pp->chinese,pp->avg);
```

改为用fwrite()函数写入代码：

```
fwrite(pp,sizeof(struct stu),10,fp);
```

用 fread()、fwrite() 函数将例 8-2、例 8-3 合成后的程序如下（因为所打开的文件是二进制码文件，所以打开文件用 "rb" 和 "wb"）：

```
#include "stdio.h"
#include "process.h"
struct stu
{
    char name[10];
    int math,englist,chinese;
    float avg;
}
main()
{
    stu student[10], ss[10],*yy, *pp;
    FILE *fp;
    int i;
    pp=student;
    /* 以写入的形式打开二进制文件 aa.dat*/
    if((fp=fopen("aa.dat","wb"))==NULL)
    {
        printf(" 打不开文件 \n");
        exit(1);
    }
    printf(" 请输入十个学生的数据 \n");
    for(i=0;i<10;i++,pp++)
    {
      scanf("%s%d%d%d",pp->name,&pp->math,&pp->englist,&pp->chinese);
pp->avg=(pp->math+pp->englist+pp->chinese)/3.0;
    }
    pp=student;
    /* 一次性写入十个学生的数据 */
    fwrite(pp,sizeof(struct stu),10,fp);
    /* 关闭文件 */
    fclose(fp);
    /* 以只读的形式打开二进制文件 aa.dat*/
    if((fp=fopen("aa.dat","rb"))==NULL)
    {
        printf(" 打不开文件 \n");
        exit(1);
     }
    yy=ss;
    /* 一次性读入十个学生的数据 */
    fread(yy,sizeof(struct stu),10,fp);
    /* 在显示器上显示结果 */
    printf(" 文件读出后的数据为 :\n");
    for(i=0;i<10;i++,yy++)
    printf("%s\t%5d%5d%5d%5.1f\n",yy->name,yy->math,yy->englist,
yy->chinese,yy->avg);
    fclose(fp);}
```

提示：

```
stu student[10], ss[10],*yy, *pp;
```

上述代码的意思是定义两个结构体数组，student用来在键盘上读入，ss用来在文件中读入。

```
if((fp=fopen("aa.dat","wb"))==NULL)
{printf(" 打不开文件 \n");
exit(1);
}
```

上述代码的意思是以只写的形式打开二进制文件aa.dat。

```
fwrite(pp,sizeof(struct stu),10,fp);
```

上述代码的意思是一次性地在aa.dat文件中写入10个学生的数据。

```
fread(yy,sizeof(struct stu),10,fp);
```

上述代码的意思是将在aa.dat文件中的10个学生的数据读入到结构体数组中。

（3）feof() 函数

feof() 的功能是检测文件是否到文件尾，若指针到了文件尾，则其值为真；若没有到文件尾，则其值为假。

feof(文件指针)

【例 8-5】打开例 8-2 中建立的文件 aa.txt，输入姓名，在 aa.txt 文件中查找该学生，找到后输出该学生的所有数据；如果文件中没有输入的姓名，给出相应的提示信息。

分析：

① 打开文件 aa.txt。

② 输入要查找的姓名。

③ 读一条记录，检查此记录中的姓名是否与要查找的姓名一致，若一致，则输出此记录。

④ 如果指针没有到文件尾，则一直重复③。

⑤ 如果记录全查遍，无此记录，则输出相应信息。

程序如下：

```
#include "stdio.h"
#include "process.h"
#include "string.h"
struct stu
{
    char name[10];
    int math,english,chinese;
    float avg;
}
main()
{
    stu student[10],*pp,ss[10],*yy;
    char nn[10];
    FILE *fp;
```

```
    int i;
    i=0;
    fp=fopen("aa.txt","r");
    printf(" 请输入要查找的姓名 :");
    gets(nn);
    while(!feof(fp))
    {
      fscanf(fp,"%s%d%d%d%f",student[i].name,&student[i].math,
&student[i].english,&student[i].chinese,&student[i].avg);
      if(strcmp(nn,student[i].name)==0)
    {printf("%s %d %d %d %.1f\n",student[i].name,student[i].math,
student[i].english,student[i].chinese,student[i].avg);
      break;
      }
    i++;
    }
    if (i>=10) printf(" 对不起，查无此人！ \n");
      fclose(fp);
}
```

例 8-5 程序运行结果（找到学生记录），如图 8-10 所示，未找到学生记录运行结果如图 8-11 所示。

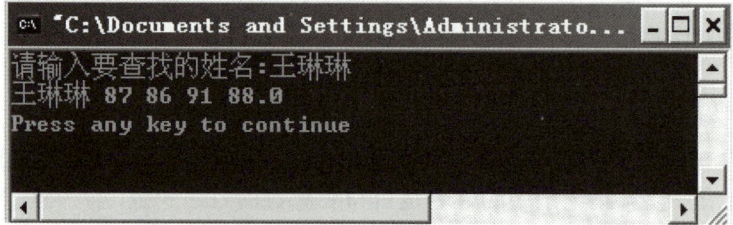

图8-10　例8-5程序运行结果（找到学生记录）

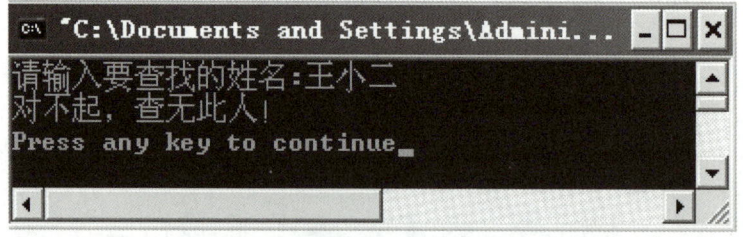

图8-11　未找到学生记录程序运行结果

 举一反三

前面，介绍了文件的打开与关闭、文件的顺序读写。下面通过一些练习加强这方面知识的掌握。

【例 8-6】用键盘输入 10 个整数，分别以文本文件和二进制码文件方式存入磁盘。

分析：要打开两个文件，一个文件以文本文件方式存入磁盘，另一个文件以二进制方式存入磁盘，分别用 fprintf() 函数和 fwrite() 函数写入。

程序如下：

```
#include "stdio.h"
#define N 10
main()
{
    int x[10],i,y[10];
    FILE *fp1,*fp2;
    fp1=fopen("d1.txt","w+");
    fp2=fopen("d2.dat","wb+");
    printf(" 请输入 %d 个数 :\n",N);
    for(i=0;i<N;i++)
    {
        scanf("%d",&x[i]);
        fprintf(fp1,"%5d",x[i]);
    }
    fwrite(x,sizeof(int),N,fp2);
    fclose(fp1);
    fclose(fp2);
}
```

提示：

```
for(i=0;i<N;i++)
{scanf("%d",&x[i]);
fprintf(fp1,"%5d",x[i]);}
```

其意思是将键盘中输入的数写入到文本文件d1.dat中。

```
fwrite(x,sizeof(int),N,fp2);
```

其意思是一次性写入数据到二进制文件d2.dat中。

【例 8-7】将上例中的文件 d1.txt 及 d2.dat 读出并显示在显示器上。

分析： 要打开两个文件，一个文件以文本文件方式读入内存，另一个文件以二进制方式读入内存，分别用 fscanf() 函数和 fread() 函数读入。

程序如下：

```
#include "stdio.h"
#define N 10
main()
{
    int x[10],i,y[10];
    FILE *fp1,*fp2;
    fp1=fopen("d1.txt","r+");
    fp2=fopen("d2.dat","rb+");
    for(i=0;i<N;i++)
        fscanf(fp1,"%d",&y[i]);
    fread(x,sizeof(int),N,fp2);
```

```
    for(i=0;i<N;i++)
      printf("%5d",y[i]);
    printf("\n");
    for(i=0;i<N;i++)
      printf("%5d",x[i]);
    printf("\n");
    fclose(fp1);
    fclose(fp2);
}
```

提示：

```
for(i=0;i<N;i++)
fscanf(fp1,"%d",&y[i]);
```

表示将文件d1.txt读入到数组y中。

```
fread(x,sizeof(int),N,fp2);
```

表示将文件d2.dat读入到数组x中。

 **实践训练**

经过前面的学习，大家已熟悉文件的打开／关闭、顺序文件的读写，下面请各位自己动手对以下内容进行独立思考。

1．用键盘输入小王所在小组 10 个员工的工资信息：姓名、基本工资、岗位津贴、通信补贴，分别以文本文件和二进制码文件方式存入磁盘。

2．用键盘输入小王所在小组 10 个员工的信息：姓名、基本工资、岗位津贴、通信补贴，计算每个员工的总收入，然后将此 10 个员工的姓名、基本工资、岗位津贴、通信补贴、总收入写入到文本文件 aa.txt 中。

3．将上题中的文本文件 aa.txt 数据读出，并将读出的数据输出在显示器上。

4．按照输入员工的姓名，在 aa.txt 文件中查找该员工，找到以后输出该员工的所有数据，如果文件中没有输入的员工姓名，给出相应的提示信息。

提示：因为姓名是字符数组，比较姓名是否相同，应用 strcmp() 函数。

feof(文件指针) 用于验证指针是否到文件尾，若是文件尾，其值是真；若不是文件尾，其值为假。在读文件时，如果我们不知道文件有多少条数据，就可以用 feof() 函数。

5．输入 5 个学生的信息：学号（2 位整数）、姓名、3 门课的成绩（3 位整数 1 位小数）。计算每个学生的平均成绩（3 位整数 2 位小数），将所有数据写入文件 STU1.dat。

提示：学号虽然是 2 位整数，但考虑到学号可能会出现 01 或 02 等，所以定义结构体中的学号最好是一个字符数组，因而定义的结构体数组可表示成：

```
struct stu
{char id[2],name[10];
float m1,m2,m3,avg;}
```

接下来的任务与例 8-2 相似，只要注意格式符就行。为了查看文件内容，可以以文本文件的格式写入。

6. 从 STU1.dat 文件中读入学生数据，按平均成绩从高到低排序后写入文件 STU2.dat。

提示：读出文件与例 8-3 相似，同时也应注意格式符；排序在项目 7 中已学过；写入操作又与第 1 题相似。

任务8-2　将学生成绩随机读写到文件中

 任务提出及实现

1. 任务提出

用键盘输入某班 40 个学生的姓名以及数学、英语、语文三门课的成绩，计算每个学生的平均分，然后将此 40 个学生的姓名、三门课的成绩及平均分写入到文本文件 aa.txt 中；再从文件中读取第 2、4、6、8、10 五个学生的数据并输出在显示器上。

分析：例 8-2、例 8-3 中的文件读入和写入都是顺序读写的，而本任务要求随机读写，即按要求进行读写。换句话说，就是人为地控制当前文件指针的移动，让文件指针随意指向我们想要指向的位置，而不是像以往那样按物理顺序逐个移动，这就是所谓对文件的定位与随机读写。

2. 具体实现（为了程序运行方便，假设只有10个学生）

```c
#include "stdio.h"
#include "process.h"
struct stu
{
    char name[10];
    int math,englist,chinese;
    float avg;}
main()
{
    stu student[10],*pp,ss[10],*yy;
    FILE *fp;
    int i;
    pp=student;
    if((fp=fopen("aa.txt","wb+"))==NULL)
    {
        printf(" 打不开文件 \n");
        exit(1);
    }
    printf(" 请输入十个学生的数据 \n");
    for(i=0;i<10;i++,pp++)
    {
        scanf("%s%d%d%d",pp->name,&pp->math,&pp->englist,&pp->chinese);
```

```
            pp->avg=(pp->math+pp->englist+pp->chinese)/3.0;
    }
    pp=student;
    fwrite(pp,sizeof(struct stu),10,fp);
    yy=ss;
    rewind(fp);                        // 定位到文件头
    for(i=1;i<10;i=i+2)
    {
        fseek(fp,i*sizeof(struct stu),0);
        fread(yy,sizeof(struct stu),1,fp);
        printf("%s\t%5d%5d%5d%5.1f\n",yy->name,yy->math,yy->englist,
yy->chinese,yy->avg);
    }
}
```

输入 10 个学生数据及输出程序运行结果如图 8-12 所示。

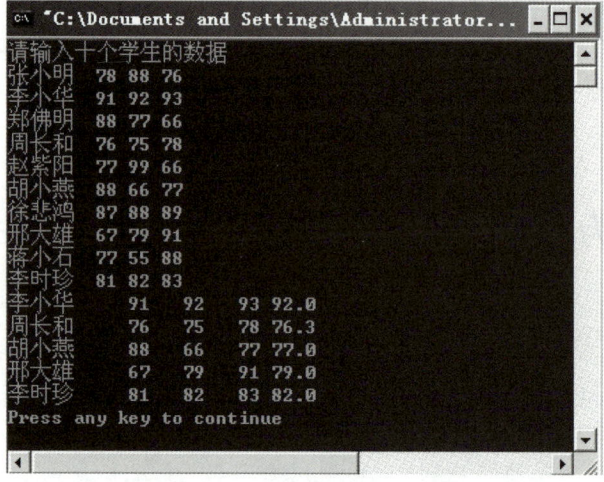

图8-12　输入10个学生数据及输出程序运行结果

从图 8-12 可以看出，本任务要求掌握的知识点是文件的定位和文件的随机读写。

相关知识

所谓随机读写，是指读完上一个字符（字节）后，并不一定要读写其后续的字符（字节），而是可以读写文件中任意位置上所需要的字符（字节）。

1. 指针指向文件开头的函数（rewind()函数）

我们知道打开文件时可以通过读与写方式将文件的指针指向文件开头，rewind 函数可以在文件运行的过程中将文件指针重新移动到文件开头的位置。

调用的形式如下：

rewind(文件指针)；

该函数的功能是把文件的读写位置指针重新指向文件的开头。

2．fseek()函数

fseek() 函数用来移动文件内部位置指针，其调用形式为：

fseek(文件指针 , 位移量 , 起始点);

fseek() 函数一般用于二进制码文件，因为文本文件要发生字符转换，计算位置时往往会发生混乱。

位移量，可以为正数也可以为负数，如果为正数，指针向地址高的方向移动；如果为负数，指针向地址低的方向移动；若位移量为常数，要求加后缀 L。

起始点必须是 0、1、2 中的一个，分别代表如表 8-2 所示的 3 个符号常量。

表8-2 符号常量

起　始　点	表示符号	含　　义
0	SEEK_SET	文件开始
1	SEEK_CUR	当前文件指针位置
2	SEEK_END	文件末尾

例如：

fseek(fp, 100L, 0); 是把位置指针移到离文件首 100 字节处。

fseek(fp,20L,1); 是将位置指针移到离当前位置 20 字节的位置（向地址高的方向移动）。

fseek(fp,-20L,1); 是将位置指针移到离当前位置 20 字节的位置（向地址低的方向移动）。

fseek(fp,-30L,2); 是将位置指针移到距离文件末尾 30 字节的位置。

文件的随机读写在移动位置指针之后，即可用前面介绍的任一种读写函数进行读写。

【例 8-8】有 5 个学生，每个学生有 3 门课的成绩。用键盘分别输入每个学生的学号、姓名和 3 门课的成绩，保存到一个名为 ddd.dat 的二进制文件中去，然后在 ddd.dat 文件中读出第三个学生的数据。

分析：编写此题的思路如下：

① 需要定义一个结构体数组，用于存放 5 个学生的姓名、三门课的成绩。

② 用键盘输入 5 个学生的姓名、3 门课的成绩。

③ 以读写的形式打开二进制文件 ddd.dat，将 5 个学生的姓名、3 门课的成绩写入到文件中。

④ 将 ddd.dat 文件位置指针移到文件首，然后移动文件位置指针，将它定位在第三条记录上，将数据读入并显示在显示器上。

⑤ 关闭文件。

程序如下：

```
#include "stdio.h"
#include "process.h"                        // 有 exit() 函数，所以用此库函数
#define N 5
struct stu
{
    char name[10];
    int math,englist,chinese;
}
```

```
main()
{
    stu student[N],*pp;
    FILE *fp;
    int i;
    pp=student;
    if((fp=fopen("ddd.dat","wb+"))==NULL)          // 以读写的形式打开文件
    {
        printf(" 打不开文件 \n");
        exit(1);
    }
    printf(" 请输入 %d 位学生的数据 \n",N);
    for(i=0;i<N;i++,pp++)
    scanf("%s%d%d%d",pp->name,&pp->math,&pp->englist,&pp->chinese);
    pp=student;
    fwrite(pp,sizeof(struct stu),5,fp);
    rewind(fp);                                      // 将文件位置指针移动文件首
    /* 从文件头开始，移动文件位置指针到第三位 */
    fseek(fp,2*sizeof(struct stu),0);
    fread(pp,sizeof(struct stu),1,fp);
    printf(" 输出的第三个同学的信息为 :\n");
    printf("%s %d %d %d \n",pp->name,pp->math,pp->englist,pp->chinese);
    fclose(fp);
}
```

例 8-8 程序运行结果如图 8-13 所示。

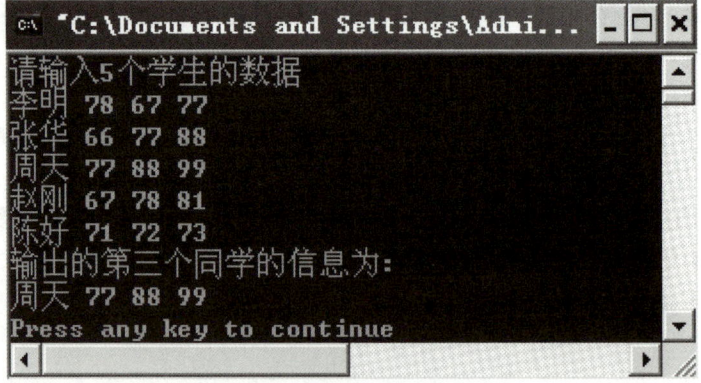

图8-13　例8-8程序运行结果

提示：

"rewind(fp);" 是将文件位置指针移动到文件首。

"fseek(fp,2*sizeof(struct stu),0);" 移动文件位置指针；2*sizeof(struct stu) 表示从文件头开始，移动两个 stu 类型的长度，然后再读出数据即第三个学生的数据。

现在回头分析问题中的程序：

① 以下代码用于读入 10 个学生的数据。

```
pp=student;
fwrite(pp,sizeof(struct stu),10,fp);
```

② 以下代码用于定位到文件头。

```
rewind(fp);
```

③ 以下代码的循环过程见下面的分析。

```
for(i=1;i<10;i=i+2)
{
    fseek(fp,i*sizeof(struct stu),0);
    fread(yy,sizeof(struct stu),1,fp);
    printf("%s\t%5d%5d%5d%5.1f\n",yy->name,yy->math,yy->englist,
yy->chinese,yy->avg);
}
```

当 i=1 时，从文件头开始，移动 1 个 stu 类型的长度，然后再读出数据即为第 2 个学生的数据。

当 i=3 时，从文件头开始，移动 3 个 stu 类型的长度，然后再读出数据即为第 4 个学生的数据。

当 i=5 时，从文件头开始，移动 5 个 stu 类型的长度，然后再读出数据即为第 6 个学生的数据。

当 i=7 时，从文件头开始，移动 7 个 stu 类型的长度，然后再读出数据即为第 8 个学生的数据。

当 i=9 时，从文件头开始，移动 9 个 stu 类型的长度，然后再读出数据即为第 10 个学生的数据。

 **举一反三**

在本任务中，介绍了文件的随机读写，下面通过实例加强这方面的训练。

【例 8-9】将 d2.dat 中的 1、3、5、7、9 数据读出并显示在显示器上。

```
#include "stdio.h"
#define N 10
main()
{
    int x,i;
    FILE *fp2;
    fp2=fopen("d2.dat","rb+");
    for(i=0;i<N;i=i+2)
    {
        fseek(fp2,i*sizeof(int),0);
        fread(&x,sizeof(int),1,fp2);
        printf("%5d",x);
    }
    printf("\n");
```

```
    fclose(fp2);
}
```

提示：

```
for(i=0;i<N;i=i+2)
{fseek(fp2,i*sizeof(int),0);
 fread(&x,sizeof(int),1,fp2);
 printf("%5d",x);}
```

其意思是在文件中定位并将此数读出，同时显示在屏幕上。

 **实践训练**

1. 小王所在小组有 5 个员工，用键盘分别输入每个员工的姓名、基础工资、岗位津贴、通信补贴，保存到名为 ddd.dat 的二进制文件中去，然后在 ddd.dat 文件中读出第 3 个员工的数据并将结果显示在屏幕上。

2. 将上题 ddd.dat 中的 1、3、5 条数据读出并显示在屏幕上。

综合训练八

一、选择题

1. 以下可作为函数 fopen 中第一个参数的正确格式是（　　　）。

A.c:user\text.txt   B.c:\user\text.txt

C."c:\user\text.txt"   D."c:\\user\\text.txt"

2. 若要用 fopen 函数打开一个新的二进制文件，该文件要既能读也能写，则文件打开方式应是（　　　）。

A."ab+"   B."wb+"   C."rb+"   D."ab"

3. fscanf() 函数的正确调用形式是（　　　）。

A. fscanf(格式字符串，输出表列, fp);

B. fscanf(fp, 格式字符串，输出表列);

C. fscanf(格式字符串，文件指针，输出表列);

D. fscanf(文件指针，格式字符串，输出表列);

4. 在 C 程序中，可以把整型数据以二进制形式存放到文件中的函数是（　　　）。

A. fwrite   B. fputs   C. fprintf   D.fputc

5. 利用 fseek 函数可实现的操作是（　　　）。

A. 改变文件的位置指针   B. 文件的随机读写

C. 文件的顺序读写   D. 以上答案均正确

6. 函数 rewind 的作用是（　　　）。

A. 使位置指针重新返回文件的开头   B. 使位置指针移至下一个字符位置

C. 将位置指针指向文件中所要求的特定位置   D. 使位置指针指向文件的末尾

7. 若有定义 "FILE *fp;" 且 fp 指向的文件未结束，则函数 feof(fp) 的值返回值为（　　　）。

A. false   B. true   C. 0   D. 非 0

二、填空题

1. 在 C 语言中，文件可以用 _____ 方式存取，也可以用 _____ 存取。

2. 下面程序执行后的输出结果是（　　　　）。

```
#include "stdio.h"
main()
{FILE *fp;
int i,k,n;
fp=fopen("data.data","w+");
for (i=1;i<6;i++)
{fprintf(fp,"%2d",i);
if(i%3==0)fprintf(fp,"\n");
}
rewind(fp);
fscanf(fp,"%d%d",&k,&n);
printf("%d  %d\n",k,n);
fclose(fp);
}
```

3. 下面程序执行后的输出结果是（　　　　）。

```
#include "stdio.h"
main()
{FILE *fp;
int i=20,j=30,k,n;
fp=fopen("data.data","w");
fprintf(fp,"%d\n",i);
fprintf(fp,"%d\n",j);
fclose(fp);
fp=fopen("data.data","r");
fscanf(fp,"%d%d",&k,&n);
printf("%d  %d\n",k,n);
fclose(fp);
}
```

4. 若文本文件 t1.txt 中原有内容为 good，则下面程序执行后的输出结果是（　　　　）。

```
#include "stdio.h"
main()
{FILE *fp;
fp=fopen("h:\\t1.txt","w");
fprintf(fp,"abc");
fclose(fp);
}
```

三、编程题

1. 从键盘上输入 10 个整数，分别以文本文件和二进制文件方式存入磁盘并读出，同时将从文件中读出的数据输出在显示器上。

2. 有 3 个学生，每个学生有 3 门课的成绩，用键盘分别输入每个学生的学号、姓名和 3 门课的成绩，保存到一个名为 class31.dat 的文本文件中。

3. 有 3 个学生，每个学生有 3 门课的成绩，用键盘分别输入每个学生的学号、姓名和 3 门课的成绩，保存到一个名为 class32.dat 的二进制文件中。

4. 打开上题中建立的二进制文件，按"学号、姓名、成绩 1、成绩 2、成绩 3、平均成绩"的格式把文件中的记录全部显示出来，并且要求把学生的总人数在屏幕上显示出来。

附录A 运算符表

运算符表

优先级	运 算 符	解　释	目　数	结合方向
1	（） [ ] -> .	小括号 下标运算 结构体指针成员运算符 结构体成员运算符		由左向右
2	! ~ ++ -- + - (类型) * & sizeof	逻辑非运算符 按位取反运算符 自增运算符 自减运算符 正负号运算符 类型转换运算符 指针运算符 取地址运算符 求类型字节长度运算符	1（单目运算符）	由右向左
3	* / %	乘法运算符 除法运算符 求余运算符	2（双目运算符）	由左向右
4	+ -	加法运算符 减法运算符	2（双目运算符）	由左向右
5	<< >>	左移运算符 右移运算符	2（双目运算符）	由左向右
6	< <= >= >	关系运算符	2（双目运算符）	由左向右
7	== !=	等于运算符 不等于运算符	2（双目运算符）	由左向右
8	&	按位与运算符	2（双目运算符）	由左向右
9	^	按位异或运算符	2（双目运算符）	由左向右
10	|	按位或运算符	2（双目运算符）	由左向右
11	&&	逻辑与运算符	2（双目运算符）	由左向右
12	||	逻辑或运算符	2（双目运算符）	由左向右
13	?:	条件运算符	3（三目运算符）	由右向左
14	= += -= *= /= %= >>= <<= &= ^= |=	复合赋值运算符	2（双目运算符）	由右向左
15	,	逗号运算符	2（双目运算符）	由左向右

说明：同一优先级的运算符优先级别相同，运算次序由结合方向决定。例如：-和++为同一优先级，结合方向为自右向左，因此，-i++就体现在i先跟右边的结合，相当于-(i++)。

附录B　常用标准库函数

1. 数学标准库函数（函数原型：math.h）

函 数 名	函数与形参类型	功　　能
acos	double acos(double x)	计算并返回arccos(x)值。要求−1<=x<=1
asin	double asin(double x)	计算并返回arcsin(x)值。要求−1<=x<=1
atan	double atan(double x)	计算并返回arctan(x)的值。
cos	double cos(double x)	计算并返回cos(x)值。x的单位为弧度
exp	double exp(double x)	计算并返回e^x值
fabs	double fabs(double x)	计算并返回x的绝对值|x|
floor	double floor(double x)	求不大于x的最大整数部分， 并以双精度实型返回该整数部分
log	double log (double x)	计算并返回自然对数值ln(x)。要求x>0
log10	double log10 (double x)	计算并返回常用对数值log10(x)。要求x>0
pow	double pow(double x,double y)	计算并返回x^y值
sin	double sin(double x)	计算并返回sin(x)值。x的单位为弧度
sinh	double sinh(double x)	计算并返回x的双曲正弦值sinh(x)
sqrt	double sqrt(double x)	计算x的平方根。要求x>=0
tan	double tan(double x)	计算并返回正切值tan(x)值。x的单位为弧度
tanh	double tanh(double x)	计算并返回x的双曲正切值tanh(x)

2. 输入/输出库函数（函数原型：stdio.h）

函 数 名	函数与形参类型	功　　能
close	int close(FILE *fp)	关闭fp指向的文件。若成功，返回0；否则返回−1
eof	int eof(int df)	检查文件是否结束。遇文件结束返回1，否则返回0
fclose	int fclose(FILE *fp)	关闭fp指向的文件，释放缓冲区。有则返回1，否则返回0
feof	int feof((FILE *fp)	检查fp所指向的文件是否结束。遇文件结束返回1，否则返回0
fgetc	int fgetc(FILE *fp)	从fp所指向的文件中取得下一个字符，返回取得的字符， 若出错则返回EOF
fopen	FILE *fopen(char *fname, char *mode)	以mode指定的方式打开名为fname的文件。若成功，则返回一个文件指针（即文件信息区的起始地址）；否则返回空指针
fprintf	int fprintf(FILE *fp, char *format, args,…)	args为表达式，把args的值以format指定的格式输出到fp所指定的文件中。返回输出的字符数
fputc	int fputc(char ch, FILE *fp)	将字符ch输出到fp所指向的文件中。若成功则返回该字符； 否则返回EOF
fread	int fread(char *pt, unsigned size, unsigned n, FILE *fp)	从fp所指定的文件中读取长度为size的n个数据项，存到pt指向的内存区。返回读取数据项个数，如遇文件结束或出错则返回0

函 数 名	函数与形参类型	功 能
fscanf	int fscanf(FILE *fp, char formart , *args,…)	从fp指定的文件中按format给定的格式将输入数据送到args所指向的内存单元。返回输入的数据个数
fseek	int fseek(FILE *fp, long offest ,int base)	将fp指向的文件位置指针移到以base所指出的位置为基准、以offest为位移量的位置。若成功则返回当前位置，否则返回−1
ftell	long ftell(FILE *fp)	返回fp所指向的文件中的读写位置
fwrite	int fwrite(char *ptr, unsigned size, unsigned n, FILE *fp)	把ptr所指向的n*size个字节输出到fp所指向的文件中。返回写到文件中的数据项个数
getc	int getc(FILE *fp)	从fp所指向的文件中读取下一个字符。若成功则返回所读取的字符；若文件结束或出错则返回EOF
getchar	int getchar()	从标准输入设备读取下一个字符。若成功则返回所读取的字符；若文件结束或出错则返回−1
gets	char *gets(char *str)	从标准输入设备读取字符串，存入由str指向的字符数组中
printf	int printf(char *format, args,…)	args为表达式，在mode指定的字符串的控制下，将输出表列args的值输出到标准输出设备。返回字符输出个数；若出错则返回负数
putc	int putc(char ch, FILE *fp)	把一个字符ch输出到fp所指向的文件中。返回输出的字符ch；若出错则返回EOF
putchar	int putchar(char ch)	把字符ch输出到标准输出设备。返回输出的字符ch；若出错则返回EOF
puts	int puts(char *str)	把str指向的字符串输出到标准输出设备，将 '\0' 转换为回车行。返回换行符；若失败则返回EOF
rewind	void rewind (FILE *fp)	将fp所指的文件中的位置指针置于文件开头位置，并清除文件结束标志和错误标志
scanf	int scanf(char *format, args,…)	args为指针，从标准输入设备按format指向的格式字符串规定的格式，输入数据给args所指向的存储单元。返回读入并赋给args的数据个数；若遇文件结束则返回EOF，若出错则返回0
write	int write(int fd,char *buf,unsigned count)	从buf指示的缓冲区输出count个字符到fd所指向的文件中。返回实际输出的字符数；若出错返回−1

3．字符函数与字符串函数（函数原型：string.h）

函 数 名	函数与形参类型	功 能
isalnum	int isalnum(int ch)	检查ch是否是字母或数字。若是则返回1，否则返回0
isalpha	int isalpha (int ch)	检查ch是否是字母。若是则返回1，否则返回0
iscntr	int iscntr (int ch)	检查ch是否是控制字符。若是则返回1，否则返回0
isdigit	int isdigit (int ch)	检查ch是否是数字。若是则返回1，否则返回0
isgraph	int isgraph (int ch)	检查ch是否是可打印字符。若是则返回1，否则返回0
islower	int islower (int ch)	检查ch是否是小写字母。若是则返回1，否则返回0
isprint	int isprint (int ch)	检查ch是否是可打印字符。若是则返回1，否则返回0
ispunct	int ispunct (int ch)	检查ch是否是标点符号。若是则返回1，否则返回0
isspace	int isspace (int ch)	检查ch是否是空格、跳格符或换行符。若是则返回1，否则返回0
isxdigit	int isxdigit (int ch)	检查ch是否是十六进制数字字符。若是则返回1，否则返回0

函 数 名	函数与形参类型	功 能
strcat	char *strcat(char *str1, char *str2)	把字符串str2接到str1的后面，原str1最后的'\0'被取消
strchr	char *strchr(char *str, int ch)	在str指向的字符串中找出第一次出现字符ch的位置。返回指向该位置的指针；若找不到则返加空指针
strcmp	int strcmp(char *str1, char *str2)	比较两个字符串。若str1<str2则返回负数；若str1=str2则返回0；若str1>str2则返回正数
strcpy	char * strcpy (char *str1, char *str2)	把str2指向的字符串复制到str1中，返回str1的指针
strlen	unsigned int strlen(char *str)	统计字符串str中字符的个数（不包括'\0'）。返回字符个数
strstr	char * strstr (char *str1, char *str2)	找出字符串str2在字符串str1中第一次出现的位置（不包括str2的终止符）。返回该位置的指针；若找不到则返回空指针
tolower	int tolower(int ch)	将字符ch转换为小写字母。返回ch所代表的小写字母
toupper	int toupper(int ch)	将字符ch转换为大写字母。返回ch所代表的大写字母

4. 其他函数（函数原型：stdlib.h）

函 数 名	函数与形参类型	功 能
abs	int abs(num)	计算整数num的绝对值
exit	void exit(int status)	使程序立刻正常终止。status的值传给调用过程
rand	int rand( )	产生一系列伪随机数
system	int system(char *str)	把str指向的字符串作为一个命令传送到操作系统的命令处理程序中

附录C　ASCII字符编码表

ASCII字符编码表

ASCII码	键盘	ASCII 码	键盘	ASCII 码	键盘	ASCII 码	键盘
27	ESC	32	SPACE	33	!	34	"
35	#	36	$	37	%	38	&
39	'	40	(	41	)	42	*
43	+	44	'	45	-	46	.
47	/	48	0	49	1	50	2
51	3	52	4	53	5	54	6
55	7	56	8	57	9	58	:
59	;	60	<	61	=	62	>
63	?	64	@	65	A	66	B
67	C	68	D	69	E	70	F
71	G	72	H	73	I	74	J
75	K	76	L	77	M	78	N
79	O	80	P	81	Q	82	R
83	S	84	T	85	U	86	V
87	W	88	X	89	Y	90	Z
91	[	92	\	93	]	94	^
95	_	96	`	97	a	98	b
99	c	100	d	101	e	102	f
103	g	104	h	105	i	106	j
107	k	108	l	109	m	110	n
111	o	112	p	113	q	114	r
115	s	116	t	117	u	118	v
119	w	120	x	121	y	122	z
123	{	124			125	}	126	~

参考文献

[1] 王敬华，林萍 . C 语言程序设计教程［M］. 3 版 . 北京：清华大学出版社，2021.

[2] 王娟勤等 . C 语言程序设计教程［M］. 2 版 . 北京：清华大学出版社，2021.

[3] 徐新华等 . C 语言程序设计教程［M］. 2 版 . 北京：水利水电出版社，2007.

[4] 郭嘉喜等 . C 语言程序设计教程［M］. 南京：南京大学出版社，2007.

[5] 谭浩强 . C 程序设计［M］. 2 版 . 北京：清华大学出版社，1999.